特殊関数探訪

三角関数からはじめる不思議な世界

数学セミナー編集部 [編]

日本評論社

はじめに

　サイン，コサイン，タンジェント，……という「三角関数」は高校時代に誰しも習う数学です．大人になっても，数学の印象や原風景はこの三角関数に象徴されることが多いかも知れません．このように，固有の名前がついた関数のことを，大学数学では「特殊関数」と呼びます．大学初年級以降，名のあるさまざまな特殊関数が登場しますが，これらは純粋数学の分野のみならず，物理や工学などの周辺分野でも使われ，重要な役割を果たします．

　月刊誌『数学セミナー』(日本評論社)では，特殊関数にまつわる特集をたびたび行ってきました．

- ●「二項定理を深く学ぼう」(2013 年 3 月号)
- ●「超幾何の原点」(2014 年 3 月号)
- ●「三角函数」(2014 年 12 月号)
- ●「ガンマ関数とは何か」(2015 年 10 月号)
- ●「楕円函数の味わい」(2021 年 10 月号)

　本書は大学数学で登場する，さまざまな特殊関数にスポットを当てて，その使い方や味わい方を紹介する 1 冊となっています．代数・幾何・解析の分野を問わず，多数の執筆者がそれぞれの立場で特殊関数の魅力を語っています．ぜひ，本書を出発点に個性豊かな関数たちの不思議な世界に誘われてみてはいかがでしょうか．

2024 年 8 月

数学セミナー編集部

目次

はじめに …… i

序論

特殊函数の情景　渋川元樹 …… 1
特殊関数とは何か　一松 信 …… 5

第1部
三角関数 …… 15

三角関数の成り立ち　砂田利一 …… 16
三角関数とは何か　斎藤 毅 …… 26
複素数の世界での三角関数　濱野佐知子 …… 36
チェビシェフ多項式　平松豊一 …… 45
アイゼンシュタインの三角関数　金子昌信 …… 56
三角函数鑑賞会　渋川元樹 …… 64

第2部
二項定理 …… 77

ニュートンによる「一般二項定理」の発見　中村 滋 …… 78

二項定理と組合せの数　水川裕司 …… 92

二項定理をみたす多項式列　伊藤 稔 …… 103

二項定理小噺　渋川元樹 …… 112

二項定理と p 進数　加藤文元 …… 122

二項定理のこころ　梅田 亨 …… 130

第3部
ガンマ関数 …… 141

階乗からガンマ関数へ　原岡喜重 …… 142

関数としての超越性　西岡啓二 …… 154

ガンマ関数と統計　橋口博樹 …… 162

対数ガンマ関数にまつわる数論の話題　松坂俊輝 …… 171

多重ガンマとフレンドしたい　渋川元樹 …… 182

第4部
超幾何関数 …… 197

オイラーとガウスの超幾何　原岡喜重 …… 198

確率・統計に登場する超幾何　井上潔司＋竹村彰通 …… 209

代数方程式と超幾何関数　加藤満生 …… 218

リーマンの論文に登場する超幾何関数　寺田俊明 …… 226

準超幾何関数について　青本和彦 …… 237

第5部
楕円関数 …… 253

楕円積分と楕円函数　志賀弘典 …… 254

楕円函数と微分方程式　坂井秀隆 …… 269

弾性曲線と楕円函数　松谷茂樹 …… 278

q と楕円函数　渋川元樹 …… 289

楕円関数とヤコビ形式　青木宏樹 …… 302

アーベル函数論の紹介　大西良博 …… 317

付録 …… 331

高校数学からはじめる特殊函数　渋川元樹 …… 332

ヘンテコな動きをする特殊関数
フレネル積分と，平滑化効果　佐々木浩宣 …… 342

初出・執筆者一覧 …… 353

特殊函数の情景

渋川元樹 [神戸大学大学院理学研究科]

「特殊函数 (Special Functions, SF, Sukoshi Fushigi, Stranger Festival, …)」という用語にはあまりなじみがないかもしれない．ややもすると大学数学においてすら「それ」を認識せずに，一般論の適当な具体例として，通り過ぎてしまうことも少なくない．しかしそれは単に「認識不足」の問題であって，実際には（数学に限らず！）陰に陽に，あるいはそこかしこに「それ」は存在して，重要な役割を果たしていることが多い．

これは「特殊函数」が，ベキ函数，指数函数，対数函数，三角函数等々の，いわゆる「初等函数」を含んでいること（「特殊函数」とは「初等函数」の親兄弟，親戚であること）から明らかであるが，単にそれだけに留まらない．つまりイニシエの超幾何函数や楕円函数のように，「初等函数」という"カテゴリー"は積分等の適当な操作で閉じておらず，「特殊函数」は容易に現れてくる．これは自然数の概念を演算等の適当な操作の観点から拡張してきた発展史の一種のアナロジーとみなせるが，「函数（体）」であるがゆえに「数（体）」よりも操作が豊富（「解析」ができる）であり，それゆえに「特殊函数」は驚くほど豊かで複雑な様相を呈する．むしろそのあまりの膨大さゆえに，かえって雑然とした印象を与え，「それ」自身の「数学」としての価値，評価を下げてしまっている印象さえある．

無論，これは「大いなる誤り」であって，『特殊函数とは徹底的に研究されるべき良い函数』（山田泰彦）である．なぜならば，「特殊函数」は雑然とした事象をひたすら蒐集しているのではなく，その根底にあるのは『"特殊"が"一般"を統制する』（梅田亨）という「思想」であり，同時にその「思想」を体

現するための実際の「技法」だからである．いわゆる『"本地""垂迹"論』（佐藤幹夫），あるいは『"ほんとうのおすがた"と"化身"』（加藤和也）の観点からしても，「特殊函数」は数学的対象の"化身"であると同時に"ほんとうのおすがた"でもあり，いわば"本地"と"垂迹"の「双対」こそがその本質と言ってよい．

とまぁ，虎達の威を借りながら，なかなかに高尚な弁を述べてはみたが，もう少し世俗的，現世ご利益的な言い方をするならば，「特殊函数」とは

「思考（試行，あるいは至高？）の節約」

である．たとえば何も知らなければ，等比級数の和は

$$1+q+q^2+\cdots+q^{n-1}$$

のままだが，「特殊函数」（等比級数の和公式）を知っていれば，この和を

$$\frac{1-q^n}{1-q}$$

と書き直すことができる（逆にこの因子を等比級数の和に直せる）．こんなのは「当たり前」と思うかもしれないが，この「思考の節約」による恩恵は計り知れないし（実際，等比級数の和公式を「数学で一番大事な公式」という人もいる），「特殊函数」とは，まさにこうした「思考の節約」術の集合体のようなものである．

ただ，「特殊函数」を「思考の節約」と称してなお，その価値が決して減ずるものではないこと，それどころかそうであるがゆえにきわめて重要で奥深い世界であることには，重ねて留意すべきである．たとえば，共立出版から新装版が出た荒川恒男・伊吹山知義・金子昌信『ベルヌーイ数とゼータ関数』の第8章における気合の入った（伊吹山？）「序文」にも以下のようにある：

　　さて，数学辞典や数学公式集をみると，昔から知られている特殊関数の公式というものがたくさん掲載されている．ある関数と他の関数の間の関係式がいろいろ成り立つというものである．公式とはいっても，これらは要するに等式なのだから，等しくなるようにあたりまえの変形を

何度も繰り返して計算するといろいろと公式が得られるのは当然であろうと思うかもしれないが，さにあらず，だてに公式という名前がついているわけではない．甘くみて実際に自分で公式集の関係式を証明してみようと思ったりすると，意外の難しさに辟易することがある．ここには先人に学ばなければ到底わからないような数学世界の蓄積があるように思う．

また似たようなこととして，A. ヴェイユ『アイゼンシュタインとクロネッカーによる楕円関数論』（金子昌信訳，丸善出版）第VII章も，ベッセル函数（特殊函数）の扱いに関連して以下のように嘆いている：

> 更に厄介なのがベッセル関数の扱いである．（中略） ベッセル関数の理論はクロネッカーの時代には十分進んでいたのであるが，ごく最近ですら，ベッセル関数を扱いながらそれと気がつかないか，あるいはベッセル関数であると指摘せずに，当面必要ないくつかの初等的な性質の直接証明を与えて事足れりとしている人達がいる．

これはさまざまな意味で含蓄がある文言である．まず第一に字面通りの教訓としての意味がある．しかし，より重要なこととして，当のヴェイユすら，この本の中でベッセル函数以外の特殊函数に関して，同種の陥穽にハマっていることである．極めつけは，それらを指摘している私自身もまたまたどこかで同様の誤りを犯している可能性が十二分にある点である．つまり「特殊函数」とその真贋とは，「愚者に陥らんとする自身を認識し，必死にもがいている賢者」の眼を持ってしなければ捉えられないのだ．

一般に数学というものは，「概念」に関するアップデートはそれなりの頻度でなされることが多いが，「特殊函数」と関連するような一見ただの計算技法のように見える事柄に関しては，最初に膾炙したやり方がアップデートされることなく，百年でも，二百年でもそのまま残されることが非常に多いと思われる．そしてこれは現代数学，大学数学に限ったことではなく，高校数学のような初等数学においてさえそうなのである．むしろ，「思想」よりも（計

算)「技法」優位の初等数学の方が，ある意味でそのアップデートされない弊害は大きいかもしれない．

とはいえ，この問題は一般性，抽象性志向が優勢な現代数学の宿痾のようなものであり，一朝一夕でどうにかできるものではない．実際わかりやすい解決策があるのではなく，まさに折に触れて「先人に学ばなければ到底わからないような数学世界の蓄積」に接するより術はないのであろう．そしてそれこそが，今回ここに収録された特殊函数関連の『数学セミナー』の特集記事が企画された主要な動機なのであった．これらを読んでいただければ，それらが単なる懐古趣味や退屈な説教では決してなく，むしろ非常に新鮮かつエキサイティングな試みであり，また実際にさまざまな形で得るところも大いにあると実感していただけるはずだ．

そもそもそんなコムズカシイ建前を一切抜きにしても，「特殊函数」が見せるさまざまな情景は，かつて微積分を覚えたての頃の数学少年，数学少女達の一種の「原風景」であり（そしてそれは同時に「解析」の，あるいはもっと広く「数学」それ自身の「原風景」の一つなのかもしれない），それを目にした者に懐かしさと，同時に大いなるロマンとを呼び起こさずにはいられないだろう．

特殊関数とは何か

一松 信 ［京都大学名誉教授］

I. 特殊関数という語の意味

　現在の数学において，「特殊関数」という用語は，厳密に定義された概念ではなく，一種の通称，ないし愛称と理解すべきである．通常各種の応用，特に数理物理学で扱われる有用な諸関数を指す．指数関数や三角関数などの「初等関数」をも含む場合もあるが，多くの場合，それらは除外される．

　その内容は多岐にわたるが，多くは典型的な2階線型偏微分方程式（ラプラスの方程式など）を，各種の座標系によって変数分離して得られる2階線型常微分方程式の解として導入された．もちろんガンマ関数の一族のように，微分方程式の解ではなく，それ以外の方面から導入された有用な関数もある．楕円関数の一族も，その類だろう．

　実のところ，時代とともに関心も移り，方法にも変化があるので，「特殊関数」と呼ばれる対象も変化している．現在，普通にそう呼ばれるのは，主に19世紀中頃以降に発展した対象である．

　もちろん分野によって扱う対象が異なる．例えば，整数論で重要なリーマンのゼータ関数を「特殊関数」の仲間に入れるか否かは，議論のあるところだろう．だから，その対象をあまり厳しく考えない方がよいかもしれない．

　本書は主として，かつて『数学セミナー』誌の特集記事を編集・集録した書籍なので，取り扱っている対象も，必ずしも古典的な特殊関数全般にわたるとは限らない．しかし，古典的な特殊関数の多くが常微分方程式の解として導入されているので，この序論では，その方面の基礎理論を述べる．さら

に微分方程式によって新関数を導入するひな型として，指数関数を $y' = y$ の解として導入する議論を解説する．

1.1●昔の書籍での定義

参考までに，『岩波数学辞典』の初版(1948年)に対して，その「特殊関数」という項目の最初の記述を見ると，次の通りである．

> 普通，特殊関数という語は，次のような関数族の総称として使われる，**高等関数**または**高等超越関数**というような語も使われることがある．

そして以下

(1) Γ 関数とその関連諸関数
(2) 初等関数の不定積分で表される(初等関数でない)諸関数
(3) 楕円関数の一族
(4) Laplace の方程式などを，各種の曲線座標で変数分離して得られる2階線型常微分方程式の解

と大別している．さらに(4)については，(初等関数以外のものを)次のように細分類している．

(i) 超幾何型特殊関数
(ii) 合流型特殊関数
(iii) 楕円体型特殊関数

一応，これが一つの標準的な用法だと思う．

2. 特殊関数の系列

以上で「定義」はほぼ尽きているが，それらの範囲内の特殊関数について，

その系列図を描くことができる. 岩波『数学公式III』(森口繁一・宇田川銈久・一松信著, 初版 1960; 新装版 1987)の冒頭(前付 p. x)には, 同書に収録されている諸関数の系列図がある. その図をここに再録することはしないが, それによると, 最上位に楕円体関数の一族と, 形式的な Pochhammer の一般超幾何関数があり, 同書で扱われている諸関数が次々にそれらの特別な場合として配列されている. 三角関数など初等関数に帰するものもあり, それらは左下に枠で囲んでまとめられている. 微分方程式では定義されないガンマ関数も, 合流型超幾何関数で表される不完全ガンマ関数の(変数を ∞ にした)極限として位置づけられている. 初等関数の不定積分で, 初等関数では表されない誤差関数なども, その多くが不完全ガンマ関数の特別な一例として配列されている.

このような観点に立てば, 多くの古典的な特殊関数の大半は, 超幾何関数の(広義の)一族としてまとめられる. もちろん, それに属さない楕円体関数の一族などもあるので, 上述は一つの「目安」と見た方がよい.

歴史的に見ると, 例えば虹の数理を研究するために導入された「Airy の関数」が, 実は $\pm\frac{1}{3}$ 次のベッセル関数で表されることがわかって, 一般的な体系に組み込まれたというような例もある. もちろん, それぞれの分野で必要な「特別な」関数は多岐にわたるし, それらを無理に(?)一般的な体系中に組み込む必要はないだろう.

3. 微分方程式によって関数を導入する例

微分方程式は, 微分積分学の重要な応用であるが, また新規の関数を導入する有力な手法でもある.

もちろん歴史的には, 多くの場合, その方程式の解として, それまでにあまり知られていなかった「新しい」関数を導入するというのが主流であり, 実際そのようにして多くの「特殊関数」が導入された.

常微分方程式の「一般論」を既知, すなわちある条件下での解の存在や一意性が保証されていれば, 微分方程式によって「新しい」関数を導入して, その性質を研究することができる.

そのひな型として，ここでは以下，次の課題を考える．

定義●$y' = y$ の初期条件 $y(0) = 1$ を満たす解：
それをとりあえず $y = \exp(x)$ と表す．

まず $y' = y$ の解で，$y(a) = 0$ を満たすものは，恒等的に 0 $(y \equiv 0)$ しかないことに注意する(解の一意性による)．したがって $\exp(x)$ の値は 0 にならず，その値はつねに正であって，x について単調増加である．

さらにこの解について，テイラー展開(マクローリン展開)

$$\exp(x) = 1 + x + \frac{x^2}{2!} + \frac{x^3}{3!} + \cdots = \sum_{n=0}^{\infty} \frac{x^n}{n!}$$

が可能であり，その収束域は全実数である．

この関数は，$0 < \alpha$ である任意の実数値を，(実数値の範囲で)ただ1回とるので，$x > 0$ で定義された逆関数 $y = \ln(x)$ が定義される．(実質は対数関数だが，一応区別して，この記号で表す．)

逆関数の微分の公式から，その導関数は

$$\frac{d\ln x}{dx} = \frac{1}{x}$$

である．逆に $\frac{1}{x}$ $(x > 0)$ の，$f(1) = 0$ と標準化した原始関数を $\ln x$ と定義すれば，それは対数関数であり，その逆関数として指数関数を導入することもできる．

3.1●加法定理

次に $\exp(x+b)$ の**加法定理**

$$\exp(a+b) = \exp(a) \cdot \exp(b) \tag{1}$$

を証明しよう．b を定数として

$y' = y$ の初期条件：$x = b$ において $y(b) = 1$

である解を考える．前述の定義から，それは

$$f(x) = \exp(x+b)$$

として与えられる．しかし一方，それはまた，$y' = y$ の初期条件

8

$$x = 0 \quad \text{のとき} \quad y(0) = \exp(b)$$

の解として，$\exp(b) \cdot \exp(x)$ としても与えられる．解の一意性から両者は一致する：$\exp(x+b) = \exp(x) \cdot \exp(b)$．これは，加法定理(1)にほかならない．

$\square$

その応用として $e = \exp(1)$（定数）とおけば，まず n が整数のとき $\exp(n) = e^n$（e の n 乗）である．このことから，n が有理数のときも同じ等式が成立し，極限値をとって $\exp(x) = e^x$（e の x 乗）と表すこともできる．

余談ながら，極限値 $\left(1 + \dfrac{1}{n}\right)^n \to e$ に一言しよう．1 階常微分方程式の素朴な数値解法の 1 つとして，**オイラー法**が知られている．それは微分 $f'(x)$ を差分 $\varepsilon = \dfrac{f(x+h) - f(x)}{h}$ で近似して，$f(x+h)$ を $f(x) + h\varepsilon$ と近似することを反復する近似解である．$y' = y$ に対し，区間 $[0, 1]$ を n 等分して，順次オイラー法を適用すれば，$x = \dfrac{k}{n}$ における近似値は $\left(1 + \dfrac{1}{n}\right)^k$ である．$k = n$ の場合，すなわち $x = 1$ での $e = \exp(1)$ の近似値は $\left(1 + \dfrac{1}{n}\right)^n$ であり，$n \to \infty$ の極限値は e である：

$$\lim_{n \to \infty} \left(1 + \frac{1}{n}\right)^n = e.$$

この近似は数値的にはそれほど良くないが，ともかく古典的な多くの性質が統一的に見えてくる．

3.2●まとめ

以上，少し長く述べた．得られた諸式はいずれも周知の公式にすぎない．しかし，このような眼で見ると，指数関数に関する多くの公式が統一的に導かれることに気づくだろう．

三角関数 $\sin x, \cos x$ も同様に $y'' + y = 0$ の特殊解として導入して論じることができる．しかし，それらはむしろ複素変数の指数関数：$\cos x + i \sin x = \exp(ix)$ として扱った方が早いかもしれない．

この序論の最後に，線型微分方程式の確定特異点の立場から，超幾何関数の位置づけを論じる．

4. 線型微分方程式の確定特異点

定義はもっと一般的にできるが，実用上重要な2階線型常微分方程式

$$y'' + P_1(x)y' + P_2(x)y = 0 \tag{2}$$

に限れば，以下のようになる．$x = a$（定数）において $P_1(x), P_2(x)$ が正則ならば，(2)は任意の初期値 $y(a) = \alpha_0$，$y'(a) = \alpha_1$ に対して正則な解をただ一つ持つ．しかし，$x = a$ で $P_1(x), P_2(x)$ が極（分母の零点）になると，問題が生じる．ただし，その最も弱い場合として，$P_i(x)$ $(i = 1, 2)$ がたかだか i 次の極のとき，$x = a$ を(2)の**確定特異点**と呼ぶ．このとき(2)は一般に2個の特性指数 α, β について

$$(x-a)^\alpha \times g(x), \qquad (x-a)^\beta \times h(x)$$

の形の特殊解を持ち，一般解はそれらの一次結合で表される．ただし，以上は概論であって，特殊解に対数関数 $\log(x-a)$ の項が含まれることもある．ここで x は実変数とは限らず，一般に複素変数である．複素球面の無限遠点については $\dfrac{1}{x} = t$ と変数変換した方程式を考え，その $t = 0$ での状態によって，確定特異点を定義する．

4.1 ●特異点の個数による分類

一般に特異点が少ないほど方程式は簡単であり，その解も簡単な場合が多い．反対に特異点の数が多い微分方程式は難しいが，多様な関数を解に含む．

確定特異点以外の特異点を含まない線型常微分方程式は**フックス型**と呼ばれ，19世紀後半から多くの研究がされた．以下では，2階線型常微分方程式に限定するので，特に断らない限り，それを単に「微分方程式」と呼ぶ．

4.2 ●特異点の少ない方程式

無限遠点を込めて特異点をまったく含まない2階線型常微分方程式は，最も単純な方程式だが，残念ながら(?)そのような方程式は存在しないことが証明できる．たぶん現実の「最も簡単」なものは，ただ1個の確定特異点を持つものだろう．その特異点を無限遠点に移せば，方程式は

$$y'' = 0, \qquad \text{一般解は1次式 } y = ax + b$$

$x = 0$　のとき　$y(0) = \exp(b)$

の解として，$\exp(b) \cdot \exp(x)$ としても与えられる．解の一意性から両者は一致する：$\exp(x+b) = \exp(x) \cdot \exp(b)$．これは，加法定理(1)にほかならない．　□

　その応用として $e = \exp(1)$（定数）とおけば，まず n が整数のとき $\exp(n) = e^n$（e の n 乗）である．このことから，n が有理数のときも同じ等式が成立し，極限値をとって $\exp(x) = e^x$（e の x 乗）と表すこともできる．

　余談ながら，極限値 $\left(1+\dfrac{1}{n}\right)^n \to e$ に一言しよう．1 階常微分方程式の素朴な数値解法の1つとして，**オイラー法**が知られている．それは微分 $f'(x)$ を差分 $\varepsilon = \dfrac{f(x+h)-f(x)}{h}$ で近似して，$f(x+h)$ を $f(x)+h\varepsilon$ と近似することを反復する近似解である．$y' = y$ に対し，区間 $[0,1]$ を n 等分して，順次オイラー法を適用すれば，$x = \dfrac{k}{n}$ における近似値は $\left(1+\dfrac{1}{n}\right)^k$ である．$k = n$ の場合，すなわち $x = 1$ での $e = \exp(1)$ の近似値は $\left(1+\dfrac{1}{n}\right)^n$ であり，$n \to \infty$ の極限値は e である：

$$\lim_{n \to \infty} \left(1+\frac{1}{n}\right)^n = e.$$

　この近似は数値的にはそれほど良くないが，ともかく古典的な多くの性質が統一的に見えてくる．

3.2●まとめ

　以上，少し長く述べた．得られた諸式はいずれも周知の公式にすぎない．しかし，このような眼で見ると，指数関数に関する多くの公式が統一的に導かれることに気づくだろう．

　三角関数 $\sin x, \cos x$ も同様に $y''+y = 0$ の特殊解として導入して論じることができる．しかし，それらはむしろ複素変数の指数関数：$\cos x+i\sin x = \exp(ix)$ として扱った方が早いかもしれない．

　この序論の最後に，線型微分方程式の確定特異点の立場から，超幾何関数の位置づけを論じる．

4. 線型微分方程式の確定特異点

定義はもっと一般的にできるが，実用上重要な2階線型常微分方程式

$$y'' + P_1(x)y' + P_2(x)y = 0 \tag{2}$$

に限れば，以下のようになる．$x = a$（定数）において $P_1(x), P_2(x)$ が正則ならば，(2)は任意の初期値 $y(a) = \alpha_0$, $y'(a) = \alpha_1$ に対して正則な解をただ一つ持つ．しかし，$x = a$ で $P_1(x), P_2(x)$ が極（分母の零点）になると，問題が生じる．ただし，その最も弱い場合として，$P_i(x)$ $(i = 1, 2)$ がたかだか i 次の極のとき，$x = a$ を(2)の**確定特異点**と呼ぶ．このとき(2)は一般に2個の特性指数 α, β について

$$(x-a)^\alpha \times g(x), \qquad (x-a)^\beta \times h(x)$$

の形の特殊解を持ち，一般解はそれらの一次結合で表される．ただし，以上は概論であって，特殊解に対数関数 $\log(x-a)$ の項が含まれることもある．ここで x は実変数とは限らず，一般に複素変数である．複素球面の無限遠点については $\dfrac{1}{x} = t$ と変数変換した方程式を考え，その $t = 0$ での状態によって，確定特異点を定義する．

4.1●特異点の個数による分類

一般に特異点が少ないほど方程式は簡単であり，その解も簡単な場合が多い．反対に特異点の数が多い微分方程式は難しいが，多様な関数を解に含む．確定特異点以外の特異点を含まない線型常微分方程式は**フックス型**と呼ばれ，19世紀後半から多くの研究がされた．以下では，2階線型常微分方程式に限定するので，特に断らない限り，それを単に「微分方程式」と呼ぶ．

4.2●特異点の少ない方程式

無限遠点を込めて特異点をまったく含まない2階線型常微分方程式は，最も単純な方程式だが，残念ながら(?)そのような方程式は存在しないことが証明できる．たぶん現実の「最も簡単」なものは，ただ1個の確定特異点を持つものだろう．その特異点を無限遠点に移せば，方程式は

$$y'' = 0, \qquad \text{一般解は1次式 } y = ax + b$$

となる．たしかに「簡単」だが，簡単すぎて(?)一般解も平凡な(?) 1 次式というのでは話にならない．

2 個の確定特異点を持つものは，**オイラーの方程式**と呼ばれている．特異点を 0 と ∞ に移すと，その一般解は累乗関数 x^α の形であり，対数関数 $\log x$ も含まれる．これらは一般的に無限多価だが，特別な場合には有限多価(ないし一価)である．このとき 2 個の確定特異点を合流させて，少し高度の特異点にして，それを無限遠点に移すと，方程式は

$$y'' + cy = 0 \qquad (c \text{ は定数})$$

の形に標準化され，指数関数や三角関数によって解くことができる．これらはすべて初等関数の範囲である．

無限遠点をこめて 3 個の確定特異点を持つフックス型の 2 階線型常微分方程式が本命である．その一般解が「ガウスの超幾何関数」であり，たしかに「未知の黄金郷」であった．この一族が「特殊関数」の中心的存在だったのも，むべなるかなと思う．

では確定特異点が 4 個ならどうか？　その種の方程式の解も一種の特殊関数であり，多くの研究がある．しかし，そうなると，解の関数が確定特異点での特性指数だけでは定まらず，ほかの付加条件が必要になって，話が 3 個までの場合とまったく変わってくる．そのような意味でこの場合は一種の「拡張された意味での」特殊関数として，特殊の目的用に個々に研究されているといった状況である(仏の顔も三度？)．

4.3 ● 合流型の方程式

他方，いくつかの確定特異点を合流させた微分方程式が考えられる．2 個のときは前述したが，3 個の場合はどうか？　それには次の 2 つの場合がある：

(i) 2 個を合流させて，1 個の確定特異点を残す
(ii) 3 個すべてを 1 点に合流させる

この(i)の場合の解が，**合流型超幾何関数**とよばれる重要な一族である．

しかし，その一般論は超幾何関数自体よりも難しい．例えば ∞ における形式的なベキ級数の解は，必ずしも（古典的な意味で）収束しない．ただしそれは，ある条件の下で，もとの常微分方程式の解の漸近展開式を与える．このような事態がわかってきて，漸近展開の研究が進められたのは，19 世紀の後半以降である．

合流型超幾何関数は，その特別な場合として非常に多くの有用な特殊関数を含む．前述の系列図を見ても不完全ガンマ関数の一族から，積分指数関数などの初等関数の不定積分として表される諸関数を含んでいる．

その意味で重要な一族なのだが，合流型超幾何関数そのもの（**クンマーの関数**と呼ばれることが多い）の一般論は，ガウスの超幾何関数自体と比較すると，はるかに難しくて研究はそれほど進んでいない．むしろ，この型に属する特別な族として，ウィッタッカーの関数とかベッセル関数といった族が，（実用上の要請もあって）深く研究されてきた．それらを合流型超幾何関数の一族としてまとめて眺めるようになったのは，意外と後年になってからである．

4.4●前節冒頭の(ii)の場合

この場合，合流させた特異点を無限遠点とすれば，有限な範囲には特異点はない．その代わり，無限遠点は高度の特異点になる．これに属する特殊関数もあり，直交多項式系では**エルミートの多項式**がある（ただしエルミートの多項式にはいろいろな定義があり，実用上注意を要する）．

このように特異点を無限遠点にしわ寄せして，有限の範囲には厄介者がないようにするのは 1 つの方策だが，かえってしわ寄せされた無限遠の特異点が複雑なために扱いにくい場面が多い．実用上では，例えば $\sqrt{x}$ を独立変数にとり直して，$x = 0$ に新しい特異点を作る代わりに，無限遠点の特異性を緩和し，実質的に前記(i)の場合に帰着させて論じることが多い（過度の一極集中はかえって危険？）．

前述のように 4 個以上の確定特異点を持つ微分方程式は複雑で，それらの解はむしろ「**拡張された意味での**」特殊関数である．それらの合流型の常微分方程式の解として定義される諸関数もあり，「拡張された意味での」特殊関

数として，特別な目的に応用されている．

5. まとめ

「特殊関数」として普通に扱われる諸関数のうちには，ガンマ関数のように，直接に微分方程式によって定義できない種類のものもある．冒頭に述べたように，特殊関数とは，各種の実用上の問題を解くために導入された各種の関数を，ある程度整理した総称であるから，時代とともに，その対象に変化があり得る．

　数学の理論的な面から見ると，例えば超幾何関数の一族という例のように，大きな一般論があり，その特別な場合として多くの古典的な諸関数が含まれている場面がある．このような体系には大いに興味がある．多くの具体的な特殊関数は，個々の具体的な課題の解決のために，個別に研究が始まり，その後，それらの性質が体系化・一般化されて，いくつかの理論にまとめられた，という歴史を辿っている．もちろんたまたま既製の理論の中にうまい関数があって，それで間に合った，という場面もあっただろう．しかし多くの場合，それだけでは済まないので，個々に新しい関数を考えて，その性質の研究を進めるうちに，それらの相互の類似などから，一段と広い対象が考えられ，個々の関数が統合されて，さらに一般的な理論ができていった，というのが，1つの「標準的」な歴史なのかもしれない．

　本稿では，楕円関数の一族にほとんど触れることができなかった．その歴史の一部は本書にあるから，ここで繰り返すことはしないが，大雑把に歴史的に見ると

　　　楕円の弧長の計算 ⇒ 3次，4次式の平方根の不定積分
　　　　　　　　　　　 ⇒ その逆関数
　　　　　　　　　　　 ⇒（複素変数として）二重周期関数
　　　　　　　　　　　 ⇒ 輪環面（種数1の閉リーマン面）上の解析関数
　　　　　　　　　　　 ⇒ 一般の代数関数

といった道をたどって，理論面では（ある意味で）代数関数論の発端になった理論が理解される．

しかし実用面では，楕円関数は(一時の熱狂的(?)期待に反して)それほど広く利用されたとは思えない．私の既知の範囲では，ある種の標準図形の等角写像に活用された応用例を耳にした程度である．その意味で，これは歴史的な「特殊関数」族の，1つの傍系なのかもしれない．

もちろん，今後何か新しい方程式の解として，思いがけない新規の特殊関数が必要になり，それが大活躍する場面も生じるかもしれない．その意味で「特殊関数」という語の対象も時代とともに変化する可能性がある．

前にも述べたように，本書は『数学セミナー』の特集記事を編集した書籍なので，必ずしも標準的な特殊関数全般にわたる「教科書」ではない．この序論は，現在「特殊関数」という語がどういう意味で使われているのかを解説し，その世界の大雑把な展望を示すのが目的だった．

第 I 部

三角関数

三角関数の成り立ち

砂田利一 [明治大学・東北大学名誉教授]

1. 序

　数学において既に「定着」した概念も，今日使用しているという意味での最終的な形に至るまでには長い歴史を背負っているのが通常である．「実数」然り，「確率」然り，この論説で扱う**三角関数**も例に漏れず，その萌芽は古代文明，中でも古代バビロニアとその「直系」である古代ギリシャにおいて開発された**三角法**に遡る．この長い前史を占める実践的理論から三角関数という概念が誕生したのは実に 17 世紀なのであって，（今日の目からすれば曖昧とは言え）関数概念が登場して初めて可能になったのである．その立役者が 18 世紀を代表する比類のない多産な数学者オイラー（1707-1783）である．しかし，19 世紀になるまで —— これは解析学全体に言えることなのであるが —— その定義はユークリッド以来の幾何学に強く依存し，解析学のみならず幾何学が数の体系の中で定式化されるべきであるという思想が勃興する中で，理論的に「純粋な」三角関数というものが認識されたのは 19 世紀後半になってからである．

　本論説では，このような歴史的事情を考慮に入れながら，三角関数の成り立ちについて解説する．

2. 三角法

　身の回りの事物のみに関心のあった古代人も，文明の曙とともに直接に測

ることはできない距離や高さを知りたいという欲求にかられるようになった．これを解決したのが三角法である．

一般に，図形の量的関係の研究や測量などにおいて，三角形の辺と角の関係を基礎に，問題を処理する手法を三角法という（『ブリタニカ国際大百科事典』より）．その基礎となるのが，（直角）三角形の相似に関する定理である．この定理は，「AC を斜辺，∠B を直角とする直角三角形 ABC において，角 ∠A が与えられれば，比 AB：BC, AC：AB, AC：BC は直角三角形の大きさによらない」ことを主張している．このことを使って，例えば角 ∠A と図の底辺である AB の長さが知られていれば，紙上に $\angle A_0 = \angle A$, 底辺を A_0B_0 とする直角三角形 $A_0B_0C_0$ を描いて，高さ C_0B_0 を計測することにより，もとの直角三角形の高さ CB は

$$CB = AB \cdot \frac{C_0B_0}{A_0B_0}$$

を使って求めることができる．

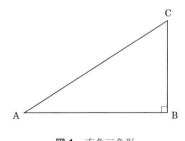

図 1　直角三角形

あくまで伝説上のことであるが，ミレトスのターレス（前 625 頃-前 547 頃）は今述べた事実を用いてエジプトのピラミッドの高さや[1]，航行する船までの距離を測ったと言われる．また，サモス島出身のアリスタルコス[2]（前

---

[1] ピラミッドの影の長さと，同時刻における自分自身の影の長さを測って，自分の身長との比からピラミッドの高さを測定したと言われる．

[2] ストラトンの下で学んだ天文学者．恒星は無限遠にあると考え，当時は天動説が主流となっている中で，地動説を唱えたことでも有名である．

310-前230)は，次のような観測から，

$$\frac{\text{地球から太陽までの距離}}{\text{地球から月までの距離}}$$

を求めようと考えたのである．

「あるとき，月と太陽が同時に見え，月の見える方向と太陽の見える方向のなす角が87度であった．しかも月は半月の状態であった」

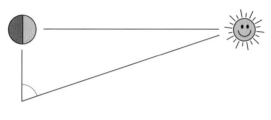

図2　月と太陽

ターレスの伝説が真実ならば，彼を三角法の創始者とすべきであろうが，数学史ではさまざまな見解があり，その発祥について明確な事実関係を知るには至っていない．さらに歴史を遡れば，Plimpton 322と名付けられた古代バビロニアの粘土板には，三角法に関連すると解釈される数値表が書かれている[3]．アリスタルコスの考え方にも，三角法の萌芽が見られることに注意しよう（実際，上記の比は $\cos 87°$ である）．円錐曲線の研究で知られるペルガのアポロニウス[4]（前262年頃-前190年頃）を三角法の先駆者とする史家がいるし，三角測量を行ったヒッパルコス（前190年頃-前120年頃）を筆頭に挙げる史家もいる．

三角法の発祥はさておいて，角と辺の長さ（の比）の関係を表にしておけば，さまざまな用途に使えると考えるのは自然であろう．角の数量化については，

3）別の解釈もある．
4）アポロニウスは，離心円や周天円の概念を導入し，天動説により惑星の運行を説明したとされるが，彼より前にそれらの概念は知られていた．

∠A	CB/AC	AB/AC	CB/AB
5°	0.0872	0.9962	0.0875
10°	0.1736	0.9848	0.1736
15°	0.2588	0.9659	0.2679
20°	0.3420	0.9397	0.3640
25°	0.4226	0.9063	0.4663
30°	0.5000	0.8660	0.5774
…	…	…	…
80°	0.9848	0.1736	5.6713
85°	0.9962	0.0872	11.430

既に古代バビロニアで全角を 360° とした方法(度数法)が導入されており,これを用いれば,例えば上のような表が得られる.

これに類する表および計算法は,「弦の表」としてプトレマイオス[5] (83 年頃–168 年頃)の『アルマゲスト』[6]に掲載されている[1].よく知られているように,この著書の中で展開された天動説は,アラブと中世ヨーロッパの宇宙観に決定的な影響を与えた.

現在では,CB/AC,AB/AC,CB/AB は角 ∠A に対する**正弦**(sine),**余弦**(cosine),**正接**(tangent)とよばれており,sin ∠A, cos ∠A, tan ∠A と記される.なお,sine, tangent はそれぞれラテン語の sinus(凹所,洞),tangentem に由来し,さらにはサンスクリットまで遡ることができる.sin, cos, tan という略記法は 16 世紀のフランスの数学者ジラールが初めて用いた.

3. 三角関数

今日では,正弦,余弦,正接は関数として扱われるが,その発端は関数概念の登場と軌を一にしている[2].関数(function)を意味するラテン語の

---

5) 英名はプトレミー.

6) もとの表題は『数学集成』であるが,9 世紀にアラビア語に訳されたとき,「最上級」を指す al-majisti と名づけられた.

functio は 1670 年代にライプニッツが使い始めたが，この用語を「変数と定数から組み立てられた量」として用いたのはヨハン・ベルヌーイである(1718年)．さらにオイラーは微分積分学の系統的著述である『無限解析序論』の中で，「ある量が他の量に依存し，後者(他の量)が変化するとき前者(ある量)も変化するとき，前者は後者の関数とよばれる」として，一般的な関数の定義を与えた[7](1748年)．

三角関数は変数を角とする関数であるが，微分積分学の「主人公」の１つとなるのには，度数法による角の数値化から，**弧度法**という別の数値化への移行が大きな役割を果たしている．ここで弧度法とは，単位円上の弧の長さが θ であるとき，対応する中心角の大きさを θ とする方法である[8]．

弧度法の有利な点は，次の極限公式にある．

$$\lim_{x \to 0} \frac{\sin x}{x} = 1.$$

この公式から，三角関数の微分公式

$$\frac{d}{dx} \sin x = \cos x, \qquad \frac{d}{dx} \cos x = -\sin x$$

が導かれる．またこのことを用いて，正弦関数と余弦関数の冪級数展開

$$\sin x = x - \frac{1}{3!}x^3 + \frac{1}{5!}x^5 + \cdots + (-1)^{k-1}\frac{1}{(2k-1)!}x^{2k-1} + \cdots, \tag{1}$$

$$\cos x = 1 - \frac{1}{2!}x^2 + \frac{1}{4!}x^4 + \cdots + (-1)^k\frac{1}{(2k)!}x^{2k} + \cdots \tag{2}$$

が得られる[9]．

三角法から三角関数が誕生したわけだが，同じような経緯を経て誕生した関数がほかにもある．それは**対数関数**(およびその逆関数である**指数関数**)である．対数関数と指数関数の前史に登場するのが，シュケ(1455-1488)，シュ

---

7) しかし，これは「名目的」な定義であり，実際上は彼にとっての関数は，変数や定数から構成される「解析的式」として表される関数なのであった．

8) 最初に弧度法を導入したのはイギリスの数学者コーツと考えられている(1714年)．

9) $\sin x$ の冪級数展開は，微分積分学の創始者の一人であるニュートンによりまったく異なる方法で導かれた．

ティフェル (1486-1567)，ステヴィン，そしてスコットランドの貴族であった
ネピアである．シュケは等差数列と等比数列

$$1, 2, 3, \cdots, n, \cdots$$

$$a, a^2, a^3, \cdots, a^n, \cdots$$

を対応させ，後者の 2 つの積 $a^m \cdot a^n = a^{m+n}$ が前者の $m+n$ に対応すること
に注目した．シュティフェルは等比数列の数に対応する等差数列の数を指数
と名づけ，ステヴィンは指数を分数 (有理数) にまで拡張している．これらと
は独立に，ネピアはある種の運動を考察することによって対数概念を発見し
た[10] (1614 年)．その後ネピアのアイディアに感銘を受けたブリッグスによ
り，$10^y = x$ の関係にある x, y (すなわち x と $y = \log_{10} x$) の対応表が作られ
た (1624 年)．一般に，$a > 1$ とするとき，$a^y = x$ という式を y について解い
た式を $y = \log_a x$ で表したとき (言い換えれば，指数関数 $x = a^y$ の逆関数を
$y = \log_a x$ としたとき)，$\log_a x$ を a を底とする x の対数とよぶ．$a = 10$ の場
合である $\log_{10} x$ は**常用対数**といわれ，実用上の計算に使われてきた．例えば
2 つの数 a, b の積を計算するのに，対数表を使って $\log_{10} a, \log_{10} b$ を求め，和

$$\log_{10} a + \log_{10} b \ (= \log_{10} ab)$$

を計算して，再び対数表を逆に使うことにより ab を求めるのである．

　こうして x を変数とする関数 $\log_a x$ が得られるが，弧度法が三角関数の微
分積分に適していたように，対数関数 $\log_a x$ もその底 a として特別なものを
選べば，微分積分学におけるもう 1 つの主人公となることができる．この特
別な底が自然対数の底 e である[11]．

$$e = \lim_{n \to \infty} \left(1 + \frac{1}{n}\right)^n$$

とおき，$\log_e x$ における e を省略して $\log x$ と書けば

---

10) ネピアは，三角法の計算の簡易化を目的として対数概念を発見したといわれる．

11) 自然対数の底を最初に言及したのは，ウィリアム・オートレッドである (1618 年)．そ
　　の後，ニュートン，ライプニッツ，ベルヌーイ一家による微分積分学の発展過程で積
　　極的に使われ始めた．

$$\frac{d}{dx}\log x = \frac{1}{x}, \qquad \frac{d}{dx}e^x = e^x,$$

$$e^x = 1 + x + \frac{1}{2!}x^2 + \cdots + \frac{1}{n!}x^n + \cdots \tag{3}$$

が成り立つ.

4. オイラーの公式

　オイラーの『無限解析序論』には，指数関数と三角関数の関係が述べられている．これらの出所がまったく異なる2つの関数が，複素数の世界で初めて結びつくことをオイラーは見出したのだった．これは，「実領域の中の2つの真理を結ぶ最短路は複素領域の中にある」（アダマール）ことを象徴する事実であり，数学史上最大の「発見」の1つとなったのである．

　それは，今日の目を通して見れば，何ということもない事実である．まず，三角関数と指数関数の冪級数展開 $(1),(2),(3)$ を眺めよう．指数関数 e^x の展開において，形式的に $x = i\theta$ と置いてみる（i は虚数単位）．

$$(i\theta)^n = \begin{cases} i(-1)^{k-1}\theta^{2k-1} & (n = 2k-1) \\ (-1)^k\theta^{2k} & (n = 2k) \end{cases}$$

を使えば

$$e^{i\theta} = \left(1 - \frac{1}{2!}\theta^2 + \cdots + (-1)^k\frac{1}{(2k)!}\theta^{2k} + \cdots\right)$$

$$+ i\left(\theta - \frac{1}{3!}\theta^3 + \cdots + (-1)^{k-1}\frac{1}{(2k-1)1}\theta^{2k-1} + \cdots\right)$$

$$= \cos\theta + i\sin\theta$$

が導かれる．こうして得られた等式

$$e^{i\theta} = \cos\theta + i\sin\theta$$

を**オイラーの公式**という．オイラー自身は，これをド・モアブルの公式を用

いて導いた[12]. 特に $\theta = \pi, 2\pi$ と置けば, 神秘的な式

$$e^{\pi i} = -1, \qquad e^{2\pi i} = 1$$

が得られる.

　指数関数のもとの定義では, 複素数を「直接」代入することはできない. 指数関数をテイラー展開すれば, 代入に意味が与えられるのである. すなわち, 複素数 z を変数に持つ指数関数 e^z を

$$e^z = 1 + z + \frac{1}{2!}z^2 + \cdots + \frac{1}{n!}z^n + \cdots$$

と定義すればよい(ただし, 右辺が複素数の範囲で収束することを示す必要がある). オイラーはこれ以上踏み込むことはなかったが, 1つの例を通して複素数変数関数の理論(複素解析学)に先鞭をつけたのである.

5. 三角関数の現代的定義

　古代ギリシャ以来, 幾何学はすべての数学の屋台骨であった. 幾何学は厳密な基礎の上に築かれており, 代数や解析学は幾何学的解釈がなされて初めて厳密な理論となると考えられていたのである. しかし, 解析学の厳密化に目が向けれられるに従って, その基礎にある実数概念の確立が重要な問題となった. 実際, それまで実数の理解(およびその上で建設される解析学全般)は幾何学的直観に頼っていたのである. デデキントらによって実数の論理的構成がなされると, 逆に幾何学を数の体系を基礎として構築することが自然になった.

　では, 幾何学的に定義されてきた三角関数はどのように理解されるべきなのだろうか. その答えは次のようになる. まず

$$f(x) = \int_0^x \frac{1}{\sqrt{1-t^2}}dt \qquad (0 \leq x \leq 1) \tag{4}$$

---

[12] コーツは 1714 年に $\log(\cos x + i \sin x) = ix$ が成り立つことを主張している. しかし, 複素数に対する対数は多価性を持っており, この式は正確ではない.

により定義される関数 $f(x)$ を考える[13]. そして, $\sin x$ は $f(x)$ の逆関数として定義するのである. 円周と直径の比として定義された円周率 π も,

$$2\int_0^1 \frac{1}{\sqrt{1-t^2}}dt \tag{5}$$

として再定義される. 対数関数にしても, 現代的観点からは

$$\log x = \int_1^x \frac{1}{t}dt$$

により定義され, 指数関数はその逆関数とするのである. また自然対数の底は

$$1 = \int_1^e \frac{1}{t}dt = \log e$$

を満たす実数 e として定義される.

　このような考え方はたしかに厳密ではあるが, 幾何学的直観や実践的意味は完全に失われ, もとの問題意識は雲散霧消してしまう. 人によっては数学を「無味乾燥化」すると批判するかもしれない. しかし, 関数を捉えるこのような方法が, おもしろみも風情もないかと言えば, 実はそうではない. その代表的な例がガウスによる楕円関数の発見である[3]. ガウスは(4)に倣って,

$$\sin \mathrm{lemn}^{-1} x = \int_0^x \frac{1}{\sqrt{1-x^4}}dx$$

と置いて, レムニスケート正弦関数 $\sin \mathrm{lemn}\, x$ を定義した. さらに, 円周率の積分表示(5)と恒等式 $\cos x = \sin(\pi - x)$ に鑑みて

$$\omega = \int_0^1 \frac{1}{\sqrt{1-x^4}}dx$$

と置くことにより, レムニスケート余弦関数を

$$\cos \mathrm{lemn}\, x = \sin \mathrm{lemn}(\omega - x)$$

によって定義したのである.

---

13) 歴史を振り返れば, 積分概念も図形の面積に関連させて直観的に定義されていたが, 現在では実数論の枠内で再定式化されている.

レムニスケート関数に対しても三角関数の加法公式の類似が成り立つが，記号を簡略化して，$\sin \operatorname{lemn} x, \cos \operatorname{lemn} x$ をそれぞれ $s(x), c(x)$ により表すと，それらは

$$s(u+v) = \frac{s(u)c(v)+s(v)c(u)}{1-s(u)s(v)c(u)c(v)},$$

$$c(u+v) = \frac{c(u)c(v)-s(v)s(u)}{1+s(u)s(v)c(u)c(v)}$$

と表される．この加法公式を用いて変数を実数全体に拡張することができる．さらにガウスは $s(x)$ のテイラー展開を求め，

$$s(iu) = is(u), \quad c(iu) = \frac{1}{c(u)}$$

を示して，これと加法公式を基にして $s(x)$ を複素変数関数に拡張した．そして，

$$s(x+4\omega) = s(x), \quad s(x+4i\omega) = s(x)$$

を満たす 2 重周期的有理型関数となることを確かめたのである．三角関数が複素変数関数としては 1 重周期正則関数となっていることと比較して，これは興味深い事実である．

参考文献

［1］ プトレマイオス (藪内清 訳)，『アルマゲスト』，恒星社，1982 年／新版，恒星社厚生閣，1993 年．

［2］ 岡本久，長岡亮介，『関数とは何か —— 近代数学史からのアプローチ』，近代科学社，2014 年．

［3］ 砂田利一，『現代幾何学への道 —— ユークリッドが蒔いた種』，岩波書店，2010 年．

三角関数とは何か

斎藤 毅 ［東京大学大学院数理科学研究科］

　三角関数の性質を網羅的に列挙しようというのではない．逆に，三角関数がみたす性質として何をとりあげれば，ほかのものをすべて導きだせるのかという話をしていく．要するに三角関数をどう定義するかということだが，そんなことは高校で教わったと思う人もいるだろう．だが『解析概論』の序文にもあるとおり，そう単純なことではないということの確認から始めよう．

　「一例として指数函数，三角函数を取ってみる．彼等は初等解析において王位を占めるものであるが，その古典的導入法は，全く歴史的，従って偶発的で，すこぶる非論理的と言わねばなるまい．さて解析概論において，その歴史的発生を無視することが許されないとするならば，これらの函数の合理的導入法を述べる上に，古典的導入法が偶発的である所以をも説くことが，解析概論に課せられる迷惑な任務というものであろう．」

（高木貞治『解析概論』第一版緒言より）

1. 古典的導入法

　高校の数学での三角関数 $\cos\theta, \sin\theta$ の定義を簡単に復習しよう．$0 < \theta \leqq \dfrac{\pi}{2}$ とする．xy 平面上の原点 $O(0,0)$ を中心とする半径 1 の円 C の $x \geqq 0$, $y \geqq 0$ の部分を C_+ とする．A を点 $(1,0)$ とし，C_+ 上の点 $P(x,y)$ を，角 AOP が θ となるようにとる．弧度法によれば，角 AOP が θ であるとは，弧 AP の長さが θ ということである．このとき，$x = \cos\theta$, $y = \sin\theta$ として三

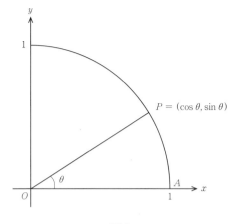

図 1

角関数 $\cos\theta, \sin\theta$ を定義する(図 1).

ここで復習した定義に間違いがあるわけではないが,よくみると不十分な点が目につく.弧 AP の長さとは何だろうか.実数 $0 < \theta \leq \frac{\pi}{2}$ に対し,弧 AP の長さが θ となる C_+ の点 P が存在するのはなぜだろうか.

高校での三角関数の定義を完成するには,円の弧の長さの定義とその性質のほかにも準備しなくてはいけないことがたくさんある.その話にはあとで戻ってくるが,それなら別の方法で定義できないのか,という気になってくる.それが『解析概論』の序文にいう「合理的導入法」ということである.

2. 等速円運動

高校の数学で三角関数の性質をたくさん学ぶが,その中でもとくに大切なのが加法定理

$$\begin{aligned}\cos(x+y) &= \cos x \cos y - \sin x \sin y, \\ \sin(x+y) &= \sin x \cos y + \cos x \sin y\end{aligned} \quad (1)$$

と微分の公式

$$\cos' x = -\sin x, \quad \sin' x = \cos x \quad (2)$$

である.微分の公式だけでは三角関数の定義にならないが,これに

$$\cos 0 = 1, \qquad \sin 0 = 0 \tag{3}$$

を合わせると，三角関数の定義として十分な条件になる．定理として書くと，次のようになる．

定理 1 ● すべての実数に対して定義された微分可能な関数 $f(x), g(x)$ で，

$$f'(x) = -g(x), \qquad g'(x) = f(x)$$
$$f(0) = 1, \qquad\qquad g(0) = 0 \tag{4}$$

をみたすものがただ 1 組存在する．

定理 1 を使ってよいことにすれば，(4) をみたすただ 1 組の $f(x), g(x)$ を $\cos x, \sin x$ とよぶことで，三角関数の定義になる．

方程式 (4) の意味を考えてみる．(4) より，

$$\begin{aligned} (f(x)^2 + g(x)^2)' &= 2f(x)f'(x) + 2g(x)g'(x) \\ &= -2f(x)g(x) + 2g(x)f(x) \\ &= 0 \end{aligned}$$

となるから，$f(x)^2 + g(x)^2$ は定数関数で，その値は $x = 0$ とおけば 1 である．よって，公式

$$\cos^2 x + \sin^2 x = 1 \tag{5}$$

が得られた．さらに $(x, y) = (f(t), g(t))$ を曲線のパラメータ表示と考えれば，接ベクトル $(f'(t), g'(t))$ の長さは

$$f'(t)^2 + g'(t)^2 = (-g(t))^2 + f(t)^2 = 1$$

の平方根 1 だから，$(x, y) = (f(t), g(t))$ は曲線

$$x^2 + y^2 = 1$$

上を速さ 1 で動く点の座標を表わしている．

パラメータつきの曲線の長さを積分で表わす公式を使えば，$0 \leqq t \leqq a$ の部分の長さは

$$\int_0^a \sqrt{f'(t)^2 + g'(t)^2}\, dt = \int_0^a dt = a$$

となる．このように微分方程式 (2) と (3) を定義とすれば，それから高校での定義の性質を導くことができる．

3. 微分方程式から加法定理へ

定理1を少し一般化しておけば，加法定理を導ける．

系2●すべての実数に対して定義された微分可能な関数 $f(x), g(x)$ が，

$$f'(x) = -g(x), \qquad g'(x) = f(x) \tag{6}$$

をみたすならば，

$$\begin{aligned}
f(x) &= f(0)\cos x - g(0)\sin x, \\
g(x) &= f(0)\sin x + g(0)\cos x
\end{aligned} \tag{7}$$

である．

［系2の証明］　三角関数を成分とする行列

$$R(x) = \begin{pmatrix} \cos x & -\sin x \\ \sin x & \cos x \end{pmatrix} \tag{8}$$

は，(5)より回転行列である．(7)を行列 $R(x)$ を使って書けば

$$\begin{pmatrix} f(x) \\ g(x) \end{pmatrix} = R(x) \begin{pmatrix} f(0) \\ g(0) \end{pmatrix} \tag{9}$$

となる．(9)の左辺に回転行列 $R(x)$ の逆行列

$$^t R(x) = \begin{pmatrix} \cos x & \sin x \\ -\sin x & \cos x \end{pmatrix}$$

をかけて得られるベクトル

$$^t R(x) \begin{pmatrix} f(x) \\ g(x) \end{pmatrix} \tag{10}$$

の成分の微分は，(6)と(2)を使って計算すれば両方とも0である．よってベクトル(10)は定数ベクトルであり，$x = 0$ とおけばその値は $\begin{pmatrix} f(0) \\ g(0) \end{pmatrix}$ である．これに行列 $R(x)$ をかければ，(9)したがって(7)が得られる．

［加法定理の証明］　c を実数とする．$f(x) = \cos(x+c)$, $g(x) = \sin(x+c)$ は方程式(6)をみたす．$f(0) = \cos c$, $g(0) = \sin c$ だから，系2より加法定理(1)が得られる．

(2)と(3)で三角関数を定義するのは数学者好みで，微分の公式も定義より明らかとなるので結構なのだが，問題は定理1の証明がそう簡単ではないことである．定理1は常微分方程式の解の存在と一意性の特別の場合だが，微分方程式を勉強するまで三角関数が使えないのでは不便すぎる．

4. オイラーの公式

$$e^{\sqrt{-1}x} = \cos x + \sqrt{-1}\,\sin x \tag{11}$$

のことである．定理1の証明はともかく，(2)と(3)をみたすただ1つのものとして定義するというのでは，なんとなくすっきりしないという人もいるだろう．それならばオイラーの公式で(2)の解を構成してしまえばよいということになる．

そのためには(11)の左辺の指数関数を定義しなくてはならないが，ここではベキ級数を使って

$$e^x = \sum_{n=0}^{\infty} \frac{x^n}{n!} \tag{12}$$

で定義する．この x に $\sqrt{-1}x$ を代入して，実部と虚部にわければ，

$$\begin{aligned}
\cos x &= \sum_{n=0}^{\infty} (-1)^n \frac{x^{2n}}{(2n)!}, \\
\sin x &= \sum_{n=0}^{\infty} (-1)^n \frac{x^{2n+1}}{(2n+1)!}
\end{aligned} \tag{13}$$

が得られる．(13)を三角関数の定義とすれば，オイラーの公式(11)は定義より明らかということになる．

(13)を定義とよぶためには，(13)の右辺がすべての実数 x に対して収束することを示さなくてはならない．(12)の右辺のベキ級数に収束半径を求めるダランベールの公式を適用すれば，(12)の右辺はすべての実数 x に対して収束することがわかる．(12)の右辺を(13)の右辺についての優級数と考えることで，(13)の右辺もすべての実数に対して収束することがしたがう．

$\cos 0 = 1$, $\sin 0 = 0$ は(13)より明らかだが，微分の公式(2)を示すには，収束するベキ級数については項別微分ができるという定理を使うことになる．

30

とすると,ベキ級数の項別微分ができるまで三角関数が微分できないことになるが,それも困った話である.

5. 逆三角関数の逆関数

というわけで,合理的導入法といってもそれぞれ一般論をだいぶ積み重ねる必要がある.それなら「古典的導入法」を地道に完成させるのも悪くないのではという気になってくる.曲線の長さをどう定義するかが問題だが,ここでは連続微分可能な関数 $f(x)$ のグラフの長さを積分

$$\int_a^b \sqrt{1+f'(x)^2}\,dx \tag{14}$$

で表わす公式を使うことにする.

図 1 の x と y の役割をいれかえるか直線 $x=y$ で折り返して,$0 \leqq p \leqq 1$ として円 $x^2+y^2=1$ の $0 \leqq x \leqq p$,$y \geqq 0$ の部分 AP の長さ $l(AP)$ を考える(図 2).長さの公式(14)で $f(x)=\sqrt{1-x^2}$ とおいて積分のなかみを計算すると,

$$l(AP) = \int_0^p \frac{1}{\sqrt{1-x^2}}\,dx \tag{15}$$

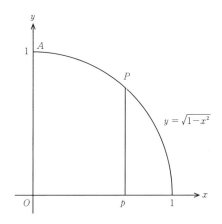

図 2

となる．ただし，$p = 1$ のときは(15)の右辺は広義積分となる．この方法では円周率を

$$\pi = 2\int_0^1 \frac{1}{\sqrt{1-x^2}}dx \tag{16}$$

で定義する．

弧 AP の長さ $l(AP)$ を $\overset{\text{アークサイン}}{\arcsin} p$ とおくことで，$0 \leqq x \leqq 1$ で定義された関数 $\arcsin x$ が定まる．(15)より

$$\arcsin x = \int_0^x \frac{1}{\sqrt{1-t^2}}dt \tag{17}$$

である．式(17)は分母の平方根のなかみを t の 3 次式や 4 次式でおきかえることで楕円関数論の出発点となった由緒正しいものである[3]．

式(17)で，$\arcsin x$ の定義域を $-1 \leqq x \leqq 1$ にひろげておく．$\arcsin x$ の定義(17)より，$\arcsin' x = \dfrac{1}{\sqrt{1-x^2}} > 0$ だから，$\arcsin x$ は $-1 \leqq x \leqq 1$ で単調増加である．$\arcsin x$ の値の範囲は $-\dfrac{\pi}{2} \leqq y \leqq \dfrac{\pi}{2}$ だから，逆三角関数 $\arcsin x$ の逆関数として三角関数 $\sin x$ が $-\dfrac{\pi}{2} \leqq x \leqq \dfrac{\pi}{2}$ で定義される．$\cos x$ も $\cos x = \sqrt{1-\sin^2 x}$ で定義すると，逆関数の微分の公式 $g'(x) = \dfrac{1}{f'(g(x))}$ より

$$\sin' x = \sqrt{1-\sin^2 x} = \cos x$$

が得られる．$\cos^2 x + \sin^2 x = 1$ だから，

$$2\cos x \cos' x + 2\sin x \cos x = 0$$

で，$\cos' x = -\sin x$ も得られる．

こうすることで，三角関数を逆三角関数の逆関数として定義している．高校では，微分が $f(x)$ になる関数として $f(x)$ の不定積分を定義したが，(17)では新しい関数を積分として定義している．これも正当化する必要がある．

さて，$-\dfrac{\pi}{2} \leqq x \leqq \dfrac{\pi}{2}$ では $\cos x, \sin x$ が定義されて微分の公式(2)をみたすことがわかったとしても，定義域を実数全体にひろげないといけない．これには，整数 n に対し $n\pi - \dfrac{\pi}{2} \leqq n\pi + x \leqq n\pi + \dfrac{\pi}{2}$ では

32

$$\cos(n\pi + x) = (-1)^n \cos x,$$
$$\sin(n\pi + x) = (-1)^n \sin x \tag{18}$$

で定義するという方法や，自然数 $n \geqq 1$ に対し $-n \cdot \dfrac{\pi}{2} \leqq x \leqq n \cdot \dfrac{\pi}{2}$ では

$$\begin{pmatrix} \cos x & -\sin x \\ \sin x & \cos x \end{pmatrix} = \begin{pmatrix} \cos \dfrac{x}{n} & -\sin \dfrac{x}{n} \\ \sin \dfrac{x}{n} & \cos \dfrac{x}{n} \end{pmatrix}^n \tag{19}$$

で定義するという方法がある.

(18)では定義域の継ぎ目 $n\pi \pm \dfrac{\pi}{2}$ のところで関数がちゃんとつながっていることを確かめないといけない. (19)では n によらずに同じ関数が定義されていることを確かめる必要がある. これを確かめるには, 方程式(2)を使うか加法定理(1)を使うのが近道ということになる.

6. 加法定理

それなら，加法定理をみたす関数として三角関数を定義できないのかという気がしてくる. 微分方程式のときと同じように(1)だけではたりないが，もう少し条件を加えれば三角関数の定義として十分な条件になる. 定理として書くと，次のようになる.

定理3 ●すべての実数に対して定義された連続関数 $f(x), g(x)$ で,

$$f(x+y) = f(x)f(y) - g(x)g(y),$$
$$g(x+y) = g(x)f(y) + f(x)g(y), \tag{20}$$
$$f(x)^2 + g(x)^2 = 1,$$
$$\lim_{x \to 0} \frac{g(x)}{x} = 1 \tag{21}$$

をすべてみたすものがただ1組存在する.

(20)の3つの式は, $F(x) = \begin{pmatrix} f(x) & -g(x) \\ g(x) & f(x) \end{pmatrix}$ とおくと, $F(x)$ は

$$F(x+y) = F(x)F(y) \tag{22}$$

をみたす回転行列であるということを表わしている．(22)で $x = y = 0$ とおけば $F(0) = F(0)^2$ となるので，両辺に回転行列 $F(0)$ の逆行列をかけると，$F(0)$ が単位行列であることがわかる．したがって

$$f(0) = 1, \quad g(0) = 0 \tag{23}$$

である．

(20)と(21)から微分の公式(4)が導けることは，高校の教科書に書いてあるので省略する．たとえば $f'(0) = 0$ であることは，(20)の3つめの式を移項して両辺を $(f(x)+1)x$ でわれば

$$\frac{f(x)-1}{x} = \frac{-g(x)}{f(x)+1} \frac{g(x)}{x}$$

となるので，$x \to 0$ の極限をとれば $f(x), g(x)$ の連続性と(21),(23)からしたがう．

式(21)は極限で定式化され，ほかの条件と異質である．これが必要なわけを考えてみる．回転群

$$SO(2, \mathbb{R}) = \left\{ \begin{pmatrix} x & -y \\ y & x \end{pmatrix} \middle| x^2 + y^2 = 1 \right\}$$

は，行列の積により群になる．式(22)は，実数 $x \in \mathbb{R}$ を回転行列 $F(x) \in SO(2, \mathbb{R})$ に写す写像 $F : \mathbb{R} \to SO(2, \mathbb{R})$ が準同形であることを表わしている．

写像 $F : \mathbb{R} \to SO(2, \mathbb{R})$ が連続な準同形なら，実数 a に対して a 倍写像 $\mathbb{R} \to \mathbb{R}$ との合成写像 $F_a : \mathbb{R} \to SO(2, \mathbb{R})$ も連続な準同形である．連続な準同形というだけでは微分や長さといった概念がとらえられないので，連続な準同形の中で $F(x) = \begin{pmatrix} \cos x & -\sin x \\ \sin x & \cos x \end{pmatrix}$ を特定するために式(21)が必要になっている．

このように加法定理をもとにしても三角関数の定義ができるが，困ったことに定理3の証明もそれほど簡単ではない．

7. どれがいい？

三角関数の定義を4通り紹介してきたが，どれも一長一短で決定版とよべ

34

るものはないのではという気がしてくる．どれかを選ばないと本を書けないので，[1]では高校数学とのつながりを重視して，逆三角関数の逆関数として定義した．といっても，連続関数の不定積分の存在や広義積分の収束条件を証明するまで三角関数を使えないようでは困るので，積分を使わずに弧の長さを定義しておいた．

　みなさんのお好みの定義はどれでしょう？

参考書

［1］斎藤毅『微積分』東京大学出版会(2013)

［2］高木貞治『解析概論』岩波書店(1938)／定本(2010)

［3］高木貞治『近世数学史談』共立社書店(1933)／岩波文庫版，岩波書店(1995)／『数学雑談』との合本復刻版，共立出版(1996)

複素数の世界での三角関数

濱野佐知子 ［京都産業大学理学部］

複素数の導入

複素の世界での三角関数と言えば,

$$e^{i\theta} = \cos\theta + i\sin\theta, \quad \theta \in \mathbb{R}$$

を思い浮かべる人が多いだろう.『博士の愛した数式』では θ に π を代入して得られる等式「$e^{i\pi}+1=0$」の魅力が甘美に表現されている.2 つの整数の比で表すことのできない無理数である円周率 π と自然対数の底 e,そして 2 乗すると -1 になるという虚数単位 $i = \sqrt{-1}$.これらの数に関係性があるとは想像し得ないが,オイラーによって 1 つの神秘的な等式で表された.最小の自然数 1 と出会うとすべてが 0 に抱き留められる[1] というくだりは大変胸がときめいた.

18 世紀オイラー(1707-1783),ガウス(1777-1855)の時代には既に複素数は動きまわる変数として認識され,コーシー(1789-1857),ワイエルシュトラス(1815-1897),リーマン(1826-1866)等によって関数論の基礎付けがなされた.変数を実数から複素数へ拡張した複素変数の複素数値関数を**複素関数**といい,微分可能な実変数実数値関数の拡張として,複素微分可能性,正則性が定義される.正則関数 $w = f(z)$ は,定義としては導関数を持つ実数値関数とまったく同じであるが,その意味するところは一変する.ここでは,その違いを三角関数を通して垣間見たい.

---

1) 文献[2, p. 198]より引用した.

指数関数と三角関数

任意の複素数 $z = x + iy$ に対して

$$f(z) = e^x e^{iy} = e^x (\cos y + i \sin y)$$

とおくと，$f(z)$ の実部 $u(x, y) = e^x \cos y$ および虚部 $v(x, y) = e^x \sin y$ は $\mathbb{C}$ において C^2-級関数であり，コーシー–リーマン方程式 $\dfrac{\partial u}{\partial x} = \dfrac{\partial v}{\partial y}$，$\dfrac{\partial u}{\partial y} = -\dfrac{\partial v}{\partial x}$ を満たすので，f は全平面 $\mathbb{C}$ で正則な関数(すなわち，整関数)である．$f(z)$ は実軸上では実数値指数関数 e^x になるので，e^x を $\mathbb{C}$ 全体の正則関数に延長したものとみなせる．その関数 f が虚軸上では単振動関数 $e^{iy} = \cos y + i \sin y$ となるのは意義深い事実である．この $f(z)$ を複素変数の**指数関数**といい，e^z と書く：

$$e^z = e^x e^{iy} \qquad (z = x + iy \in \mathbb{C}). \tag{1}$$

実変数の指数関数と同様に次の性質が成り立つ：

$$(e^z)' = e^z, \qquad e^{z_1 + z_2} = e^{z_1} e^{z_2}.$$

(1)は次のようにべき級数展開される：

$$e^z = \sum_{n=0}^{\infty} \frac{z^n}{n!}, \qquad z \in \mathbb{C}. \tag{2}$$

実際，(2)の両辺の定める関数はともに整関数であり，各点において複素微分可能である．2つの比を $f(z) := \sum_{n=0}^{\infty} \dfrac{z^n}{n!} \Big/ e^z$ とおくと，$e^z \neq 0$ より f は整関数，かつ $\mathbb{C}$ 上で $f'(z) \equiv 0$ である．よって，$f(z)$ は $\mathbb{C}$ で定数 $f(z) \equiv f(0) = 1$ となり，(2)が成り立つ．

(2)に $z = i\theta$ $(-\infty < \theta < \infty)$ を代入し整理すると，

$$e^{i\theta} = \sum_{n=0}^{\infty} \frac{(-1)^n \theta^{2n}}{(2n)!} + i \sum_{n=1}^{\infty} \frac{(-1)^{n-1} \theta^{2n-1}}{(2n-1)!}$$

となり，任意の実数 θ に対する三角関数のべき級数展開を得る：

$$\cos \theta = 1 - \frac{\theta^2}{2!} + \frac{\theta^4}{4!} - \cdots + (-1)^n \frac{\theta^{2n}}{(2n)!} + \cdots,$$

$$\sin \theta = \theta - \frac{\theta^3}{3!} + \frac{\theta^5}{5!} - \cdots + (-1)^{n-1} \frac{\theta^{2n-1}}{(2n-1)!} + \cdots.$$

この式を複素数に拡張して，複素変数の**三角関数**を

$$\cos z = \sum_{n=0}^{\infty} \frac{(-1)^n z^{2n}}{(2n)!}, \qquad \sin z = \sum_{n=1}^{\infty} \frac{(-1)^{n-1} z^{2n-1}}{(2n-1)!}$$

で定義する．2つの級数はともに収束半径が ∞ であり，（2）より，

$$\cos z = \frac{e^{iz} + e^{-iz}}{2}, \qquad \sin z = \frac{e^{iz} - e^{-iz}}{2i}.$$

よって，複素関数としては指数関数と三角関数は同種の関数であるといえる．これより他の三角関数 $\tan z = \dfrac{\sin z}{\cos z}$，$\cot z = \dfrac{\cos z}{\sin z}$ などが定義される．また，実関数のときと同様に，三角関数はそれぞれ周期性[2]を持ち，加法定理を満たす．しかしながら，実関数のときと異なり $|\cos z| \leqq 1\ (z \in \mathbb{C})$ は成り立たない．整関数 $\cos z$ は，任意に複素数 w を与えると $\cos z = w$ となる複素数 z は無限個存在する（$\sin z$ についても同様である）．

　では，複素の世界では三角関数がどのような動きをするのか，z-平面は複素関数 $w = e^z$ と $w = \cos z$ により，w-平面へどのように写るのか調べてみよう．

指数関数 $w = e^z$ の像

　指数関数

$$w = e^z = e^x e^{iy} \tag{3}$$

は，導関数 $e^z \neq 0$ から平面の各点で等角な写像であり，$e^{z+2\pi i} = e^z$ より周期 $2\pi i$ を持つ．各 $n \in \mathbb{Z}$ に対し帯状領域

$$B_n := \{z = x + iy \in \mathbb{C} \mid -\infty < x < \infty,\ 2n\pi \leqq y < 2(n+1)\pi\}$$

を考える．帯状領域 B_0 において，直線 $x = a$ は $w = e^a e^{iy}$ に写るので，y が $0 \leqq y < 2\pi$ まで動くと，対応する点 w は円周 $|w| = e^a$ 上を $w = e^a$ から反時計回りに1周する．a が $-\infty < a < \infty$ まで動くと，z は帯状領域 B_0 を埋め尽くす．それに対応する w は半径が無限に小さい円周から無限に大きい円周に変化し，原点を除いた w-平面 Π_0 を埋め尽くす．よって，帯状領域 B_0 は（3）によって Π_0 に1対1に写される．

2）文献 [4, p. 39] に π の定義があり面白いので参照されたい．

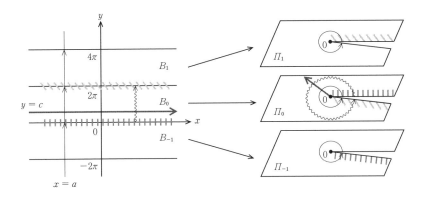

図 1 ($w = e^z$)

別の見方をすると，直線 $y = c$ は $w = e^x e^{ic}$ に写るので，x が $-\infty < x < \infty$ まで動くと，対応する点 w は半直線 $\arg w = c$ の上へ写像される．c が $0 \leq c < 2\pi$ まで動くと，z は帯状領域 B_0 を埋め尽くす．対応する w は正の実軸から徐々に原点の周りを回転して元に戻り，原点を除いた w-平面 Π_0 を埋め尽くす．よって，帯状領域 B_0 は(3)によって Π_0 に 1 対 1 に写される．

周期 $2\pi i$ を持つことに注意すると，帯状領域 $B_0 \cup B_1$ は原点を除いた w-平面を 2 葉に覆う．同様に，B_n の写った領域を Π_n とおき，原点を含んだ半直線 ($e^z \neq 0$ より，点 $w = 0$ へ写る点 z はない) で図 1 のように適当に切り貼りして得られた w-平面を無限に覆う面を Π と書くと，z-平面全体は Π と 1 対 1 に写る．

対数関数

指数関数 $w = e^z$ の写像としての性質を調べたので，その逆関数を構成できる．前節で述べた w-平面を無限葉に被覆した面 Π から z-平面への対応を，複素変数の**対数関数**といい，$\log w$ と書く．これは $\mathbb{C}_w \setminus \{0\}$ 上での無限多価関数であり，
$$\log w = \log |w| + i(\arg w + 2n\pi), \quad n \in \mathbb{Z}.$$

ジューコフスキー変換

有理関数

$$w = J(z) := \frac{1}{2}\left(z + \frac{1}{z}\right) \tag{4}$$

で定義される写像をジューコフスキー（Joukowski）変換[3]と呼ぶ．これは飛行機の翼形を定める際にも使われている．この関数は，$\mathbb{C}^* := \mathbb{C} \setminus \{0\}$ で導関数

$$J'(z) = \frac{(z+1)(z-1)}{2z^2}$$

を持つので，$\mathbb{C}^*$ で正則，かつ $z = \pm 1$ を除いて等角である．$J(z_1) = J(z_2)$ とすると，$(z_1 - z_2)\left(1 - \frac{1}{z_1 z_2}\right) = 0$ より，$z_1 \neq z_2$ ならば $z_1 z_2 = 1$ である．したがって，任意の値 $w (\neq \pm 1)$ に対して，$J(z)$ によって w に写る点 z は2つあり，それらは単位円周に関して逆数の位置にある．特に，$|z| = 1$ のときは $\bar{z} = \frac{1}{z}$ より，$J(z) = \frac{z + \bar{z}}{2} = \operatorname{Re} z$ となり，単位円周は線分 $S := \{w \in \mathbb{C} \mid -1 \leqq \operatorname{Re} w \leqq 1,\ \operatorname{Im} w = 0\}$ へ写る．点 z が $z = 1$ から反時計回りに単位円周を1周するとき，像点 $J(z)$ は $J(1) = 1$ から $J(e^{\pi i}) = -1$ まで進み，そこで折り返して $J(e^{2\pi i}) = 1$ に戻る（$z = \pm 1$ では角の大きさが2倍になり，等角性が崩れる）．よって，$w = J(z)$ は（0を除いた）z-平面を，2葉の w-平面の上へ写像し，図2のように実軸上のスリット $[-1, 1]$ で交差して繋がるリーマン面へ1対1に写す．

極座標表示 $z = r(\cos\theta + i\sin\theta)$ と直交座標表示 $w = u + iv$ を用い，(4) の両辺の実部と虚部を比較すると，

$$u = \frac{1}{2}\left(r + \frac{1}{r}\right)\cos\theta, \qquad v = \frac{1}{2}\left(r - \frac{1}{r}\right)\sin\theta$$

を得る．これより，半径 $r > 0$ の円 $C_r := \{z \in \mathbb{C} \mid |z| = r\}$ の像は，

3）文献[6]では，あるクラスに属するリーマン面の同時一意化を証明した．その際，この $w = J(z)$ に複素パラメータ t を導入した複素2変数関数 $J(t, z)$ が擬凸変動下でどのような動きをするかという具体的考察が大いに役立った．

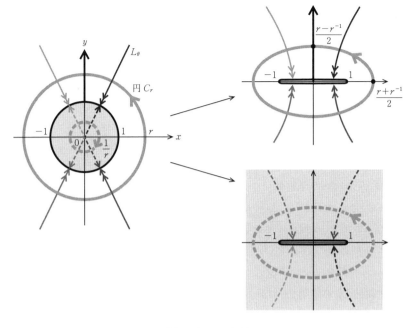

図 2 $(w = J(z))$

$$\frac{u^2}{a^2} + \frac{v^2}{b^2} = 1 \qquad \left(a = \frac{r+r^{-1}}{2},\ b = \left|\frac{r-r^{-1}}{2}\right|\right) \tag{5}$$

となり，u 軸上および v 軸上に長軸 $2a$ および短軸 $2b$ を持つ楕円へ写る．任意の $r\,(\neq 1)$ に対して，半径 r および $\frac{1}{r}$ の円が，w 平面上の同一楕円へ写像される．また，偏角 $\theta\,(0 < \theta < \frac{\pi}{2})$ が一定の場合，2 つの半直線 $L_\theta := \{z \in \mathbb{C}\,|\,\arg z = \theta\}$，$L_{\theta+\pi} := \{z \in \mathbb{C}\,|\,\arg z = \theta + \pi\}$ の像は，双曲線

$$\frac{u^2}{\cos^2\theta} - \frac{v^2}{\sin^2\theta} = 1 \tag{6}$$

へ写る．2 つの半直線 $L_{-\theta}, L_{-(\theta+\pi)}$ の像は同一の双曲線に写像される．さらに，楕円 (5) と双曲線 (6) は同じ焦点 $w = \pm 1$ を持ち，互いに直交している．

三角関数 $w = \cos z$ の像

$w = \cos z$ は次のように合成される：
$$\zeta = iz, \quad Z = e^\zeta, \quad w = J(Z).$$

$\cos z$ は $\mathbb{C}$ 上で周期 2π を持ち，導関数 $-\sin z = 0$ となる点 $z = 2n\pi$ ($n \in \mathbb{Z}$) で等角でなくなる．各 $n \in \mathbb{Z}$ に対し帯状領域
$$D_n := \{z = x + iy \in \mathbb{C} \mid 2n\pi \leqq x < 2(n+1)\pi, \ -\infty < y < \infty\}$$
を考える．帯状領域 D_0 において，直線 $x = a$ は合成写像 $Z = e^{iz}$ によって Z-平面上の偏角 a の半直線 $Z = e^{-y}e^{ia}$ に 1 対 1 に写る．そして，ジューコフスキー変換 $w = J(Z)$ によって，(6) の定める双曲線のうちの 1 本の上に写された．ここで，a が $0 \leqq a < 2\pi$ まで動き，z が帯状領域 D_0 を埋め尽くすと，対応する点 Z は原点を除いた Z-平面を埋め尽くす．さらに，$w = J(Z)$ により，w-平面を二重に被覆したリーマン面 $\mathcal{J}_0$ に写される．同様に，z-平面の帯状領域 D_n が周期 2π の $w = \cos z$ で写ったリーマン面を $\mathcal{J}_n$ と書き，図 3 のように交差的に繋ぐと，w-平面を無限に覆う面 $\mathcal{J}$ ができる．以上より，$w = \cos z$ によって，z-平面全体は $\mathcal{J}$ と 1 対 1 に写ることが分かった．

$w = \sin z$ による像は，$\sin z = \cos\left(\dfrac{\pi}{2} - z\right)$ を利用し，先に $\pi/2$ の平行移動

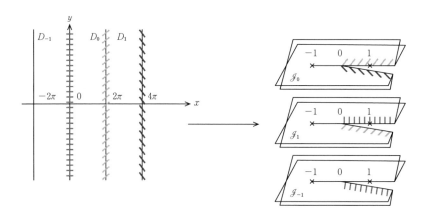

図 3 ($w = \cos z$)

をして -1 倍しておけば，$\cos z$ と同じ写像[4]を定義する．

三角関数の無限積表示

三角関数は無限個の零点を持ち，無限積で表される．与えられた零を持つ整関数を求める際，積が収束するためには，因子に新しい零点が現れないように指数関数をかけることが必要になる場合があり，三角関数はちょうどその例である．

まず，$\sin z$ の無限積表示を求めよう．

$$f(z) := \frac{d}{dz}\left(\log \frac{\sin z}{z}\right) = \cot z - \frac{1}{z} = \frac{z\cos z - \sin z}{z\sin z}.$$

$z\sin z$ は $z = n\pi$ $(n \in \mathbb{Z})$ で 1 位の零を持つので，そこでの $f(z)$ の留数を計算すると，$z = n\pi$ $(n \neq 0)$ で留数は 1 であり，$z = 0$ は除去可能な特異点である．よって，1 位の極だけで表される有理型関数の部分分数展開より $f(z) = \sum\limits_{k=-\infty}^{\infty}{}' \left(\frac{1}{z-k\pi} + \frac{1}{k\pi}\right)$ は有界領域で絶対一様収束する．ここで，$\sum'$ は $k = 0$ を除く和を意味する．よって，項別積分可能で

$$\int_0^z f(\zeta)d\zeta = \log \frac{\sin z}{z} = \sum\limits_{k=-\infty}^{\infty}{}' \left\{\log\left(1-\frac{z}{k\pi}\right) + \frac{z}{k\pi}\right\}$$

であり，次の無限積表示を得る：

$$\sin z = z \prod\limits_{k=-\infty}^{\infty}{}' \left(1-\frac{z}{k\pi}\right)e^{\frac{z}{k\pi}} = z\prod\limits_{k=1}^{\infty}\left(1-\frac{z^2}{k^2\pi^2}\right).$$

ここで，$\prod'$ は $k = 0$ の因子は除くことを意味する．

次に，$w = \cos z$ の無限積表示を求めよう．

$$g(z) := \frac{d}{dz}(\log \cos z) = -\frac{\sin z}{\cos z}.$$

$\cos z$ は $z = n\pi + \pi/2$ $(n \in \mathbb{Z})$ で零点を持つ．部分分数展開より

$$g(z) = \sum\limits_{k=-\infty}^{\infty} \left(\frac{1}{z-(k\pi+\pi/2)} + \frac{1}{k\pi+\pi/2}\right).$$

4）文献 [7, p. 78] の熟慮されたリーマン面も参照されたい．

また，

$$\log \cos z = \sum_{k=-\infty}^{\infty} \left\{ \log\left(1 - \frac{z}{k\pi + \pi/2}\right) + \frac{z}{k\pi + \pi/2} \right\}$$

より

$$\cos z = \prod_{k=-\infty}^{\infty} \left(1 - \frac{z}{k\pi + \pi/2}\right) e^{\frac{z}{k\pi + \pi/2}}.$$

$\mathbb{C}$ の任意の領域では，与えられた点で与えられた位数の零点を持つ正則関数が常に存在する（**ワイエルシュトラスの定理**）．しかし，同様の性質は複素多変数 $\mathbb{C}^n$（$n \geqq 2$）の領域では成立しない．実際，岡先生は第 3 論文において，$\mathbb{C}^2$ の双円環ですら無条件では解けない例を構成されている．与えられた零を持つ正則関数を求める問題は**クザン第 2 問題**と呼ばれ，そこから派生した自然な問題（**余零問題**）が『岡潔先生遺稿集第二集』[5] 31 ページに掲載されており，私には大変興味深い．詳しくは[1]，[5]を参照していただきたい．

参考文献

［1］Makoto Abe, S. Hamano and Junjiro Noguchi, *On Oka's extra-zero problem and examples*, Mathematische Zeitschrift **275**（2013），79-89.

［2］小川洋子『博士の愛した数式』，新潮文庫，新潮社，2005.

［3］柴雅和『複素関数論』，朝倉書店，2013.

［4］野口潤次郎『複素解析概論』，裳華房，1993.

［5］S. Hamano, *Oka's extra zero problem and application*, Kyushu Journal of Mathematics **61**（2007），no. 1, 155-167.

［6］S. Hamano, *Uniformity of holomorphic families of non-homeomorphic planar Riemann surfaces*, Annales Polonici Mathematici **111**（2014），no. 2, 165-182.

［7］山口博史『複素関数』，朝倉書店，2003／朝倉復刊セレクション，2019.

5）奈良女子大学附属図書館ウェブページ「岡潔文庫」（西野利雄先生監修）
https://www.nara-wu.ac.jp/aic/gdb/nwugdb/oka
でもご覧いただける．

チェビシェフ多項式

平松豊一

I. ミニマックス多項式

次の例題から始める.

例題 1 ● $f(x) = x^3 + ax^2 + bx + c$ とおく. そのとき, $\max_{|x| \leq 1} |f(x)|$ を最小にする実数 a, b, c を求めよ. ここで, $\max_{|x| \leq 1} |f(x)|$ は, $-1 \leq x \leq 1$ における $|f(x)|$ の最大値を表す.

この例題を解くために, 次の補題1をまず証明しよう.

補題 1 ● $f(x) = x^3 + ax^2 + bx + c$ を $0 \leq x \leq 1$ で考え, $0 < \alpha < \beta < 1$ なる2点 α, β で極値をとり

$$f(0) = f(\beta) = -M, \qquad f(1) = f(\alpha) = M$$

$(M > 0)$ をみたすものがあったとして, それを

$$f_0(x) = x^3 + a_0 x^2 + b_0 x + c_0$$

とする. そのとき, この a_0, b_0, c_0 が $\max_{0 \leq x \leq 1} |f(x)|$ の最小値を与える.

証明 ● もしもある monic (最高次の係数が1) な3次式 $f_1(x)$ に対して

$$\max_{0 \leq x \leq 1} |f_1(x)| \leq \max_{0 \leq x \leq 1} |f_0(x)| = M$$

となったとすると,

$$f_1(0) \geqq -M, \quad f_1(\alpha) \leqq M, \quad f_1(\beta) \geqq -M, \quad f_1(1) \leqq M$$

がなりたつ．そこで，$\varphi(x) = f_1(x) - f_0(x)$ とおくと，$\varphi(x)$ は高々2次式で

$$\varphi(0) \geqq 0, \quad \varphi(\alpha) \leqq 0, \quad \varphi(\beta) \geqq 0, \quad \varphi(1) \leqq 0$$

が成立する．ここで，もし $\varphi(x)$ が恒等的に 0 でないなら，$\varphi'(x)$ は 0 と α，α と β，β と 1 の間で少なくとも 1 回は負，正，負となるが，$\varphi'(x)$ は高々1次式だからこのようなことは起こらない．よって，$\varphi(x) \equiv 0$ すなわち $f_1(x) \equiv f_0(x)$. $\qquad \square$

さて，補題 1 を使って例題 1 を解く．

例題 1 の解答● まず，補題 1 の条件より，

$$f_0(x) - M = (x-\alpha)^2(x-1), \quad f_0(x) + M = (x-\beta)^2 x$$

であるから，次の恒等式

$$(x-\alpha)^2(x-1) + M = (x-\beta)^2 x - M$$

が成立する．この両辺の係数を比較して，

$$\alpha = \frac{1}{4}, \quad \beta = \frac{3}{4}, \quad M = \frac{1}{32}$$

となる．よって，

$$f_0(x) = x^3 - \frac{3}{2}x^2 + \frac{9}{16}x - \frac{1}{32}.$$

これは確かに補題 1 の条件をみたす．ここで，$t = 2x - 1$ とすると，

$$|t| \leqq 1 \Longleftrightarrow 0 \leqq x \leqq 1$$

で，$\max\limits_{|t| \leqq 1} \left| f\left(\dfrac{t+1}{2}\right) \right|$ の最小値は上の結果より

$$\left(\frac{t+1}{2}\right)^3 - \frac{3}{2}\left(\frac{t+1}{2}\right)^2 + \frac{9}{16}\left(\frac{t+1}{2}\right) - \frac{1}{32} = \frac{1}{8}\left(t^3 - \frac{3}{4}t\right)$$

で与えられる．

$$8f\left(\frac{t+1}{2}\right) = t^3 + At^2 + Bt + C$$

とするとき，a, b, c が任意なら A, B, C も任意だから，$\max\limits_{|x| \leqq 1} |x^3 + Ax^2 + Bx +$

$C|$ の最小値 $\dfrac{1}{4}$ を与える関数は

$$f_0(x) = x^3 - \frac{3}{4}x$$

である. □

例題 1 はいわゆる最良近似の問題で, 3 次関数 $y = x^3$ を 2 次関数 $y = ax^2 + bx + c$ で良く近似するためには a, b, c をいかにとったらよいかという問題である. そのためには, いちばん離れているところ, すなわち

$$\max_{|x| \leqq 1} |x^3 - (-ax^2 - bx - c)|$$

を最小にすればよいわけである. もっと一般に, 有限区間 $[a, b]$ で連続な関数 $f(x)$ に対し,

$$\max_{a \leqq x \leqq b} |f(x) - f_n(x)|$$

を最小にするような高々 n 次の多項式 $f_n(x)$ を求める問題を最良近似多項式の決定問題といい, $f_n(x)$ を区間 $[a, b]$ における $f(x)$ の n 次ミニマックス近似多項式という. 特に, 近似すべき連続関数 $f(x)$ が多項式のときは, この $f_n(x)$ はチェビシェフ多項式で与えられる(定理 2, 後述).

2. チェビシェフ多項式

まず, ド・モアブルの定理

$$(\cos\theta + i\sin\theta)^n = \cos n\theta + i\sin n\theta$$

を思い出そう. ここで, 上式左辺を 2 項展開して, 両辺の実部, 虚部を比較することによって,

$$\cos n\theta = \cos^n\theta - {}_nC_2\cos^{n-2}\theta\sin^2\theta + \cdots,$$

$$\sin n\theta = {}_nC_1\cos^{n-1}\theta\sin\theta - {}_nC_3\cos^{n-3}\theta\sin^3\theta + \cdots$$

を得る. $\cos n\theta$ を $\cos\theta = x$ の多項式で表した n 次式を $T_n(x)$, $\sin(n+1)\theta$ を $\sin\theta \times (\cos\theta$ の多項式$)$ と表したときの ( ) 内を $\cos\theta = x$ の多項式で表した n 次式を $U_n(x)$ で表す. $T_n(x), U_n(x)$ をそれぞれ第 1 種, 第 2 種のチェ

47

ビシェフ多項式[1]という.

例えば, $n = 4$ とすると,
$$\cos 4\theta = \cos^4\theta - 6\cos^2\theta\sin^2\theta + \sin^4\theta = 8\cos^4\theta - 8\cos^2\theta + 1,$$
$$\sin 4\theta = 4\cos^3\theta\sin\theta - 4\cos\theta\sin^3\theta$$
だから,
$$T_4(x) = 8x^4 - 8x^2 + 1, \qquad U_3(x) = 8x^3 - 4x$$
となる.

補題 2 ●次の漸化式がなりたつ.
$$T_{n+1}(x) = 2xT_n(x) - T_{n-1}(x),$$
$$U_{n+1}(x) = 2xU_n(x) - U_{n-1}(x).$$

証明●加法定理を使い,
$$\cos(n+1)\theta = \cos\theta\cos n\theta - \sin\theta\sin n\theta$$
$$= xT_n(x) - \sin\theta\cdot\sin\theta U_{n-1}(x)$$
$$= xT_n(x) + (x^2-1)U_{n-1}(x), \qquad\qquad \cdots①$$
$$\sin(n+1)\theta = \sin\theta\cos n\theta + \cos\theta\sin n\theta$$
$$= \sin\theta T_n(x) + x\sin\theta U_{n-1}(x)$$
$$= \sin\theta\{T_n(x) + xU_{n-1}(x)\}. \qquad\qquad \cdots②$$
①, ② より
$$T_{n+1}(x) = xT_n(x) + (x^2-1)U_{n-1}(x), \qquad\qquad \cdots③$$
$$U_n(x) = T_n(x) + xU_{n-1}(x) \qquad\qquad \cdots④$$
ここで, ③×x−④×(x^2-1) をつくり, それを③へ代入して
$$T_{n+1}(x) = 2xT_n(x) - T_{n-1}(x)$$
を得る. 後半についても, ③−④×x をつくればよい. □

例えば,

---

1) 表記の仕方は次のようにいろいろある：Chebyshev, Tchebychev, Chebychev, Tchebycheff, Tschebycheff, Čebyšev.

$$T_0(x) = 1,$$
$$T_1(x) = x,$$
$$T_2(x) = 2x^2 - 1,$$
$$T_3(x) = 4x^3 - 3x,$$
$$T_4(x) = 8x^4 - 8x^2 + 1,$$
$$T_5(x) = 16x^5 - 20x^3 + 5x,$$
$$T_6(x) = 32x^6 - 48x^4 + 18x^2 - 1,$$
$$\vdots$$

定理1●チェビシェフ多項式に対し，次の(1), (2)が成立する.

(1) 直交性：

$$\int_{-1}^{1} \frac{T_m(x)\,T_n(x)}{\sqrt{1-x^2}}dx = \begin{cases} 0 & (m \neq n), \\ \pi & (m = n = 0), \\ \dfrac{\pi}{2} & (m = n \geqq 1)\ ; \end{cases}$$

$$\int_{-1}^{1} U_m(x)\,U_n(x)\sqrt{1-x^2}\,dx = \begin{cases} \dfrac{\pi}{2} & (m = n \geqq 1), \\ 0 & (その他). \end{cases}$$

(2) 母関数：$|x| \leqq 1,\ |t| < 1$ のもとで，

$$T_0(x) + 2\sum_{n=1}^{\infty} T_n(x)t^n = \frac{-t^2+1}{t^2-2xt+1},$$

$$\sum_{n=0}^{\infty} U_n(x)t^n = \frac{1}{t^2-2xt+1} \qquad (x \neq \pm 1).$$

証明●$T_n(x)$ についてのみ証明する（$U_n(x)$ の場合も同様である）.

(1) $x = \cos\theta$ とおくと，
$$dx = -\sin\theta\,d\theta, \qquad \sin\theta = \sqrt{1-x^2}$$
だから，

$$\int_{-1}^{1} \frac{T_m(x)\, T_n(x)}{\sqrt{1-x^2}} dx = \int_0^{\pi} \cos m\theta \cdot \cos n\theta\, d\theta$$

$$= \frac{1}{2}\left\{\int_0^{\pi} \cos((m+n)\theta)d\theta + \int_0^{\pi} \cos((m-n)\theta)d\theta\right\}.$$

この積分は，$m \neq n$ なら 0，$m = n \geqq 1$ なら第 2 項から $\dfrac{\pi}{2}$，$m = n = 0$ なら π となる．

(2) $x = \cos\theta = \dfrac{e^{i\theta}+e^{-i\theta}}{2}$ だから，

$$2T_n(x) = 2\cos n\theta = e^{in\theta} + e^{-in\theta}$$

である．よって，

$$T_0(x) + 2\sum_{n=1}^{\infty} T_n(x)t^n = 1 + \sum_{n=1}^{\infty} (e^{in\theta}+e^{-in\theta})t^n$$

$$= 1 + \frac{te^{i\theta}}{1-te^{i\theta}} + \frac{te^{-i\theta}}{1-te^{-i\theta}}$$

$$= \frac{-t^2+1}{t^2-2xt+1}. \qquad \Box$$

さて，チェビシェフ多項式 $T_n(x)$ が最良近似の問題と深く関連するのは次の定理による．

定理 2 ● $p_n(x)$ を n 次の多項式

$$p_n(x) = x^n + a_1 x^{n-1} + \cdots + a_n$$

とし，$M = \max\limits_{|x|\leqq 1}|p_n(x)|$ とおく．そのとき，$M \geqq \dfrac{1}{2^{n-1}}$ が成立し，

$$p_n(x) = \frac{1}{2^{n-1}}T_n(x)$$

のとき，M は最小値 $\dfrac{1}{2^{n-1}}$ をとる．

例えば，例題 1 は $n = 3$ のときで，

$$p_3(x) = \frac{1}{2^{3-1}}T_3(x) = \frac{1}{4}(4x^3-3x) = x^3 - \frac{3}{4}x$$

50

となり，よく一致している．またこのとき，$\frac{1}{2^{n-1}} = \frac{1}{4}$ となり $\frac{1}{4}$ の現れた理由もよくわかる．

証明●

(1) $T_n(\cos\theta) = \cos n\theta$ だから，$\max\limits_{|x|\le 1}|T_n(x)| \le 1$. 次に，$T_n(x)$ の零点は $\cos n\theta = 0$ より，

$$x'_j = \cos\frac{2j-1}{2n}\pi \qquad (j = 1, 2, \cdots, n)$$

で与えられる．また，

$$\frac{dT_n(x)}{dx} = n\frac{\sin n\theta}{\sin\theta} = 0$$

より，$T_n(x)$ が極値をとる点と両端の点を含めて

$$x_j = \cos\frac{j\pi}{n} \qquad (j = 0, 1, 2, \cdots, n)$$

とするとき，

$$T_n\left(\cos\frac{j\pi}{n}\right) = \pm 1.$$

よって，その絶対値はすべて 1 であり，その符号は j の順に正負交代する．したがって，

$$F_n(x) = \frac{1}{2^{n-1}}T_n(x)$$

とおくとき

$$\max\limits_{|x|\le 1}|F_n(x)| = \frac{1}{2^{n-1}}$$

となる．

(2) $T_n(x)$ の漸化式より，$T_n(x)$ の最高次の係数は 2^{n-1} だから，

$$F_n(x) = x^n - f_{n,0}(x)$$

とおく．そこで，高々 $n-1$ 次の任意な多項式 $f_n(x)$ に対し

$$\max\limits_{|x|\le 1}|x^n - f_n(x)| \ge \frac{1}{2^{n-1}}$$

がなりたつことを示す.

$$\varepsilon_1(x) = x^n - f_n(x), \qquad r_n(x) = f_n(x) - f_{n,0}(x)$$

とおく. $r_n(x)$ は高々 $n-1$ 次式である. いま, ある $f_n(x)$ で $|\varepsilon_1(x)|$ の $|x| \leqq 1$ での最大値が $\dfrac{1}{2^{n-1}}$ より小さいと仮定する. そのとき, 少なくとも点 $x_0, x_1, x_2, \cdots, x_n$（これらは(1)で与えられた点）において

$$|F_n(x_j)| > |\varepsilon_1(x_j)| \qquad (j = 0, 1, 2, \cdots, n)$$

が成立する. ゆえに, これらの点においては

$$r_n(x_j) = F_n(x_j) - \varepsilon_1(x_j)$$

の符号は $F_n(x_j)$ の符号と一致する. すなわち, $r_n(x)$ は区間 $[-1, 1]$ 内で n 個の点において零になる. しかし, これは $r_n(x)$ が高々 $n-1$ 次の多項式であることと矛盾する. したがって, $|\varepsilon_1(x)|$ の $|x| \leqq 1$ での最大値は常に $\dfrac{1}{2^{n-1}}$ より小さくはならない.

以上の(1)と(2)より, 求める多項式が $\dfrac{1}{2^{n-1}} T_n(x)$ であることがわかった.

$\square$

実は, 上の定理2の条件をみたす $p_n(x)$ は $\dfrac{1}{2^{n-1}} \times T_n(x)$ のみであることが知られている.

3. $U_n(x)$ と佐藤–テイト予想

佐藤–テイト測度 $\dfrac{2}{\pi} \sin^2 \theta \, d\theta$ は変数変換して

$$\mu(x) = \frac{2}{\pi} \sqrt{1-x^2} \, dx$$

となる. この $\mu(x)$ に関する直交多項式が第2種チェビシェフ多項式

$$U_n(x) = U_n(\cos \theta) = \frac{\sin(n+1)\theta}{\sin \theta} = \prod_{j=1}^{n} \left(x - \cos \frac{j\pi}{n+1} \right)$$

にほかならない(定理1, (1)). 一般に, 区間 $[a, b]$ での測度を $d\beta$ とし, $d\beta$ に関する直交多項式を $p_n(x)$ とする. $p_n(x)$ の n 個の零点を

$$x_1 < x_2 < \cdots < x_n$$

とするとき，

$$c_i = \int_a^b \frac{p_n(x)}{(x-x_i)p_n'(x_i)}d\beta \qquad (i = 1, \cdots, n)$$

を n と $d\beta$ に付随したクリストッフェル数と呼ぶ．このとき，次の不等式は直交多項式の分野でよく知られている[2]：

$$0 \leqq \int_a^{x_1} d\beta < c_1 < \int_a^{x_2} d\beta < c_1 + c_2$$

$$< \cdots < \sum_{i=1}^{k-1} c_i < \int_a^{x_k} d\beta < \sum_{i=1}^{k} c_i < \cdots < \int_a^{x_n} d\beta < \sum_{i=1}^{n} c_i = \int_a^b d\beta. \qquad (*)$$

一方，ラマヌジャンの関数

$$\Delta(z) = q \prod_{n=1}^{\infty} (1-q^n)^{24} = \sum_{n=1}^{\infty} \tau(n)q^n$$

$(q = e^{2\pi i z},\ \mathrm{Im}\, z > 0)$ に関して，各素数 p に対し

$$2\sqrt{p^{11}} \cos \theta_p = \tau(p)$$

でラマヌジャン角 θ_p を定義する．$\Delta(z)$ に関する佐藤–テイト予想は，p がすべての素数を動くとき，$\{\theta_p\}$ が佐藤–テイト測度 $\dfrac{2}{\pi} \sin^2 \theta\, d\theta$ に関して区間 $[0, \pi]$ で一様に分布することを主張する（この予想は，Barnet-Lamb, Geraghty, Harris, Taylor によってもっと一般的に解かれた，2009）．

さて，$\Delta(z)$ に関する佐藤–テイト予想は次のことと同値であることが知られている：すべての $m\ (\geqq 1)$ で

$$\sum_{p \leq x} (2 \cos \theta_p)^{2m} \sim \frac{1}{m+1} {}_{2m}\mathrm{C}_m \pi(x) \qquad (**)$$

$(x \to \infty)$ が成立する．ここで，$\pi(x)$ は $p \leqq x$ なる素数 p の個数を表す．そこで，d を固定し，$m \leqq d$ をみたすすべての m で $(**)$ が成立するとき，そのことを C_d で表す．また，$p \leqq x$ なる素数 p のうち $\theta_p \leqq \alpha$ をみたすものの割合を $ST(\alpha\,;x)$ とし，十分大きい x に対するその $\liminf, \limsup$ をそれぞれ $STL(\alpha), STU(\alpha)$ とする．例えば，C_5 を仮定し，$U_3(x) = 8x^3 - 4x$ に $(*)$ を

2）G. Szegö, *Orthogonal Polynomials*, AMS Colloquium publications **23**, fourth edition (1975).

適用すれば，$c_1 = c_3 = \dfrac{1}{4}$，$c_2 = \dfrac{1}{2}$ だから，

$$0 \leq STL\left(\frac{\pi}{4}\right) \leq STU\left(\frac{\pi}{4}\right) < \frac{1}{4}$$

$$\leq STL\left(\frac{\pi}{2}\right) \leq STU\left(\frac{\pi}{2}\right) < \frac{3}{4} < STL\left(\frac{3\pi}{4}\right) \leq STU\left(\frac{3\pi}{4}\right) \leq 1$$

を得る．一般に，$U_n(x)$ のクリストッフェル数 c_i を利用して次の定理を得る：

定理3（[4]）●C_{2d-1} を仮定する．そのとき，$\alpha \in [0, \pi]$ に関して一様に

$$\left| ST(\alpha \, ; x) - \frac{2}{\pi} \int_0^\alpha \sin^2 \theta \, d\theta \right| \leq \frac{4}{d+1}(1 + o(1))$$

が成立する．

付記●

$$G = SU_2(\mathbb{C}) = \left\{ g \in SL_2(\mathbb{C}) \middle| gg^* = \begin{pmatrix} 1 & 0 \\ 0 & 1 \end{pmatrix} \right\}$$

とおく．ここで，$g^* = {}^t\overline{g}$ とする．G の共役類は

$$X_\theta = \begin{pmatrix} e^{i\theta} & 0 \\ 0 & e^{-i\theta} \end{pmatrix} \qquad (0 \leq \theta \leq \pi)$$

でパラメトライズされ，G の既約表現 ρ は G の $GL_2(\mathbb{C})$ 内への標準的表現 ρ_1 の対称冪表現 ρ_m に一致する．そして，

$$\mathrm{tr}\, \rho_m(X_\theta) = \frac{\sin(m+1)\theta}{\sin \theta}$$

が成立する．このことより，$\Delta(z)$ に関する佐藤–テイト予想は，任意の自然数 m で

$$\sum_{p \leq x} U_m(\cos \theta_p) = o(\pi(x))$$

が成立することと同値であるともいえる．

参考文献

［1］ 河田龍夫，『應用數學概論II』，岩波全書 **162**，岩波書店，1952.

［2］ 一松 信，『近似式』，竹内書店，1963.

［3］ 森 正武，『数値解析』，共立出版，1973.

［4］ F. Solé, *Sato-Tate Conjectures and Chebyshev Polynomials*, The Ramanujan Journal, **1**(2)(1997), 211-220.

［5］ 平松豊一・斎藤正顕，『佐藤・テイト予想と数論』，牧野書店，2009.

アイゼンシュタインの三角関数

金子昌信［九州大学大学院数理学研究院］

　アイゼンシュタインは 1823 年生まれのドイツの数学者で，その短い生涯（29 歳で没）において，整数論，楕円関数論などで顕著な業績をあげた．アイゼンシュタイン級数，アイゼンシュタインの相互法則，アイゼンシュタインの既約性判定条件，などにその名前が残っており，ガウスがその才能を非常に高く評価していたという話が伝わっている．アイゼンシュタインは 1846 年から 47 年にかけて，「楕円関数論への寄与」という題名のもとに一連の論文を発表しており，ここに紹介するのはその 6 番目（最後），連作中最も長い論文[1]の中に書かれた，彼独自の方法による三角関数の諸公式の導き方である．

　楕円関数論は 1820 年代の終わり頃にアーベル，ヤコビによってその基礎が築かれた．現在楕円関数を導入するのに一番標準的なのはワイエルシュトラスによる方法（いわゆるワイエルシュトラスの $\wp$ 関数）であるが，それが最初に公にされたのはアイゼンシュタインの没後 10 年ほどもたった頃のことである．アイゼンシュタインの楕円関数論は，ワイエルシュトラスのそれとは異なり，複素関数論を使わない．周期関数であることが明らかであるような無限級数を出発点にとって，代数的にいろいろな関係式を導いていく．論文[1]では 15 ページばかりを割いて，まずその方法で三角関数の基本的な性質を導き楕円関数論への準備としている．後年，ヴェイユがこの方法による楕円関数論を取り上げ，本[2]を書いた．その本も準備としての三角関数の章から始まっている．この小文でアイゼンシュタインの仕事のすべてを紹介するのは困難なので，興味を持たれた読者は，もちろんアイゼンシュタイ

ンの原論文にあたっていただくのもよいが，ドイツ語であるし，より手に取りやすいヴェイユの著書を参考にしていただくとよろしいかと思う．

アイゼンシュタイン流三角関数の構成

三角関数や楕円関数は周期関数の一つである．ある群の作用，たとえば整数全体 $\mathbb{Z}$ による平行移動 $x \to x+n$ $(n \in \mathbb{Z})$，で不変な関数を構成したければ，適当な関数 $g(x)$ を取ってきて和

$$f(x) := \sum_{m \in \mathbb{Z}} g(x+m)$$

を作ると，これが仮に絶対収束していれば，任意に固定された整数 n に対して，m が整数全体をわたるとき $n+m$ もやはり整数全体を動くので，$f(x+n) = f(x)$ がすべての $n \in \mathbb{Z}$ について成り立つ．アイゼンシュタインはこの原理を $g(x) = x^{-n}$ に適用し三角関数を構成していく．すなわち彼が基礎にとるのは，n を整数 $\geqq 1$ とするときの級数

$$\varepsilon_n(x) = \sum_{m=-\infty}^{+\infty} (x+m)^{-n}$$

である．アイゼンシュタインはこれを (n, x) と書いているが，ここではヴェイユの記号にならうとする．これは $n = 1$ ならば絶対収束しないが（$n \geqq 2$ ならば絶対収束である），その場合は

$$\varepsilon_1(x) = \lim_{M \to +\infty} \sum_{m=-M}^{M} \frac{1}{x+m}$$

と定義する．すなわち

$$\varepsilon_1(x) = \frac{1}{x} + \sum_{m=1}^{\infty} \left(\frac{1}{x-m} + \frac{1}{x+m} \right)$$

である．絶対収束である $n \geqq 2$ の場合は明らかに，また $\varepsilon_1(x)$ に関しても簡単に，$\varepsilon_n(x)$ が周期 1 をもつ周期関数であることがわかる．

さて，彼は恒等式

$$\frac{1}{p^2 q^2} = \frac{1}{(p+q)^2} \left(\frac{1}{p^2} + \frac{1}{q^2} \right) + \frac{2}{(p+q)^3} \left(\frac{1}{p} + \frac{1}{q} \right) \tag{1}$$

を考える．p と q は独立な変数である．この式は右辺を通分すれば簡単に確かめられるが，後で用いる，より簡単な恒等式

$$\frac{1}{pq} = \frac{1}{p+q}\left(\frac{1}{p} + \frac{1}{q}\right) \tag{2}$$

を p および q で微分して得られる式である．式(1)で $p = x+m$, $q = -x-n$ とおいて得られる

$$\frac{1}{(x+m)^2(x+n)^2}$$

$$= \frac{1}{(m-n)^2}\left(\frac{1}{(x+m)^2} + \frac{1}{(x+n)^2}\right) + \frac{2}{(m-n)^3}\left(\frac{1}{x+m} - \frac{1}{x+n}\right)$$

において，m,n を $m \neq n$ となる整数全体を走らせた和をとることを考える．左辺は絶対収束して，$\varepsilon_2(x)^2 - \varepsilon_4(x)$ となることは見やすい．$m = n$ のときに出てくる $\varepsilon_4(x)$ を積

$$\sum_{m \in \mathbb{Z}} \frac{1}{(x+m)^2} \sum_{n \in \mathbb{Z}} \frac{1}{(x+n)^2} = \sum_{m,n \in \mathbb{Z}} \frac{1}{(x+m)^2(x+n)^2}$$

から引いているのである．そこで，左辺が和の順序によらないので，右辺を特定の和の取り方を考えることで計算する．すなわち，$m-n = m'$ とおいて右辺を

$$\frac{1}{m'^2}\left(\frac{1}{(x+m'+n)^2} + \frac{1}{(x+n)^2}\right) + \frac{2}{m'^3}\left(\frac{1}{x+m'+n} - \frac{1}{x+n}\right)$$

と書き，$m' \neq 0$ である整数 m', n 全体にわたる和として考える．m' を固定して n 全体の和を考えると，いずれも絶対収束する和

$$\sum_{n \in \mathbb{Z}}\left(\frac{1}{(x+m'+n)^2} + \frac{1}{(x+n)^2}\right)$$

および

$$\sum_{n \in \mathbb{Z}}\left(\frac{1}{x+m'+n} - \frac{1}{x+n}\right)$$

から $\varepsilon_2(x+m') + \varepsilon_2(x)$ および $\varepsilon_1(x+m') - \varepsilon_1(x)$ が出てくるが，$\varepsilon_2(x), \varepsilon_1(x)$ の周期性からこれらはそれぞれ $2\varepsilon_2(x)$ および 0 となる．したがって，そののち $m' \neq 0$ に関する和をとれば，全体は $4\zeta(2)\varepsilon_2(x)$ となり，等式

$$\varepsilon_2(x)^2 - \varepsilon_4(x) = 4\zeta(2)\varepsilon_2(x) \tag{3}$$

を得る．ここに

$$\zeta(2) = \sum_{n=1}^{\infty} \frac{1}{n^2}$$

であり，この値が $\pi^2/6$ に等しいことは周知の事実であろう．

次に (1) において $p = x+m$, $q = n$ として得られる

$$\frac{1}{(x+m)^2} \cdot \frac{1}{n^2}$$

$$= \frac{1}{(x+m')^2}\left(\frac{1}{(x+m'-n)^2} + \frac{1}{n^2}\right) + \frac{2}{(x+m')^3}\left(\frac{1}{x+m'-n} + \frac{1}{n}\right)$$

において，$n \neq 0$ なる整数 m, n 全体にわたる和をとる．ここで $m+n = m'$ とおいた．左辺は絶対収束して $2\zeta(2)\varepsilon_2(x)$ となる．そこで右辺をまず n に関する和

$$\lim_{N \to \infty} \sum_{\substack{n=-N \\ n \neq 0}}^{N}$$

をとり，次に m' に関する和をとれば，n に関する和が

$$\frac{1}{(x+m')^2}\left(\varepsilon_2(x+m') - \frac{1}{(x+m')^2} + 2\zeta(2)\right) + \frac{2}{(x+m')^3}\left(\varepsilon_1(x+m') - \frac{1}{x+m'}\right)$$

となるので，$\varepsilon_n(x)$ の周期性を用い，m' に関する和をとれば

$$\varepsilon_2(x)^2 - 3\varepsilon_4(x) + 2\zeta(2)\varepsilon_2(x) + 2\varepsilon_1(x)\varepsilon_3(x)$$

を得る．したがって，$2\zeta(2)\varepsilon_2(x)$ は両辺打ち消しあって

$$3\varepsilon_4(x) = \varepsilon_2(x)^2 + 2\varepsilon_1(x)\varepsilon_3(x) \tag{4}$$

という等式が導かれた．

さて，$\varepsilon_n(x)$ を定義する級数の項別微分は絶対収束しない $\varepsilon_1(x)$ の場合も正当化できて，$n \geq 1$ に対し微分公式

$$\varepsilon_n'(x) = -n\,\varepsilon_{n+1}(x)$$

が成り立つ．これより

$$\varepsilon_2(x) = -\varepsilon_1'(x),$$

$$\varepsilon_3(x) = \frac{1}{2}\varepsilon_1''(x),$$

$$\varepsilon_4 = -\frac{1}{6}\varepsilon_1'''(x)$$

となるので，等式 (3), (4) を $y = \varepsilon_1(x)$ の微分の間の関係式

$$y'^2 + \frac{1}{6}y''' = -4\zeta(2)y', \tag{5}$$

$$-\frac{1}{2}y''' = y'^2 + yy''$$

に書き換えることができて，この二つから y''' を消去して

$$yy'' = 2y'^2 + 2\pi^2 y' \tag{6}$$

を得る．ここで $\zeta(2) = \pi^2/6$ を用いた．この式をさらに一回微分して，出てくる y''' を式 (5) を使って消去，整理すると

$$(y'' + 2yy')(3y' + 2\pi^2) = 0$$

が得られる．$y' = -\varepsilon_2(x)$ は定数関数ではないので，これから

$$y'' = -2yy', \tag{7}$$

これと (6) から y'' を消去して

$$y' = -y^2 - \pi^2 \tag{8}$$

という微分方程式が得られた．アイゼンシュタインは，$y = \varepsilon_1(x)$ がこの微分方程式の，$x = 1/2$ で 0 になる解であることから（$\varepsilon_1(x)$ は周期 1 を持ち奇関数であることから $\varepsilon_1(1/2) = \varepsilon_1(-1/2) = -\varepsilon_1(1/2)$，よって $\varepsilon_1(1/2) = 0$ となる），

$$\varepsilon_1(x) = \pi \cot \pi x$$

を結論づけている（上の微分方程式は 1 階の求積できる微分方程式である）．これより微分によって

$$\varepsilon_2(x) = \pi^2(1 + \cot^2 \pi x) = \frac{\pi^2}{\sin^2 \pi x}$$

や

$$\varepsilon_3(x) = \pi^3 \frac{\cos \pi x}{\sin^3 \pi x}$$

などが得られる．ちなみに式 (7) は

$$\varepsilon_3(x) = \varepsilon_1(x)\varepsilon_2(x)$$

とも書けることに注意しておく.

加法定理と級数展開

　三角関数で重要なのは加法公式であるが，アイゼンシュタインはそれを
(2)をもとにおおよそ次のようにして導く．(2)式で (p,q) を順に

$$(x+m, y+n-m), \qquad (x+m-n, y-n),$$

$$(x+m, -x-m+n), \qquad (y-n, -y-n+m)$$

として得られる式を辺々足し合わせ整理することで導かれる式

$$\left(\frac{1}{x+m}+\frac{1}{y-m}\right)\left(\frac{1}{x+m-n}+\frac{1}{y+n-m}\right)$$

$$=\frac{1}{x+y+n}\left(\frac{1}{x+m}+\frac{1}{y+n-m}\right)+\frac{1}{x+y-n}\left(\frac{1}{x+m-n}+\frac{1}{y-m}\right)$$

$$+\frac{1}{n}\left(\frac{1}{x+m-n}-\frac{1}{x+m}+\frac{1}{y-m}-\frac{1}{y+n-m}\right)$$

において，まず m について和をとり，つづいて n についての和をとることで

$$(\varepsilon_1(x)+\varepsilon_1(y))^2 = 2\varepsilon_1(x+y)(\varepsilon_1(x)+\varepsilon_1(y))+\varepsilon_2(x)+\varepsilon_2(y)$$

を得る．（$n=0$ のとき別の項を考えねばならないが，それは省略する．[2]
を参照のこと．）

$$\varepsilon_2(x) = -\varepsilon_1'(x) = \varepsilon_1(x)^2+\pi^2$$

であるからこれは

$$2\varepsilon_1(x)\varepsilon_1(y) = 2\varepsilon_1(x+y)(\varepsilon_1(x)+\varepsilon_1(y))+2\pi^2,$$

すなわち

$$\varepsilon_1(x+y) = \frac{\varepsilon_1(x)\varepsilon_1(y)-\pi^2}{\varepsilon_1(x)+\varepsilon_1(y)} \tag{9}$$

となり，cot に直せばその加法公式

$$\cot(x+y) = \frac{\cot(x)\cot(y)-1}{\cot(x)+\cot(y)}$$

が得られた．

　今，関数 $e(x)$ を

$$e(x) = \frac{\varepsilon_1(x) + \pi i}{\varepsilon_1(x) - \pi i} \tag{10}$$

で定義すると，加法公式(9)より

$$e(x+y) = e(x)e(y)$$

がわかる．このことと $e(x)$ の $x = 0$ での展開が $1 + 2\pi i x$ で始まることから，

$$e(x) = e^{2\pi i x}$$

が結論づけられる.

式(10)を $\varepsilon_1(x)$ について解くと

$$\varepsilon_1(x) = \pi i \frac{e(x) + 1}{e(x) - 1}$$

であるが，左辺を，その定義において $|x| < 1$ に対し $(x+m)^{-1}$ を x の冪級数に展開することで得られる，$0 < |x| < 1$ で収束する冪級数

$$\varepsilon_1(x) = \frac{1}{x} - 2 \sum_{n=1}^{\infty} \zeta(2n) x^{2n-1}$$

と，ベルヌーイ数 B_n の定義母関数

$$\frac{x e^x}{e^x - 1} = \sum_{n=0}^{\infty} B_n \frac{x^n}{n!}$$

から

$$\frac{1}{2} \left(\frac{x e^x}{e^x - 1} + \frac{-x e^{-x}}{e^{-x} - 1} \right) = \frac{x}{2} \frac{e^x + 1}{e^x - 1}$$

を使い変形して得られる右辺の級数展開

$$\pi i \frac{e(x) + 1}{e(x) - 1} = \frac{1}{x} + \sum_{n=1}^{\infty} (-1)^n (2\pi)^{2n} B_{2n} \frac{x^{2n-1}}{(2n)!}$$

を比べることで，

$$\zeta(2n) = \sum_{m=1}^{\infty} \frac{1}{m^{2n}} = \frac{(-1)^{n-1}}{2} (2\pi)^{2n} \frac{B_{2n}}{(2n)!}$$

が得られる，というのがヴェイユの本に書いてある注意である.

アイゼンシュタインは，(2)を次々に微分して得られる恒等式から得られるような $\varepsilon_n(x)$ の間の代数関係式や，sin の無限積展開とその変種などについても触れていて，それらについてもヴェイユは彼流に記述の順や証明方法

を変えたりしながら論じている．またヴェイユは，微分方程式(8)を出発点にとって，その特定の解を $\cot x$ の定義として採用することで三角関数論を一から組み立てる方法を短くスケッチしている．そのとき $\sin x$ は

$$\frac{1}{\sin x} = \frac{1}{2}\cot\frac{x}{2} - \frac{1}{2}\cot\frac{x+\pi}{2}$$

で導入され，これはまた $\varepsilon_1(x)$ の級数表示によれば

$$\frac{\pi}{\sin \pi x} = \lim_{M\to\infty}\sum_{m=-M}^{M}\frac{(-1)^m}{x+m}$$

とも書き表される．紙数が尽きてしまったので，これらについても興味のある読者は[2]をご覧いただきたい．

参考文献

[1] G. Eisenstein, *Beiträge zu Theorie der elliptischen Functionen. VI. Genaue Untersuchung der unendlichen Doppelproducte, aus welchen die elliptischen Functionen als Quotienten zusammengesetzt sind, und der mit ihnen zusammenhängenden Doppelreihen*, Crelle's Journal, **35** (1847), 153-274. (Mathematische Werke, Band 1, 357-478.)

[2] A. Weil, *Elliptic functions according to Eisenstein and Kronecker*, Springer. (邦訳：金子昌信訳，『アイゼンシュタインとクロネッカーによる楕円関数論』，シュプリンガー数学クラシックス，丸善出版．)

三角函数鑑賞会

渋川元樹 ［神戸大学大学院理学研究科］

I. はじめに

　数学をやっていると，思いがけずに三角函数に遭遇することがよくある．そこで「本鑑賞会」では，私がそのような過程（あるいは「趣味」）で集めてきた三角函数の，普段はあまりお目にかかれないと思しき「作品」（公式）をご紹介させていただく[1]．

　まず鑑賞にあたっての注意事項をいくつか述べる．

一．私の紹介したい公式は「百八式まである」のだが，紙数の都合上，そのうちの十二式に絞らせていただいた．なので「自分のお気に入りの公式がない」という苦情はご遠慮願う．

一．各公式も詳しく解説すればそれだけで紙数超過するものもあるので，「解説を簡単に述べて参考文献を列挙するだけ」というお粗末なものであるが，ご了承いただきたい．

　以上を踏まえられた上で，「トリビア」として鑑賞するも良し，証明を試みられるも良し，挙げた文献から本格的に勉強されるも良し，公式をネタに何かを研究されるも良し．各人各様で楽しんでいただければ幸いである．では，「ゆっくり鑑賞していってね」．

1）解説動画 https://www.youtube.com/watch?v=tPgy2iTrEzw も参照．

2. 作品群と解説

2.1●奇妙な三角恒等式

i を虚数単位，x, y を任意の実数とすると，

$$|\sin(x+iy)| = |\sin x + \sin iy|. \tag{2.1}$$

昔「Amer. Math. Monthly 巡り」をしている際に [11] で知った公式である．証明は文字通り「やればできる」が，こんな大学入試にも出そうな問題にすらそれまで気づかなかったことに驚いた．またこの公式は，単なる「トリビア」ではなく，三角函数の特徴づけにもなっている．実際 [11] では主結果として『原点近傍で正則かつ函数等式

$$|f(x+iy)| = |f(x) + f(iy)|$$

を満たす函数 $f(z)$ は

$$Az, \quad A\sin bz, \quad A\sinh bz$$

のいずれかに限る』ということが述べられている．

2.2●ラマヌジャン「ノートブックス」の一小節より

$$\sin x \sinh x = \sum_{k=0}^{\infty} \frac{(-1)^k (2x^2)^{2k+1}}{(4k+2)!}, \tag{2.2}$$

$$\cos x \cosh x = \sum_{k=0}^{\infty} \frac{(-1)^k (2x^2)^{2k}}{(4k)!}. \tag{2.3}$$

これは [6][2] で知った，『人を食ったような公式』と評されているラマヌジャンの公式である．これらの公式のカラクリは合流型超幾何級数[3] $_0F_1$

$$_0F_1\!\left(\begin{matrix} - \\ a \end{matrix}; x\right) := \sum_{k=0}^{\infty} \frac{1}{k!\,(a)_k} x^k$$

2）雑誌『数学』は Web 上で閲覧可能である．
　　https://www.jstage.jst.go.jp/article/sugaku1947/57/4/57_4_407/_pdf
3）超幾何については本書第 4 部「超幾何関数」も参照．

の積公式[4],

$$
{}_0F_1\left(\begin{matrix}-\\a\end{matrix}; -x\right){}_0F_1\left(\begin{matrix}-\\a\end{matrix}; x\right) = \sum_{k=0}^{\infty} \frac{1}{k!(a)_k\left(\dfrac{a}{2}\right)_k\left(\dfrac{a+1}{2}\right)_k}\left(-\frac{x^2}{4}\right)^k
$$

である[5]. たとえば(2.2)は sin, sinh が

$$
\sin x = x\,{}_0F_1\left(\begin{matrix}-\\\dfrac{3}{2}\end{matrix}; -\frac{x^2}{4}\right), \quad \sinh x = x\,{}_0F_1\left(\begin{matrix}-\\\dfrac{3}{2}\end{matrix}; \frac{x^2}{4}\right)
$$

と表されることに注意すれば得られる[6]. 肝心の ${}_0F_1$ の積公式の証明も単純に両辺の係数比較で得られる. だが, その際にガウスの超幾何函数 ${}_2F_1$ の和公式(クンマー)

$$
{}_2F_1\left(\begin{matrix}a, b\\1+a-b\end{matrix}; -1\right) = \frac{\Gamma(1+a-b)\Gamma\left(1+\dfrac{a}{2}\right)}{\Gamma(1+a)\Gamma\left(1+\dfrac{a}{2}-b\right)}
$$

$$
= \frac{2^{-a}\sqrt{\pi}\,\Gamma(1+a-b)}{\Gamma\left(\dfrac{a+1}{2}\right)\Gamma\left(1+\dfrac{a}{2}-b\right)}
$$

が必要になるのが難所である.

 ラマヌジャンは例によって証明は与えていないので, 最初に証明を与えたのはハーディー[8]とされているが[7], [8]ではより一般に合流型超幾何 ${}_1F_1$ の積公式を導出してから, それを特殊化して上述した ${}_0F_1$ の積公式を得ている.

 ちなみに(2.2)を sin, sinh の無限積表示

$$
\sin x = x\prod_{k=1}^{\infty}\left(1-\frac{x^2}{\pi^2 k^2}\right), \quad \sinh x = x\prod_{k=1}^{\infty}\left(1+\frac{x^2}{\pi^2 k^2}\right)
$$

---

4) ここで $(a)_0 = 1$, $(a)_k = a(a+1)\cdots(a+k-1)$.

5) ただ今の場合は三角函数なので, このような一般公式を用いずとも, 積和公式等を用いて直接導出することも可能である. 詳細は解説動画を参照.

6) (2.3)も同様にして得られる.

7) 「ノートブック」を見る限り, ラマヌジャンもハーディーと同様の思考を辿ったものと推察される.

を用いて書き換えると，

$$x^2 \prod_{k=1}^{\infty} \left(1 - \frac{x^4}{\pi^4 k^4}\right) = x^2 \sum_{k=0}^{\infty} \frac{(-1)^k 2^{2k+1} x^{4k}}{(4k+2)!}$$

が得られる．なので sin のときと同様に，両辺の係数比較をすることで多重
ゼータ値

$$\underbrace{\zeta(4, \cdots, 4)}_{k} := \sum_{m_1 > \cdots > m_k > 0} \frac{1}{m_1^4 \cdots m_k^4} = \frac{2^{2k+1}}{(4k+2)!} \pi^{4k}$$

が求まる．これより特に $k=1$ とすれば，おなじみの $\zeta(4) = \dfrac{\pi^4}{90}$ もわかる
わけである[8]．

2.3 ● ある三角函数の積分

不等号 $0 < a \leqq b \leqq a+b \leqq c$ を満たす定数 a, b, c に対して，

$$\int_0^{\infty} \frac{\sin at \sin bt \sin ct}{t^3} dt = ab\frac{\pi}{2}. \tag{2.4}$$

また自然数 $m \geqq 2$ について，

$$\int_0^{\infty} \frac{\sin^m at}{t^m} dt = \frac{a^{m-1}\pi}{2} \left\{ 1 - 2 \sum_{k=1}^{\lfloor \frac{m-1}{2} \rfloor} \frac{(-1)^{k-1} \left(\frac{m}{2} - k\right)^{m-1}}{(k-1)!(m-k)!} \right\}. \tag{2.5}$$

ただし，$\lfloor x \rfloor$ は $x \in \mathbb{R}$ の整数部分を表す．

昔，古本屋で見つけた [13] で知った公式である．(2.4) は「左辺には定数 c
が含まれているのに，右辺の積分した結果には c が含まれない」という何とも不思議な公式である．(2.5) も有名なオイラーによる積分公式

$$\int_0^{\infty} \frac{\sin at}{t} dt = \frac{\pi}{2}$$

の一般化となっている[9]．証明は「定積分

8）この多重ゼータ値への応用は，九州大学の岡本健太郎氏（当時，現在は「和から株式会
　社」）の指摘による．
9）$m = 1$ のときは (2.5) の右辺の和が消えていると解釈する．

$$\int_0^\infty \frac{1}{t^m} \prod_{j=1}^m \sin a_j t \, dt \qquad (0 < a_1 \leqq \cdots \leqq a_r)$$

が幾何学的な体積に一致する」という定理（ボールの定理）とその体積の具体的な計算についての結果を用いる．詳細については[13]の第9章とその参考文献を参照されたい．

また(2.5)は $m = 2k$ のとき，オイラー数[10] $A_k^{(n)}$

$$A_k^{(n)} := \sum_{l=0}^k (-1)^l \frac{(n+1)!}{l!(n-l+1)!} (k+1-l)^n$$

を用いて次のように書ける[11]：

$$\int_0^\infty \frac{\sin^{2k} at}{t^{2k}} dt = \frac{\pi}{2} \frac{A_{k-1}^{(2k-1)}}{(2k-1)!} a^{2k-1}.$$

2.4●tan, cot の高階微分

任意の $n = 1, 2, 3, \cdots$ について

$$\frac{d^n \tan x}{dx^n} = \sum_{k=0}^{n-1} A_k^{(n)} (\tan x - i)^{k+1} (\tan x + i)^{n-k}, \tag{2.6}$$

$$(-1)^n \frac{d^n \cot x}{dx^n} = \sum_{k=0}^{n-1} A_k^{(n)} (\cot x - i)^{k+1} (\cot x + i)^{n-k}. \tag{2.7}$$

前作でオイラー数 $A_k^{(n)}$ が出てきたついでに，それと関連する作品として，知られているようで知られていない tan と cot の高階微分公式を紹介しておこう[12]．sin, cos の高階微分（そもそも高階の必要もないが）は超有名だが，この公式はどれほど知られているか．少なくとも私は[12]を読むまでこの公式を知らなかった．

この論文の中では，より一般に，定数係数 a, b, c のリッカチ型微分方程式

---

10)「Eulerian numbers」．オイラー標数や別のオイラー数（sech の展開係数）とは別物なので注意されたし．

11) これは[13]では注意されていない．また m が奇数のときは，オイラー数では綺麗に書けない．

12) 積分の公式を紹介したので，公平に（?）微分の公式も取り上げたかった．

$$\frac{d\,y(x)}{dx} = ay(x)^2 + by(x) + c = a(y(x)-\alpha)(y(x)-\beta)$$

（の解）の高階微分公式

$$\frac{d^n y(x)}{dx^n} = a^n \sum_{k=0}^{n-1} A_k^{(n)}(y(x)-\alpha)^{k+1}(y(x)-\beta)^{n-k}$$

が与えられている．証明はオイラー数の満たす隣接関係式

$$A_k^{(n+1)} = (k+1)A_k^{(n)} + (n+1-k)A_{k-1}^{(n)}$$

と帰納法から直ちにできる．ここで取り上げた(2.6)と(2.7)はこの系として直ちに従うわけだが，私はこの公式に助けられたことがあるので「恩返し」に紹介させていただいた．

なお[12]ではこの公式の応用として，ベルヌーイ数のオイラー数による表示とオイラー数の積分表示

$$A_{k-1}^{(n)} = 2\frac{n!}{\pi}\int_0^\infty \left(\frac{\sin t}{t}\right)^{n+1}\cos(n-2k+1)t\,dt$$

が与えられている．ここで $n = 2k-1$ とすれば(2.5)で $m = 2k$ とした結果が得られる[13]．

2.5 ● cot 和の相互律

p, q を互いに素な正の整数，z を複素数とすると，

$$\frac{1}{p}\sum_{k=1}^{p-1}\cot\left(\frac{kq\pi}{p}\right)\cot\left(z+\frac{k\pi}{p}\right) + \frac{1}{q}\sum_{k=1}^{q-1}\cot\left(\frac{kp\pi}{q}\right)\cot\left(z+\frac{k\pi}{q}\right)$$

$$= -\cot pz\cot qz + \frac{1}{pq}\frac{1}{\sin^2 z} - 1. \tag{2.8}$$

デデキント和

$$D(q\,;\,p) := \frac{1}{4p}\sum_{k=1}^{p-1}\cot\left(\frac{kq\pi}{p}\right)\cot\left(\frac{k\pi}{p}\right)$$

に関していろいろ調べているときに知った公式である．ここで $z \to 0$ とする

---

13) (2.5)の m が奇数のときの結果はこの公式からは出ない．

といわゆる「デデキント和の相互律」

$$D(q\,;\,p)+D(p\,;\,q) = \frac{p^2+q^2+1-3pq}{12pq}$$

になることに注意しよう．初出は[3]のようだが[14]，私が最初に知ったのが
[5]であること，および表示のわかりやすさから[5]に載っている公式を紹介
した[15]．

証明には函数論(リュービルの定理)を用いるのだが，その方法だと(2.8)
が正しいことは確認できても，公式がなぜ得られたのか，その理由がよくわ
からない．実はこの公式はcotのある種の「積和公式」とみなすとわかりや
すい．実際，cotや$\frac{1}{\sin^2}$の部分分数分解による展開公式

$$\pi \cot \pi z = \frac{1}{z} + \sum_{n=1}^{\infty} \left(\frac{1}{z+n} + \frac{1}{z-n} \right),$$

$$\left(\frac{\pi}{\sin \pi z} \right)^2 = \sum_{n=-\infty}^{\infty} \frac{1}{(z+n)^2}$$

を用いて，$pq \cot pz \cot qz$ の部分分数分解(あるいはローラン展開)を考える
と，cotの周期性より

$$pq \cot pz \cot qz = A \left(\frac{1}{\sin z} \right)^2 + B \cot z + C$$

$$+ \sum_{k=1}^{p-1} D_k \cot \left(z + \frac{k\pi}{p} \right) + \sum_{k=1}^{q-1} E_k \cot \left(z + \frac{k\pi}{q} \right)$$

という表示の見当がつくのである．ここで A, B については $pq \cot pz \cot qz$
の $z=0$ でのローラン展開をすることで求まり，D_k, E_k については $pq \cot pz$
$\cot qz$ の各々 $z + \frac{k\pi}{p}$ と $z + \frac{k\pi}{q}$ での留数計算より求まる．C については，最
後に $z \to i\infty$ とすればよい[16]．

この手法は非常に強力で，(2.8)の多重化や楕円化も同様の手法で得るこ

---

14) 正確には[3]の Theorem 2.4 を特殊化して，(2.8)を得る．

15) [5]にはこの類の相互律が満載である．これも Web 上で閲覧可能である．
https://projecteuclid.org/download/pdf_1/euclid.tjm/1244208679

16) 詳細は解説動画を参照．

とができる.

2.6●sin の逆数ベキの和

$$V_{2p}(N) := \sum_{j=1}^{N-1} \frac{1}{\sin^{2p}\left(\dfrac{j\pi}{N}\right)}$$

とすると,

$$\sum_{p=1}^{\infty} V_{2p}(N)\sin^{2p}x = 1 - N\tan x \cot Nx. \tag{2.9}$$

特に

$$V_2(N) = \sum_{j=1}^{N-1} \frac{1}{\sin^2\left(\dfrac{j\pi}{N}\right)} = \frac{N^2-1}{3}. \tag{2.10}$$

これは今回の展示の中で最も有名な作品であると思われるが[17],これを一般化した $V_{2p}(N)$ に関しても,その母函数 (2.9) から具体的な表示を得ることができる.私がこの母函数を知ったのは [9] 第 11 章や [14] 第 6 章に出てくるフェアリンデの公式[18]と関連してであった.ここで紹介した $V_{2p}(N)$ の母函数 (2.9) は [9] の命題 11.1 にほかならない.証明には cot についてのよく知られた和公式

$$N\cot Nx = \sum_{j=0}^{N-1} \cot\left(x \pm \frac{j\pi}{N}\right)$$

を用いて,

$$N\tan x \cot Nx = 1 + \frac{\tan x}{2}\sum_{j=1}^{N-1}\left\{\cot\left(x+\frac{j\pi}{N}\right)+\cot\left(x-\frac{j\pi}{N}\right)\right\}$$

$$= 1 - \sum_{j=1}^{N-1}\frac{\sin^2 x}{\sin^2\dfrac{j\pi}{N}-\sin^2 x}$$

---

17) (2.10) については,たとえば $\zeta(2) = \dfrac{\pi^2}{6}$ の別証等で目にしたことのある読者も多いのではないだろうか.

18) リーマン面上の相関函数のなす空間の次元公式.

$$= 1 - \sum_{p=1}^{\infty} V_{2p}(N) \sin^{2p} x$$

を得る. (2.10)は母函数(2.9)から得られるが, この表示ではなく, $y = \sin x$ とおいた表示

$$\sum_{p=1}^{\infty} V_{2p}(N) y^{2p} = 1 - \frac{Ny}{\sqrt{1-y^2}} \cot(N \arcsin y)$$

の右辺を展開して係数比較するとよい.

この一連の公式は誰が最初に発見したものかは私は知らないが, これの符号を変えたものや cos 版等のさまざまな変奏については多くの研究がある[19].

2.7●整数となる三角和

$1 \le l \le k \le n$ を満たす整数 l, k, n に対して,

$$\sum_{j=1}^{n} \frac{\sin\left(\dfrac{lj\pi}{n+1}\right) \sin\left(\dfrac{kj\pi}{n+1}\right)}{1 - \cos\left(\dfrac{j\pi}{n+1}\right)} = l(n+1-k). \tag{2.11}$$

これは[4]のより一般の公式を特殊化したものである. 三角和が整数になる公式というものは非常に不思議な感じがするが, 証明は n 次の三重対角行列

$$T_{\beta,n} := \begin{pmatrix} \beta & 1 & 0 & \cdots & 0 \\ 1 & \beta & 1 & \ddots & \vdots \\ 0 & 1 & \beta & \ddots & 0 \\ \vdots & \ddots & \ddots & \ddots & 1 \\ 0 & \cdots & 0 & 1 & \beta \end{pmatrix}$$

の逆行列 $T_{\beta,n}^{-1}$ を, 直接計算と対角化を用いた計算との二通りの方法で求めて, それぞれの成分の表示を比べる. ただし, その計算は線型代数の型通りのものではなく, なかなかアクロバティックである.

まず直接計算の方は, 第二種変形チェビシェフ多項式[20]

$$u_n(x) := \sum_{l=0}^{\lfloor \frac{n}{2} \rfloor} (-1)^l \frac{(n-l)!}{l!(n-2l)!} x^{n-2l}$$

が隣接関係式
$$u_n(x) = x u_{n-1}(x) - u_{n-2}(x) = u_j(x) u_{n-j}(x) - u_{j-1}(x) u_{n-j-1}(x)$$
を満たすことに注意すると，
$$(-1)^{l+k} \frac{u_{l-1}(\beta) u_{n-k}(\beta)}{u_n(\beta)} \qquad (1 \le l \le k \le n)$$
を (l, k) 成分として持つ n 次対称行列が $T_{\beta,n}^{-1}$ であることがわかる.

他方，対角化の方も，固有多項式の計算云々をするのではなく，三角函数についての
$$\sin((k-1)\theta) + \beta \sin(k\theta) + \sin((k+1)\theta) = (\beta + 2\cos\theta) \sin(k\theta)$$
という恒等式に注意して，$j = 1, \cdots, n$ に対し，
$$v_j := \sqrt{\frac{2}{n+1}} {}^t\!\left(\sin\left(\frac{j\pi}{n+1}\right), \cdots, \sin\left(\frac{nj\pi}{n+1}\right) \right)$$
が $T_{\beta,n}$ の n 本の長さ 1 の固有ベクトル，その固有値がそれぞれ
$$\beta + 2\cos\left(\frac{j\pi}{n+1}\right)$$
となることを見つけてしまうのである. これから，
$$P := \sqrt{\frac{2}{n+1}} \left(\sin\left(\frac{lk\pi}{n+1}\right) \right)_{l,k=1,\cdots,n} = {}^t\!P = P^{-1}$$
とおけば，$T_{\beta,n}$ が
$$T_{\beta,n} = P \operatorname{diag}\left(\beta + 2\cos\left(\frac{\pi}{n+1}\right), \cdots, \beta + 2\cos\left(\frac{n\pi}{n+1}\right) \right) P$$
と対角化できることがわかり，$T_{\beta,n}^{-1}$ のもう一つの表示も得られる[21]：
$$T_{\beta,n}^{-1} = P \operatorname{diag}\left(\frac{1}{\beta + 2\cos\left(\dfrac{\pi}{n+1}\right)}, \cdots, \frac{1}{\beta + 2\cos\left(\dfrac{n\pi}{n+1}\right)} \right) P.$$

---

19) これについてはたとえば[2]等がまとまっていて見やすい.

20) 第二種チェビシェフ多項式 $U_n(x)$ とは，$u_n(x) = U_n\left(\dfrac{x}{2}\right)$ という関係があり，特に $\sin\theta u_n(2\cos\theta) = \sin((n+1)\theta)$. なお，チェビシェフ多項式に関しては平松豊一氏の記事も参照されたし.

21) これらの計算に関しては，[15]の第 3 章も参照.

この二つの表示を比較することで，$1 \leq l \leq k \leq n$ について

$$\frac{2}{n+1} \sum_{j=1}^{n} \frac{\sin\left(\dfrac{lj\pi}{n+1}\right)\sin\left(\dfrac{kj\pi}{n+1}\right)}{\beta + 2\cos\left(\dfrac{j\pi}{n+1}\right)} = (-1)^{l+k} \frac{u_{l-1}(\beta)u_{n-k}(\beta)}{u_n(\beta)}$$

が成り立つことがわかる[22]．さらに $\beta = 2\cos\theta$ とすると，

$$\frac{1}{n+1} \sum_{j=1}^{n} \frac{\sin\left(\dfrac{lj\pi}{n+1}\right)\sin\left(\dfrac{kj\pi}{n+1}\right)}{\cos\theta + \cos\left(\dfrac{j\pi}{n+1}\right)} = (-1)^{l+k} \frac{\sin l\theta \sin(n-k+1)\theta}{\sin\theta \sin(n+1)\theta}$$

となり，$\theta \to \pi$ とすれば上述の公式を得る[23]．[4]ではほかの特殊化によって得られる公式についても述べているが，その中では述べられていない面白い例を問として出しておこう．

- $\beta = i$ とすると，どんな公式が得られるか（左辺の和の分母を有理化して実部と虚部を比較せよ．$u_n(i)$ の値はいくつになるか？）[24]．

2.8●ティータイムの三角函数

$$\sum_{k=1}^{r} \frac{\prod_{j=1}^{r} \sin(x_k - y_j)}{\prod_{j \neq k} \sin(x_k - x_j)} = \sin\left(\sum_{j=1}^{r}(x_j - y_j)\right). \tag{2.12}$$

TEX のインストール関連で，適当にいろいろ探していてなぜか見つけてしまった[10]に載っている公式である．グスタフソン[7]によるとされるこの公式も証明がいくつも知られているが，ここでは部分分数分解を用いた[1]の方法を簡単に紹介する．

一般に x^k $(|k| \leq r)$ からなるローラン多項式 $Q(x)$ に対し，

---

22) これより特に，β が有理数なら左辺の和も有理数であることがわかる．

23) ちなみにこの例は A 型のカルタン行列の逆行列の計算になっているので，一連の公式のリー代数的解釈も欲しいところである．

24) 解答は解説動画を参照．

という函数を考え，$x := e^{iz}$ に関する有理函数

$$\frac{Q(x)x^r}{\prod\limits_{j=1}^{r}(x^2 - e^{2ix_j})}$$

の部分分数分解を考える．これが[1]の基本方針で，かなり一般の Q に関して部分分数分解を行えるが，(2.12)を導出するには特に Q として

$$Q(e^{iz}) = \sum_{j=1}^{r}\sin(z - y_j) = \frac{x^{-r}}{(2i)^r}\sum_{j=1}^{r}e^{-iy_j}(x^2 - e^{2iy_j})$$

を取れば十分である．このとき，$R(z)$ の部分分数分解は

$$\sum_{k=1}^{r}\frac{e^{-i(z-x_k)}\prod\limits_{j=1}^{r}\sin(x_k - y_j)}{\sin(z - x_k)\prod\limits_{j \neq k}\sin(x_k - x_j)} = e^{-i\sum\limits_{j=1}^{r}(x_j - y_j)} - \prod_{j=1}^{r}\frac{\sin(z - y_j)}{\sin(z - x_j)}$$

となり，この虚部が(2.12)にほかならない．さらに実部を見ることで，

$$\sum_{k=1}^{r}\cot(z - x_k)\frac{\prod\limits_{j=1}^{r}\sin(x_k - y_j)}{\prod\limits_{j \neq k}\sin(x_k - x_j)} = \cos\left(\sum_{j=1}^{r}(x_j - y_j)\right) - \prod_{j=1}^{r}\frac{\sin(z - y_j)}{\sin(z - x_j)}$$

という公式も得られる．

　この部分分数分解による方法はお手軽な割に結構万能で，この手の公式を量産できるので，いろいろ遊んでみられるとよい．

3. おわりに

　以上，函数論，古典解析，幾何，微分方程式，数論，線型代数等，なるべく多岐の分野に関連したさまざまな種類の三角函数の諸公式を選んで，その紹介と解説を行ってきた．今回は紹介できなかった公式もまだまだあるが，(2.1)から(2.12)までの十二の公式およびそれに関連した諸公式を通じて，なじみ深い三角函数の意外な「味わい」を少しでもご堪能いただけただろう

か．かく言う私自身も今回改めて作品群を見直してみて，気になること，やってみたいことをいくつも思いついた次第である．誠に三角函数の世界は奥深い．

参考文献

［1］ W. Chu: *Partial fraction decompositions and trigonometric sum identities*, Proc. Amer. Math. Soc., **136**-1（2008），229-237.

［2］ W. Chu and A. Marini: *Partial fractions and trigonometric identities*, Adv. Math. Appl., **23**（1999），115-175.

［3］ U. Dieter: *Cotangent sums, a further generalization of Dedekind sums*, J. Number Theory, **18**-3（1984），289-305.

［4］ I. Doust, M. D. Hirschhorn and J. Ho: *Trigonometric identities, linear algebra, and computer algebra*, Amer. Math. Monthly, **112**-2（2005），155-164.

［5］ S. Fukuhara: *New trigonometric identities and generalized Dedekind sums*, Tokyo J. Math., **26**-1（2003），1-14.

［6］ 藤原正彦：「Ramanujan の数学」，『数学』，**57**-4（2005）．407-422．

［7］ R. A. Gustafson: *Some q-beta and Mellin-Barnes integrals on compact Lie groups and Lie algebras*, Trans. Amer. Mat. Soc., **341**-1（1994），69-119.

［8］ G. H. Hardy: *A chapter from Ramanujan's note-book*, Proc. Camb. Phil. Soc., **21**（1923），492-503.

［9］ 向井茂：『モジュライ理論Ⅱ』，岩波書店，2008．

［10］ 大島利雄：「三角関数の恒等式」：
https://www.ms.u-tokyo.ac.jp/~oshima/paper/trigid.pdf

［11］ R. M. Robinson: *A curious trigonometric identity*, Amer. Math. Monthly, **64**-2（1957），83-85.

［12］ G. Rzadkowski: *Derivatives and Eulerian numbers*, Amer. Math. Monthly, **115**-5（2008），458-460.

［13］ 丹野修吉：『空間図形の幾何学』，培風館，1994．

［14］ 山田泰彦：『共形場理論入門』，培風館，2006．

［15］ 山本哲朗：『行列解析ノート　珠玉の定理と精選問題』，SGC ライブラリー **97**，サイエンス社，2013．

第2部
二項定理

ニュートンによる
「一般二項定理」の発見

中村 滋 ［東京海洋大学名誉教授］

　ニュートンが創始した「流率法」と「無限級数の理論」は，自己の「解析法」においてともに不可分に縒り合わされた数学技法の2本の柱であった．これらの方法のうち，特に二項展開

$$(1+x)^n = 1+\binom{n}{1}x+\binom{n}{2}x^2+\cdots \qquad (|x|<1,\ n\text{ は任意の有理数})$$

は要石であり，1665年のその一般定式化はニュートンの発見の全盛期，いわゆる「驚異の諸年」のハイライトともいうべきものであった．

　　　　（高橋秀裕著『ニュートン——流率法の変容』，東京大学出版会）

はじめに

　「ニュートンの一般二項定理」について歴史的な背景を含めた解説を依頼されました．この定理は，いわゆる二項定理，

$$(1+x)^n = 1+\binom{n}{1}x+\binom{n}{2}x^2+\binom{n}{3}x^3+\cdots$$

$$\left(\binom{n}{m} = \frac{n(n-1)\cdots(n-m+1)}{m(m-1)\cdots2\cdot1}\text{ は二項係数}\right)$$

が，任意の有理数 n についても成り立つという主張です．これは一般に任意の実数について成り立ちますが，微分積分学が形成されつつあるときに重要な役割を果たしたポイントですので，詳しく見ておきたいと思います．拙著『数学史の小窓』chapter 9 ニュートンも参考にしていただけると幸いです．

17 世紀前半の数学の状況

桁外れの天才たちが活躍する 17 世紀は，数学史の上でも最も活発な時期のひとつです．ネイピア（John Napier; 1550-1617）は対数を発見し，ケプラー（Johannes Kepler; 1571-1630）は面積・体積計算にアルキメデス以来となる新しい考えを導入し，パスカル（Blaise Pascal; 1623-1662）とフェルマー（Pierre de Fermat; 1607-1665）は古典確率論を創始しました．デカルト（René Descartes; 1596-1650）の『幾何学』全 3 巻（1637）は記号代数学を完成させて曲線の表示を著しく簡易化すると共に，「変量」を導入して新しい数学の方向を定め，またこの著書でフェルマーと独立に解析幾何学を創始しました．

デカルトの新しい数学

デカルトはパッポスやディオパントスなどの古代人の解析（L'analyse des anciens）と，現代の代数（L'algèbre des modernes）とを統合して「普遍数学（mathesis universalis）」を作るという大きな目標を定めて，そのために「方法」の重要性に目を向けたのでした．彼は『幾何学』第 1 巻の冒頭で，「幾何学のすべての問題は，作図するために必要ないくつかの直線の長さを知りさえすればよいということに容易に還元させることができる」と宣言します．そして，加減乗除および累乗根の作図法を述べた後で，$a \times a$ を a^2 と書き，それに a を掛けたものを a^3 と書き，以下同様に書き表すとして，現在使われている指数の表記法を定めました．さらに単位の長さ 1 を導入することにより，何次の式でも直線上の線分の長さとして表されることになり，これによって，a^2 は面積，a^3 は体積などと決まっていた種々の量をすべて直線上に表しました．こうして，古代ギリシア以来の「次元の束縛」から逃れることができたのです．

続いて「未知の量」を z と書いて，$z = b$ や $z^2 = -az + b^2$ などの書き方を示した後で，a と b を与えて z を定規とコンパスで作図する方法を示します．第 2 巻「曲線の性質」では本格的に変量（変数）を "quantitès indeterminèes & inconnuës"（不定かつ未知の量）として導入しました．そして例えば楕円を

$$y^2 = 2y - xy + 5x - x^2$$

と書き表した後で(負の平方根には目も向けず),

$$y = 1 - \frac{x}{2} + \sqrt{1 + 4x - \frac{3}{4}x^2}$$

を導いて，新しい表記法の便利さを印象付けています．一般に「記号代数学の祖」とされるヴィエト(François Viète; 1540-1603)の表記法と比較しても，ずっと読みやすくなっています．

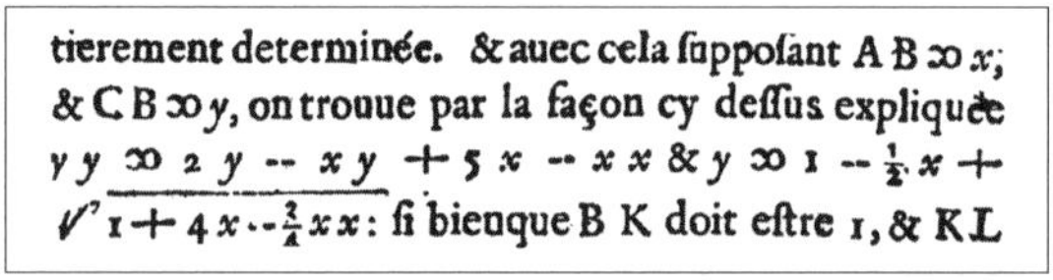
tierement determinée. & auec cela ſuppoſant A B ∞ x; & C B ∞ y, on trouue par la façon cy deſſus expliquée yy ∞ 2y -- xy + 5x -- xx & y ∞ 1 -- ½x + √ 1 + 4x -- ¾xx: ſi bienque B K doit eſtre 1, & K L

図 1　デカルト『幾何学』より式 $y^2 = 2y - xy + 5x - x^2$ の部分

最後の第 3 巻ではまず代数方程式一般を論じ，未知数の最高次数と同じだけの根(解；以下同様)を持ち得ると述べ，係数の符号変化の回数と同じだけの真根(正の根)を持ち，同じ符号が ＋＋ または －－ と 2 つ続くものの数だけ偽の根(負の根)があると,「デカルトの符号法則」を述べています．その後で 3 次以上の曲線についての作図問題を円錐曲線によって解きました．

デカルトの新しい便利な記号法は，解説論文をつけたスホーテンによるラテン語訳によってフランス以外でも知られるようになりました．特にスホーテンのライデン大学における講義録などの解説論文を大幅に増やして 2 巻本とした第 2 版(1659/61)は，若きニュートンおよびライプニッツが夢中で読んで，後の微分積分学形成への足がかりとしたのでした．

対数の発見

15 世紀の終わりにフランスのシューケ(Nicolas Chuquet; ?-1500 頃)は整数列と等比数列を並べてその対応に注目しましたが，その後ドイツのシュティーフェル(Michael Stifel; 1486 ?-1567)も整数列と 2 のべき乗を対比させ，

整数列の数を指数(Exponent)と名付けました(1544). また, ヨーロッパ世界で小数記号を考案したオランダのステヴィン(Simon Stevin; 1548-1620)は x, x^2, x^3 を①, ②, ③と書き, 分数指数もその分数を丸で囲んで表しました.

このように, 等差数列と等比数列を対比させてその関連を見ることは次第に注目を集めていました. スコットランドの貴族ネイピアは, ある線分の一端を出発し, 線分上を残りの長さに比例した速度で運動する点と, 半直線上を等速運動する点を対比させて, 半直線上の長さを線分上の長さの「対数」と名付け, 独自の対数表とその使い方を『驚くべき対数規則の記述』(1614)にまとめました. これが「対数の発見」です. これに驚嘆したブリッグス(Henry Briggs; 1561-1631 頃)は, ネイピアの居城を訪れて 1 の対数を 0 とし, 10 を底とする「常用対数」を提案し, その後対数計算を補充しています.

双曲線下の面積

当時さまざまな曲線の面積が工夫されて求められていました. イタリアのカヴァリエリ(Bonaventura Cavalieri; 1598-1647)は今の記号で,

$$\int_0^c x^p dx = \frac{c^{p+1}}{p+1} \qquad (p は自然数)$$

であることを確かめ(1635), フェルマー(1644)とイギリスのウォリス(1655; John Wallis; 1616-1703)は正の有理数 p でもこの式が成り立つと述べました.

サン・ヴァンサン(Grégoire de Saint-Vincent; 1584-1667)は, 古代ギリシア以来の「取り尽し法」に "exhaust" の語を使い, 数学史上初めて「極限」に "terminus" の語を使った『幾何学考』(1647)において双曲線 $xy = k$ の下の面積を論じ, 図 2 (次ページ)で曲線上の点から横軸に下ろした垂線の長さの比が

  PT : QU = RV : SN(= r)

を満たしているとき,

  PTU$\overset{\frown}{Q}$P の面積 = RVN$\overset{\frown}{S}$R の面積

になることを注意しました. これから直ちに, PT : SN = r^n のときには

  PTN$\overset{\frown}{S}$P の面積 = $n \times$ PTU$\overset{\frown}{Q}$P の面積

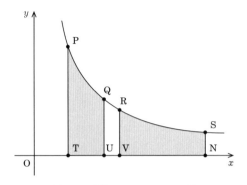

図 2 双曲線 $xy = k$ の下の面積

になることが分かります．弟子のサラサ (Alphonse de Sarasa; 1618-1667) は，この面積が対数の性質を持つことに気付きました (1649)．現在の積分記号で書けば，

$$\int_c^d \frac{1}{x} dx = \bigl[\log |x|\bigr]_c^d = \log \frac{d}{c}$$

です．

ウォリスによる円の求積

　ニュートンの一般二項定理発見にとって最も大きな影響を与えたのはウォリスによる『無限の算術』でした (1656 とあるが，実は前年刊行)．これを少し詳しく見ておきましょう．前半では自然数のべき乗和を求めています．

$$\sum_{k=1}^{n} \frac{k}{n(n+1)} = \frac{1}{2} \qquad (命題 1)$$

から

$$\sum_{k=1}^{n} k^6$$

までを確かめて，大胆な類推によって，

$$\sum_{k=1}^{n} \frac{k^p}{n^p(n+1)}$$

は n が ∞ のとき，$\dfrac{1}{p+1}$ に等しいと書きます（命題44）．さらに類推と補間によって，これは p が正の有理数でも成り立つと結論付けました（命題59）.

後半は単位円の求積に移り，現在の記号で書けば，実質的に

$$S = 4\int_0^1 \sqrt{1-t^2}\,dt$$

を考察します．そのために

$$\Phi(\lambda,\mu) = \frac{1}{\displaystyle\int_0^1 \left(1-t^{\frac{1}{\lambda}}\right)^{\mu} dt}$$

を考え，$\lambda=\dfrac{1}{2}$，$\mu=\dfrac{1}{2}$ の場合を補間法で求めることにします．λ と μ が整数で 0〜10 の場合を調べて，それが伝統的に三角数と呼ばれてきた二項係数 $_{\lambda+1}C_{\mu+1}$ になることを確かめると（命題131），これが正負の有理数でも成り立つとして求めるのです．鋭い類推ですが，証明はありません．そして円とその外接正方形との面積の比を 1：□ と書きます．もちろん，

$$\square = \frac{4}{\pi} = \Phi\!\left(\frac{1}{2},\frac{1}{2}\right)$$

となります．λ と μ が $-\dfrac{1}{2}$ から 4 までの整数または半整数の場合の $\Phi(\lambda,\mu)$ の値を一覧表にし（命題189），直前で求めた式を援用することによって，彼は円周率を表す無限積の公式を手に入れました：

$$\square = \frac{4}{\pi} = \frac{3\cdot3\cdot5\cdot5\cdot7\cdot7\cdots}{2\cdot4\cdot4\cdot6\cdot6\cdot8\cdots}$$

です．なかなかきれいで不思議な公式ですね.

なお，この本で無限大を表す記号 ∞ が導入され，また，補間するというラテン語 interpolare（英語の interpolate）が初めて使われました.

孤独な青年アイザックの発見

いよいよ孤独な青年アイザック（Isaac Newton; 1642-1727）の登場です．ケンブリッジ大学トリニティ・カレッジの「凡庸な」学生だった彼は，1664年春，4年生になる頃から必死に数学を学び始めます．そして夏の終わりに

は時代の最先端に飛び出しました．それからの2年間がいわゆる「奇跡の年々（anni mirabiles）」です．翌年の春に学士（バチェラー）になった頃からペストが大流行し，1665年から67年に掛けて，2度に渡って大学が閉鎖されました．その間に彼の天才は一気に開花し，彼が「流率法」と呼んだ「微分積分学」の発見，「万有引力」の理論，そして「色の理論」という彼の生涯の三大発見の基礎を作り上げたのでした．この奇跡のような2年間に「数学者ニュートンが誕生した」とは，彼の数学論文を断簡零墨に至るまで調べた上で，全8巻の論文集にまとめたホワイトサイド教授の名言です．その奇跡の最初期に，孤独な青年による「一般二項定理」の発見があり，それを導きの星として，この青年は「微分積分学」を作り上げてしまったのです．

　青年アイザックはパスカルの三角形を逆にたどるとどうなるか？　と考えて，負の整数に対する二項係数を求めます．1664年から65年に掛けての冬の時期に，ウォリスを読みながら作ったノートには，ウォリスが考えた上記の $\Phi(\lambda, \mu)$ を少し変え，特に上端を x として，

$$\phi(p, x) = \int_0^x (1-t^2)^p dt$$

を考えました（もちろん積分はまだできていませんが，上述のように p が自然数のときには実質的に求められていました）．これは $p = \dfrac{1}{2}$ のときの補間をするためです．

$$\phi(0, x) = x,$$

$$\phi(1, x) = x - \frac{x^3}{3},$$

$$\phi(2, x) = x - \frac{x^3}{3} + \frac{x^5}{5},$$

$$\phi(3, x) = x - \frac{x^3}{3} + \frac{x^5}{5} - \frac{x^7}{7},$$

$$\vdots$$

などは今なら高校生の練習問題ですね．次にニュートンはこの展開の係数を，$\phi(0, x)$ から $\phi(10, x)$ まで縦に並べます．$\phi(p, x)$ の定義式から，どの項も

$$\binom{p}{q}(-1)^p \frac{x^{2p+1}}{2p+1}$$

の形で出てくるので，符号も含めて，

$$x, \quad -\frac{x^3}{3}, \quad +\frac{x^5}{5}, \quad -\frac{x^7}{7}, \quad \cdots$$

の何倍になるかを表にまとめます．例えば $\phi(0,x)=x$ なので，一番左の列は上から $1,0,0,\cdots$ であり，$\phi(1,x)=x-\dfrac{x^3}{3}$ なので，2列目は $1,1,0,0,\cdots$ と二項係数が縦に並びます．そうなるようにあらかじめ $-\dfrac{x^3}{3}$ の何倍になるかだけを書くからです．ニュートンのノートは，$\phi(0,x)=x$ から $\phi(7,x)$ までを書いた後，計算の途中で急に説明を打ち切って次の表をまとめています．縦にパスカルの三角形が見えているので，どの数も左隣の数とその上の数を加えて得ています．

表 1 はスペースの関係で実際の量の半分ほどにしました．また分かりやすくするために一番上に (p) と次数 p を書きました．この表を使ってニュートンは p が有理数のときの値を推理します．表を横に見ると，1 行目には 1 が並び，2 行目には次数 p が来ています．そこで有理数のときにも 1 行目は 1，2 行目は p とします．3 行目は二項係数 $\dfrac{p(p-1)}{2!}$ なので，p が有理数でもこの式で計算しています．このように計算して，$p=\dfrac{1}{2}$ のときには上から

表 1 $\phi(p,x)$ の係数表

	(p)	(0)	(1)	(2)	(3)	(4)	(5)
1st.	$+x$	$\times 1.$	$1.$	$1.$	$1.$	$1.$	$1.$
2nd.	$-\dfrac{x^3}{3}$	$\times 0.$	$0+1=1.$	$1+1=2.$	$2+1=3.$	$3+1=4.$	$4+1=5.$
3rd.	$+\dfrac{x^5}{5}$	$\times 0.$	$0+0=0.$	$0+1=1.$	$1+2=3.$	$3+3=6.$	$6+4=10.$
4th.	$-\dfrac{x^7}{7}$	$\times 0.$	$0+0=0.$	$0+0=0.$	$0+1=1.$	$1+3=4.$	$4+6=10.$
5.	$+\dfrac{x^9}{9}$	$\times 0.$	$0+0=0.$	$0+0=0.$	$0+0=0.$	$0+1=1.$	$1+4=5.$
6.	$-\dfrac{x^{11}}{11}$	$\times 0.$	$0+0=0.$	$0+0=0.$	$0+0=0.$	$0+0=0.$	$0+1=1.$

$$1,\ \frac{1}{2},\ \frac{\frac{1}{2}\left(\frac{1}{2}-1\right)}{2}=-\frac{1}{8},\ \frac{\frac{1}{2}\left(\frac{1}{2}-1\right)\left(\frac{1}{2}-2\right)}{3!}=+\frac{1}{16},\ \cdots$$

となり，これらを表にまとめました．これこそが「一般二項定理」発見の瞬間です．ホワイトサイドの『ニュートン数学論文集』第1巻の巻頭にこのときのニュートンのノートのコピーが載っています．そこには表1にある $\phi(p,x)$ の係数表を並べ(左上)，右の中程にはじつに正確な

$$x+(1-y^2)^{\frac{p}{2}}=0 \quad (-1\leqq x \leqq 0\ ;\ p=1,2,3,4,5)$$

の図を描きました(図3)．ニュートンはこの一般二項定理を公式には発表しませんでしたが，後にライプニッツに伝達してもらうために王認協会(王立協会ともいう)書記宛に書いた有名な「前の書簡」(1676年6月13日付)で，表現を改良して書いています．そこでは $(P+PQ)^{\frac{m}{n}}$ を展開していますが，ここでは分かりやすく $P=1,\ PQ=x$ とすると，次のようになります：

$$(1+x)^{\frac{m}{n}}=1+\frac{m}{n}x+\frac{m}{n}\left(\frac{m-n}{2n}\right)x^2+\frac{m}{n}\left(\frac{m-n}{2n}\right)\left(\frac{m-2n}{3n}\right)x^3+\cdots$$

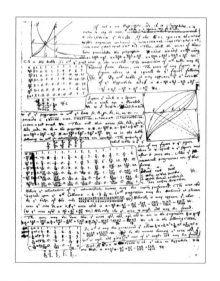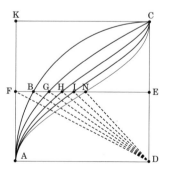

図3 左：ニュートンのノート，一般二項定理の発見時(『ニュートン数学論文集』第1巻)
右：ニュートンが描いた図をパソコンで再現したもの

一般二項係数も表現法が違うだけで現在のものと変わりません.

ニュートンの対数計算

　一般二項定理を手に入れたこの青年はもう無敵でした. これまで誰にもできなかった

$$\frac{1}{\sqrt{1-x^2}} = 1 + \frac{1}{2}x^2 - \frac{1 \cdot 3}{2 \cdot 4}x^4 - \frac{1 \cdot 3 \cdot 5}{2 \cdot 4 \cdot 6}x^6 + \cdots$$

という展開を得ます. これを項別に積分すると逆正弦関数 Arcsin の級数展開になりますが, 今度はそれを逆に解いて, 正弦関数 (サイン) の級数展開を求めました. また,

$$\frac{1}{1+x} = 1 - x + x^2 - x^3 \pm \cdots$$

を項別に積分することにより

$$\log(1+x) = x - \frac{x^2}{2} + \frac{x^3}{3} - \frac{x^4}{4} \pm \cdots$$

が分かります. これを用いてアイザック青年はすぐに対数計算を始めました. 例えば $x = 0.1$ としてみると,

$$\log 1.1 = 0.1 - \frac{0.01}{2} + \frac{0.001}{3} - \frac{0.0001}{4} + \frac{0.00001}{5} + \cdots$$

$$= 0.100000 - 0.005000 + 0.000333 - 0.000025 + 0.000002 - \cdots$$

$$= 0.095310$$

となります. 誰も知らない対数の値を自由に計算できる喜びを感じたのでしょう. ニュートンはこの対数計算にはまりました. 2年後に行った対数計算を含めると,

$$x = \pm 0.1, \quad \pm 0.2, \quad \pm 0.01, \quad \pm 0.02, \quad \pm 0.001, \quad \pm 0.002, \quad \pm 0.0001, \quad \pm 0.0002$$

などに対して $\log(1+x)$ の値を 50 桁前後計算します. 後年のメモでニュートンは, 「その頃私は無限級数の方法を見つけた. そして 1665 年の夏, ペストのためにケンブリッジを離れていたとき, リンカーンシア州ブースビーで, 双曲線の下の面積を, 同じ方法で 52 桁計算した.」と書いています. 別のメ

モには，夏に 46 桁，秋に再び取り上げて 55 桁計算した，と書いてあるもの
もありますので，1 に近い数の対数を 50 桁ほど繰返し計算したのです．そし
て 2 年後に再び対数計算に夢中になると，今度はこれらの精密な対数を使っ
て，素数に対する対数の値の計算に取り掛かります．例えば，

$$2 = \frac{1.2^2}{0.8 \times 0.9}$$

なので，

$$\log 2 = 2 \cdot \log 1.2 - \log 0.8 - \log 0.9$$

となります．ここでニュートンのメモには，

$$\frac{1.2 \times 1.2}{0.8 \times 0.9} = 2.$$

$$\frac{1.2 \times 1.2 \times 1.2}{0.8 \times 0.8 \times 0.9} = 3 = \frac{1.2 \times 2}{0.8}.$$

$$\frac{1.2 \times 1.2 \times 1.2 \times 1.2}{0.8 \times 0.8 \times 0.8 \times 0.9 \times 0.9} = 5 = \frac{4}{0.8}.$$

$$2 \times 5 = 10.$$

$$10 \times 10 = 100.$$

$$10 \times 100 = 1000 \,\&\, c.$$

$$10 \times 1.1 = 11 \,\&\, c.$$

とあり，さらに

$$7 = \sqrt{\frac{100 \times 0.98}{2}}.$$

$$17 = \frac{100 \times 1.02}{6}.$$

$$13 = \frac{1000 \times 1.001}{7 \times 11} = \frac{1001}{77}. \,\&\, c.$$

と続けます．そして

$$2, 3, 10, 100, 1000, 10000 \,\&\, c.\, 7, 11, 13, 17, 37$$

に対する対数を 57 桁も表にまとめています．そして突然 0.9984 の対数計算
に入ります．これは

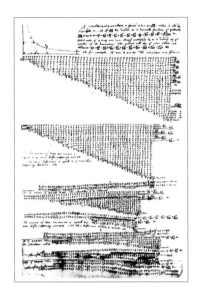

図4 ニュートンのノート，対数の55桁計算(『ニュートン数学論文集』第1巻)

$$0.9984 = \frac{2^8 \times 3 \times 13}{10^4}$$

を使って，それまでに計算した対数表の信頼性を確かめるためです．その結果，最後の3桁を除いて見事に一致しました．この一致は級数展開の正しさや項別積分の方法の正しさの証明にもなったはずで，青年ニュートンにとってはとても大きな喜びだったことでしょう．

微分積分学の基本定理の発見

この青年はそれ以前から研究を進めていたデカルト流の接線決定法や曲率計算を改良することを通じて「微分法」にも習熟し，1665年5月頃までの早い時期に「微分積分学の基本定理」の発見に至ります．一般二項定理の発見とあわせて，その後の急速な進展を保証するものでした．双曲線下の面積を夢中になって計算することを通じて，無限級数も普通の代数計算と同じように自由に扱えることに自信を深めた彼は，さまざまな関数が無限級数展開で

きるという認識に至ります．そして2度目の"ペスト休暇"で戻っていた故
郷ウールスソープにおいて，それまでの論考をまとめていわゆる「1666年10
月論文」をまとめました．これはニュートン流の微分積分学である「流率法」
の基本枠を定めた論文です．ここには曲線$y = f(x)$の下の面積を$\square f(x)$
と書き表して，かなり複雑な関数の「積分表」がまとめられています．この
論文はいくつかのコピーが作られ，イギリスのごく限られた人たちの間で知
られていました．

突然のライバル出現

　1667年4月に"ペスト禍"が落ち着いて再び大学に戻ったときには，ニュ
ートンは歴史の最先端に躍り出ていました．翌68年7月にマスター・オブ・
アーツの学位を取得すると同時に大学の上級フェローになって，順風満帆に
見えます．そんなとき，1668年にメルカトール（Nicolaus Mercator; 1619-
1687）は『対数技法』を刊行します．翌年になってバロウを通じてこの本の内
容を知ったニュートンは驚きました．何とそこには双曲線

$$y = \frac{1}{1+x}$$

の下の面積が対数の性質を持つことと，常用対数（10を底とする対数）の計算
法が書かれ，最後に展開式：

$$\log(1+x) = x - \frac{x^2}{2} + \frac{x^3}{3} - \frac{x^4}{4} \pm \cdots$$

が書かれていたのです．突然のライバル出現に若きニュートンは驚き，自分
の先取権を確保するために1669年7月に論文をまとめました．これが「無
限個の項をもつ方程式による解析について」と題されたものです．この中で
ニュートンは方程式の近似解を求める「ニュートン法」を説明し，続いて

（i）xとyについての関係式が与えられたときに，yをxの級数に展開す
　　る方法と，

（ii）xの級数に展開された関数yが与えられたときに，逆にxをyの級数

に展開する方法

を説明しています．そして上述のように

$$y = \frac{1}{\sqrt{1-x^2}}$$

を一般二項定理で展開してから項別に積分して，

$$z = \operatorname{Arcsin} x = x + \frac{x^3}{6} + \frac{3x^5}{40} - \frac{5x^7}{112} \pm \cdots$$

を得ると，これを逆に解いて，西欧キリスト教世界では初めてサインの級数展開を，

$$x = \sin z = z - \frac{z^3}{6} + \frac{z^5}{120} - \frac{z^7}{5040} \pm \cdots$$

と求めました．同様にコサインの級数展開も求めました．この意欲的な論文はバロウ以外の人にニュートンの才能を知らせるものとなり，この年にバロウを継いで2代目のルーカス教授職に就くきっかけになったのでした．

微分積分学の形成

1664年から65年に掛けての冬の時期に「一般二項定理」を発見し，翌年5月までには「微分積分学の基本定理」に気づいたこと，そして66年10月には「流率論」の最初のまとまった解説を書き，69年7月に無限級数展開を自由に使いこなす「無限個の項を持つ方程式による解析について」をまとめたところまでは上述しました．1671年には包括的な論文「級数と流率の方法について」を書き，上記の2論文をまとめた上で自分流の「微分積分学」の技法を徹底的に解説したのでした．ニュートンはこの野心的な著作の出版を目指しましたが，出版社が見つからず，結局生前には印刷されませんでした．

以上が青年ニュートンによる「一般二項定理」の発見から，それをバネにして急進展を見せた独自の「微分積分学形成」までの流れです．まだまだ話すべきことはたくさんありますが，このあたりで終わりにします．

二項定理と組合せの数

水川裕司 ［防衛大学校］

Ⅰ. 二項定理

二項定理とは，よく知られた展開公式

$$(x+y)^2 = x^2+2xy+y^2,$$
$$(x+y)^3 = x^3+3x^2y+3xy^2+y^3$$

の一般化であり，次のようなものです.

定理 1.1（二項定理）● n を非負整数とする．このとき，

$$(x+y)^n = \sum_{k=0}^{n} \binom{n}{k} x^k y^{n-k}$$

が成り立つ．ここで，

$$\binom{n}{k} = \frac{n!}{k!\,(n-k)!}$$

である.

定理にある $\binom{n}{k}$ を二項係数と呼びます[1]．ここで大切なことですが，$0! = 1$ であることを思い出しましょう．$(x+y)^n$ を x と y に関して展開したときにあらわれる係数たちは明らかに整数ですから，二項係数は整数であることもわかります．また，$x=y=1$ とおくと，

1）二項係数を ${}_nC_k$ と書くこともありますが，ここでは使用しません.

$$2^n = \binom{n}{0} + \binom{n}{1} + \cdots + \binom{n}{n-1} + \binom{n}{n}$$

が得られ, $x = -1$, $y = 1$ とおけば,

$$0 = \binom{n}{0} - \binom{n}{1} + \cdots + (-1)^{n-1}\binom{n}{n-1} + (-1)^n\binom{n}{n}$$

が得られます. さらにこの二つの等式を足したり, 引いたりして 2 で割ると

$$2^{n-1} = \sum_{k=0}^{\left[\frac{n}{2}\right]} \binom{n}{2k} = \sum_{k=0}^{\left[\frac{n-1}{2}\right]} \binom{n}{2k+1}$$

がわかります. ここで, $[a]$ は a を超えない最大の整数を表します.

2. 二項定理の証明

ここでは第 2 部の趣旨に則り, 微分を利用した二項定理の証明を見ることにしましょう.

二項定理は $y = 0$ のとき明らかに成り立っています[2]. $y \neq 0$ のときは, 定理の両辺を y^n で割り, $\dfrac{x}{y}$ を改めて x と置くことで等式

$$(x+1)^n = \sum_{k=0}^{n} \binom{n}{k} x^k \tag{1}$$

を証明すれば良いことがわかります.

まず, (1) の左辺を,

$$(x+1)^n = a_n x^n + a_{n-1} x^{n-1} + \cdots + a_1 x + a_0$$

と書き, これの k 階微分を計算しましょう[3]. すると $k-1$ 次以下の項は消えて,

$$\frac{d^k}{dx^k}(a_n x^n + a_{n-1} x^{n-1} + \cdots + a_1 x + a_0) = \text{"1 次以上の項の和"} + k! a_k$$

となります. 次に (1) の左辺を直接 k 回微分すると,

---

2) ただし, $0^0 = 1$ とします.

3) $(x^n)' = nx^{n-1}$ は $x^n = \underbrace{x \times \cdots \times x}_{n}$ に積の微分公式を適用して(二項定理を経由せず)証明できます.

$$\frac{d^k}{dx^k}(x+1)^n = n(n-1)\cdots(n-k+1)(x+1)^{n-k} = \frac{n!}{(n-k)!}(x+1)^{n-k}$$

となります. 2番目の等号は分子が $n!$ になるように $\dfrac{(n-k)!}{(n-k)!}$ を挟み込んだと考えると良いでしょう. ここで, それぞれの定数項を比較すると,

$$a_k = \frac{n!}{k!(n-k)!} = \binom{n}{k}$$

が得られます. これで二項定理が証明できました.

3. 場合の数との関係

ここでは, $(x+y)^n$ を二項定理に頼らず直接展開することを考えましょう. 展開とは

$$(x+y)^n = (x+y)(x+y)\cdots(x+y)$$

と書いたときに, 各 $(x+y)$ から x か y のどちらかを選んで次々に掛け合わせ, 同次の項たちをまとめることです. つまり同次の項の個数が係数となってあらわれるわけです. したがって, $x^k y^{n-k}$ の係数は, ズラリと横に n 個並んだ $(x+y)$ から k 個の x を取り出す場所の選び方の総数になるわけです (残りの $n-k$ 個の $(x+y)$ からは y を取り出します). 例えば,

$$(x+y)(x+y)(x+y)$$

の展開における $x^2 y$ は1番目と2番目, 1番目と3番目, そして2番目と3番目の $(x+y)$ から x を取り出す(残った $(x+y)$ からは y を取り出す)ことで得られますから, その係数は3になります. このことと, 二項定理より次の事実がわかりました.

定理 3.1 ●二項係数 $\binom{n}{k}$ は n 個のものから k 個のものを選ぶ方法の総数に一致する.

同じことですが, この定理は次のように述べることもできます.

定理 3.2 ●n 個の元からなる集合 S の k-部分集合(k 個の元からなる S の部

分集合)の個数は $\binom{n}{k}$ 個である.

ここで，もしある環の2元 X と Y が可換，つまり $XY = YX$ を満たしていたとしましょう．すると $(X+Y)^n$ の展開は上とまったく同じようにできますから，二項定理は可換な2元に対して成立することがわかります．このことは行列の指数関数を計算するときなど，数学のさまざまな場面で登場する重要な事実です．そして，X と Y が非可換である場合は，もちろん

$$(X+Y)^3 = XXX + (XXY + XYX + YXX)$$
$$+ (XYY + YXY + YYX) + YYY$$

のように，X と Y の順序は無視できません（ここでわざと $X^3 = XXX$ などと書いています）．このように非可換の場合は展開において X と Y を取り出す方法ごとに相異なる n 文字の "語" があらわれます．同次部分に注目すると，次のようなことがわかります．

定理 3.3 ● k 個の X と $n-k$ 個の Y を使って得られる文字列の総数は $\binom{n}{k}$ 個である.

4. 二項係数の関係式たち

二項定理からさまざまな二項係数の関係式を導くことができます．例えば，$(x+1)^n$ を x で微分して1を代入すれば，

$$n2^{n-1} = \sum_{k=1}^{n} \binom{n}{k} k \tag{2}$$

という関係を得ます．ほかの例を見てみましょう．

$$(1+x)^{2n} = \sum_{k=0}^{2n} \binom{2n}{k} x^k$$

ですが，

$$(1+x)^{2n} = (1+x)^n (1+x)^n$$

と書くと，

$$(1+x)^n(1+x)^n = \left(\sum_{l=0}^{n}\binom{n}{l}x^l\right)\left(\sum_{m=0}^{n}\binom{n}{m}x^m\right) = \sum_{l,m=0}^{n}\binom{n}{l}\binom{n}{m}x^{l+m}$$
$$= \sum_{k=0}^{2n}\left(\sum_{l+m=k}\binom{n}{l}\binom{n}{m}\right)x^k$$

となります．ここで，両辺の x^n の係数を比較しましょう．このとき

$$\binom{n}{m} = \binom{n}{n-m}$$

に注意して，

$$\binom{2n}{n} = \sum_{l=0}^{n}\binom{n}{l}^2$$

を得ます．このようにしてさまざまな関係式を作ることができますが，これを再び組合せの言葉で理解するのも楽しみの1つです．例えば，はじめの式(2)はほぼ自明な易しい式ですが，次のように考えることもできます．いま，n 人のグループからセンターが1人いる選抜ユニット（人数は1人から n 人）を1つ組むことを考えます．この設定の下で，(2)の左辺は n 人のグループからセンターを1人選んで（n 通り），そのセンターが残った $n-1$ 人のメンバーからユニットを組む方法（2^{n-1} 通り）を数えており，右辺はユニットを組んだ後，その中からセンターを選出する方法を数え上げているわけです．

次にパスカルの三角形との関係を説明しましょう．パスカルの三角形の始めの5行を書くと次のようになります．

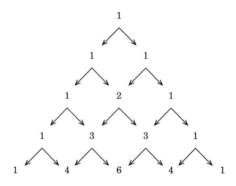

ここで，各数字は

(P1) 各行の両端は 1.
(P2) 各行の隣り合う数字を足すと一段下にある数字になる.

というルールで並んでいるのでした．さて，$(x+1)^{n+1}$ を
$$(x+1)^{n+1} = (x+1)^n \times (x+1)$$
と分解してみます．この右辺は，
$$(x+1)^n(x+1) = \sum_{k=0}^{n}\binom{n}{k}x^k(x+1) = 1 + \sum_{k=1}^{n}\left(\binom{n}{k-1}+\binom{n}{k}\right)x^k + x^{n+1}$$
となります．これと左辺を
$$(x+1)^{n+1} = \sum_{k=0}^{n+1}\binom{n+1}{k}x^k$$
と展開して，両辺の x^k たちの係数を比較すると，
$$\begin{cases}\binom{n}{0} = \binom{n+1}{0} = \binom{n}{n} = \binom{n+1}{n+1} = 1, \\ \binom{n}{k-1}+\binom{n}{k} = \binom{n+1}{k}, \quad (1 \leq k \leq n)\end{cases} \tag{3}$$
が得られます．ここで(3)の上の式と(P1)，下の式と(P2)を比較すると，パスカルの三角形は次のように二項係数を配置したものであることがわかります．

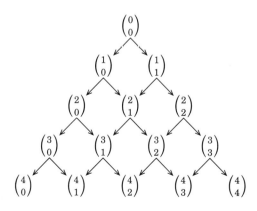

今度はパスカルの三角形を格子だと思ってみましょう．つまり，パスカルの三角形において各数字がある場所を点，そして数字を結ぶ矢印を枠だと思うのです．

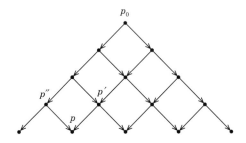

そしてパスカルの三角形の"頂上 p_0"から出発し，枠に沿ってひたすら下に進むとき，ある点 p までの下山ルートの総数 $N(p)$ を考えることにします．もし，p が三角形の縁にあれば，常に $N(p) = 1$ となります．そうでない場合は，あと一歩で p に到達する点は二つあり，それらをを p', p'' とおくと
$$N(p) = N(p') + N(p'')$$
となります．この二つの関係式は(3)そのものですから，結局考えている道の総数は p に対応する二項係数に等しいことがわかりました．

5. フェルマーの小定理

もう一度，二項係数
$$\binom{n}{k} = \frac{n!}{k!(n-k)!}$$
をよく見てみましょう．もし，$1 \leq k \leq n-1$ ならば，分母にあらわれる $k, k-1, \cdots, 1$ および $n-k, n-k-1, \cdots, 1$ はいずれも n 以下の数になります．ここで n が素数であるなら分母にあらわれるどの数も n を割ることはできませんから次のことがわかります．

定理 5.1 ● p を素数, さらに $1 \leqq k \leqq p-1$ としたとき,

$$\binom{p}{k} \equiv 0 \pmod{p}$$

である.

もちろん $k = p$ または 0 ならば, $\binom{p}{k} = 1$ です. この簡単な事実と二項定理から次が導かれます.

定理 5.2 ● 整数 a に対して次が成り立つ.

$$(a+1)^p \equiv a^p + 1 \pmod{p}$$

さらにこの定理において a を正の整数とします. このとき $a = (a-1)+1$ と書くと,

$$a^p = ((a-1)+1)^p \equiv (a-1)^p + 1 \pmod{p}$$

となります. さらに $a-1 = (a-2)+1$ とおいて, 上の最後の式に定理を適用すると,

$$a^p \equiv (a-2)^p + 2 \pmod{p}$$

が得られます. 次は $a-2 = (a-3)+1$ とおいて … と同じ要領でこれを繰り返していくと a 回の操作の後に

$$a^p \equiv a \pmod{p}$$

を得ます. ここで a が p と互いに素ならば,

$$a^p - a = a(a^{p-1} - 1)$$

と因数分解すれば a^{p-1} が p の倍数であることがわかるので,

$$a^{p-1} \equiv 1 \pmod{p} \tag{4}$$

を得ます. また, 素数 p が 3 以上なら $p-1$ が偶数となり $a^{p-1} = (-a)^{p-1}$ です. そして素数 p が 2 の場合は $-a \equiv a \pmod 2$ ですから, a が負の数であっても (4) は成立します. したがって, 次のことがわかりました.

定理 5.3(フェルマーの小定理) ● 整数 a と素数 p が互いに素ならば,

$$a^{p-1} \equiv 1 \pmod{p}$$

が成り立つ.

6. 多項定理

　ここでは二項定理の「に」を「さん」,「よん」,「ご」と増やしていくお話をします. 始めに三項の場合, つまり

$$(x+y+z)^n$$

の展開を考えてみましょう. 二項定理を２回使い,

$$(x+(y+z))^n = \sum_{k=0}^{n} \binom{n}{k} x^k (y+z)^{n-k} = \sum_{k=0}^{n} \binom{n}{k} x^k \sum_{l=0}^{n-k} \binom{n-k}{l} y^l z^{n-k-l}$$

$$= \sum_{k=0}^{n} \sum_{l=0}^{n-k} \binom{n}{k} \binom{n-k}{l} x^k y^l z^{n-k-l}$$

となります. ここで,

$$\binom{n}{k} \binom{n-k}{l} = \frac{n!}{k!(n-k)!} \frac{(n-k)!}{l!(n-k-l)!} = \frac{n!}{k!l!(n-k-l)!}$$

に注意し, 上の二重和を書き直すと結局,

$$(x+y+z)^n = \sum_{\substack{a+b+c=n \\ a,b,c は非負整数}} \frac{n!}{a!b!c!} x^a y^b z^c$$

を得ます. 一般の場合でも同様の計算で(正確には項数に関する帰納法), 次のような定理を得ます.

定理 6.1(多項定理)●n を非負整数とする. このとき,

$$(x_1+x_2+\cdots+x_m)^n = \sum \binom{n}{a_1, \cdots, a_m} x_1^{a_1} \cdots x_m^{a_m}$$

が成り立つ. 右辺の和は $a_1+\cdots+a_m=n$ となるような非負整数の組 $(a_1, \cdots, a_m)$ 全体を渡る. ここで,

$$\binom{n}{a_1, \cdots, a_m} = \frac{n!}{a_1! a_2! \cdots a_m!}$$

である(これを**多項係数**と呼ぶ).

多項係数の書き方の流儀に従うと二項係数は

$$\binom{n}{k} = \binom{n}{k,\, n-k}$$

となります．ほとんどの場合，二項係数の議論と平行して多項係数の関係式を得ることもできるので，いろいろと公式を見つけてみるのも楽しいと思います．

7. 二項係数の再定義

さて，二項係数をずっと見てきましたが，ここで，先を見据えてちょっとだけその定義を拡張しておきましょう．まずはポッホハンマーの記号を紹介します．ここでは α は複素数，k は非負整数とします．

$$(\alpha)_k = \begin{cases} \alpha(\alpha+1)(\alpha+2)\cdots(\alpha+k-1) & (k>0), \\ 1 & (k=0) \end{cases}$$

この記号を使うと，例えば二項定理の証明の際に使った微分の公式は

$$\frac{d^k}{dx^k}x^n = (-1)^k(-n)_k x^{n-k}$$

と書けます．ここでもし，k が n より大きくなると微分は消えて 0 になりますが，ポッホハンマーの記号もちゃんと

$$(-n)_k = (-n)(-n+1)\cdots(-n+n)\cdots(-n+k-1) = 0$$

となるので，これで n と k の大小を気にしなくて良くなりました．さてこれを使って二項係数を書くと

$$\binom{n}{k} = (-1)^k \frac{(-n)_k}{k!}$$

となります．この式の右辺は n が非負整数でなくても意味を持つことが重要です．二項定理において x を $-x$，y を 1 に置き換えると

$$(1-x)^n = \sum_{k=0}^{\infty} (-n)_k \frac{x^k}{k!}$$

となります．これは無限和のように見えますが，上で見たように $(-n)_k$ は k が n より大きくなると 0 になることに改めて注意しておきます．

101

8. さいごに

ここでは，始めに $(x+y)^n$ を多項式関数だと思って二項定理を証明し，そこから組合せの数との関係を見てきましたが，もちろん逆に組合せの数から始めて同様の議論をすることも可能です．二項定理は高校で習うものですが，数学のさまざまな分野の交差点にあるシンプルだけれど味わいのある対象です．

二項定理をみたす多項式列

伊藤 稔 ［鹿児島大学大学院理工学研究科］

I. 二項定理の類似物

二項定理と同じ関係式をみたす多項式（の列）はどれくらいたくさんあるのだろうか.

二項定理は冪（累乗）x^n に関する

$$(x+y)^n = \sum_{k+l=n} {}_n\mathrm{C}_k \, x^k y^l$$

という等式だが，x^n 以外にも同じ関係式をみたすものがある．たとえば次のような x^n の類似物を考えよう[1]：

$$x^{\overline{n}} = x(x+1)(x+2)\cdots(x+n-1),$$
$$x^{\underline{n}} = x(x-1)(x-2)\cdots(x-n+1).$$

これらはそれぞれ上昇冪，下降冪と呼ばれているが，次のように二項定理と同じ関係式をみたす：

$$(x+y)^{\overline{n}} = \sum_{k+l=n} {}_n\mathrm{C}_k \, x^{\overline{k}} y^{\overline{l}},$$

$$(x+y)^{\underline{n}} = \sum_{k+l=n} {}_n\mathrm{C}_k \, x^{\underline{k}} y^{\underline{l}}.$$

たとえば $n = 3$ のときは，よく見かける展開公式

$$(x+y)^3 = x^3 + 3x^2 y + 3xy^2 + y^3$$

---

1) $n = 0$ のときは $x^{\overline{0}} = x^{\underline{0}} = 1$ と定めることにする.

103

と同じように

$$(x+y)^{\overline{3}} = x^{\overline{3}} + 3x^{\overline{2}}y + 3xy^{\overline{2}} + y^{\overline{3}},$$
$$(x+y)^3 = x^3 + 3x^2y + 3xy^2 + y^3$$

がなりたつのである．これくらい小さな n なら，直接的な計算ですぐに確かめられる．実際，最初の式の左辺を展開すると

$$(x+y)(x+y+1)(x+y+2)$$
$$= (x+y)^3 + 3(x+y)^2 + 2(x+y)$$
$$= x^3 + 3x^2y + 3xy^2 + y^3 + 3x^2 + 6xy + 3y^2 + 2x + 2y$$

となり，右辺は

$$x(x+1)(x+2) + 3x(x+1)y + 3xy(y+1) + y(y+1)(y+2)$$
$$= x^3 + 3x^2 + 2x + 3x^2y + 3xy + 3xy^2 + 2xy + y^3 + 3y^2 + 2y$$

と展開され，たしかに一致する．しかし等式がなりたつ理由はよくわからず，不思議な気持ちになる．

　ちなみに下降冪 $x^{\underline{n}}$ に関する二項定理は，組合せ論的な理解もできる．$x^{\underline{n}}$ を $n!$ で割ると

$$\frac{x^{\underline{n}}}{n!} = \frac{x(x-1)\cdots(x-n+1)}{n!} = {}_x\mathrm{C}_n$$

というように二項係数になるが，これに注意して下降冪に関する二項定理を $n!$ で割ると「ヴァンデルモンドのたたみこみ」と呼ばれる

$$_{x+y}\mathrm{C}_n = \sum_{k+l=n} {}_x\mathrm{C}_k\, {}_y\mathrm{C}_l$$

という等式に書き直せる．これは「x 人の男性と y 人の女性の中から n 人を選ぶのは，男性から k 人，女性から l 人を $k+l=n$ となるように選ぶことに等しい」という解釈ができる．

　こんなふうに通常の冪以外の二項定理の例を見ていると，二項定理をみたす多項式はどれくらいたくさんあるのか，ということも気になる．つまり

$$p_n(x+y) = \sum_{k+l=n} {}_n\mathrm{C}_k\, p_k(x)\, p_l(y) \tag{$*$}$$

という関係式をみたす多項式の列 $p_0(x), p_1(x), \cdots$ はどのようなものがあるのだろうか．

本稿では「デルタ作用素」という微分や差分の一般化を通じてこのような多項式列をとらえたい.

以下,(*)という関係式をみたす多項式の列 $p_0(x), p_1(x), \cdots$ を二項型の多項式列と呼ぶことにする.ただし $p_n(x)$ は n 次の多項式としよう.また本稿では標数 0 の体の上で議論することにする.

くわしい議論の前に,二項型多項式列のみたすべき必要条件をひとつあげておく. $p_0(x), p_1(x), \cdots$ が二項型ならば, $p_0(x) = 1$ で, $p_n(x)$ $(n > 0)$ の定数項は 0 でなければならない.このことは(*)に $y = 0$ を代入するとわかる.

2. 通常の二項定理の微分による証明

まず通常の冪に関する二項定理の証明を見よう.いろいろな証明が可能だが,ここでは微分を使ったすこし変わった証明を紹介する.この証明が,実は一般の二項型多項式列の構成につながる.

$(x+y)^n$ を x の多項式と思って,展開してみる:

$$(x+y)^n = \sum_{k=0}^{n} a_k(y) x^k.$$

二項定理を知らなければ, x^k の係数は y の多項式になることくらいしかわからないから,とりあえず $a_k(y)$ と表そう.この等式を x で微分すると次のようになる:

$$n(x+y)^{n-1} = \sum_{k=1}^{n} a_k(y) k x^{k-1}.$$

さらにもう一度 x で微分する:

$$n(n-1)(x+y)^{n-2} = \sum_{k=2}^{n} a_k(y) k(k-1) x^{k-2}.$$

この調子で合計 l 回微分すると次を得る:

$$n^l (x+y)^{n-l} = \sum_{k=l}^{n} a_k(y) k^l x^{k-l}.$$

ここで

$$\frac{d^l}{dx^l}x^m = m(m-1)\cdots(m-l+1)x^{m-l}$$

$$= m^{\underline{l}}x^{m-l}$$

というように，微分のたびに現れる係数を下降冪でまとめて書いた．この等式に $x=0$ を代入すると，右辺は $k=l$ の項だけが残るから，

$$n^{\underline{l}}y^{n-l} = a_l(y)l!$$

という等式になる．これをさらに $l!$ で割ると，未知のままにしていた係数が

$$a_l(y) = \frac{n^{\underline{l}}}{l!}y^{n-l} = {}_nC_l\,y^{n-l}$$

となることがわかり，二項定理が導かれる．

以上をまとめると，$(x+y)^n$ を $x^0, x^1, x^2, \cdots$ で展開して，何回か微分して，$x=0$ を代入する．これですべての係数が決定できるということになる．

3. 上昇冪の二項定理の差分による証明

微分の代わりに差分を使えば，上昇冪に関する二項定理が同じように証明できる．

差分というのは微分と似たようなもので，前進差分や後退差分などのいくつかの種類があるが，ここでは後退差分と呼ばれるものを使う．これは Δ^- という記号で表されるもので，

$$\Delta^- f(x) = f(x)-f(x-1)$$

と定める．これを上昇冪 $x^{\overline{n}}$ に適用すると

$$\Delta^- x^{\overline{n}} = nx^{\overline{n-1}}$$

というように，通常の冪を微分したときと同じような結果になる．このことは次の計算でわかる：

$$\text{左辺} = x^{\overline{n}}-(x-1)^{\overline{n}}$$

$$= x^{\overline{n-1}}(x+n-1)-(x-1)x^{\overline{n-1}}$$

$$= \{(x+n-1)-(x-1)\}x^{\overline{n-1}}$$

$$= \text{右辺}.$$

この準備の下で上昇冪の二項定理を証明しよう．さきほどと同じように

$(x+y)^{\overline{n}}$ を x の多項式と思って，$x^{\overline{0}}, x^{\overline{1}}, x^{\overline{2}}, \cdots$ で展開してみる：

$$(x+y)^{\overline{n}} = \sum_{k=0}^{n} a_k(y) x^{\overline{k}}.$$

$x^{\overline{k}}$ が k 次式であることに注意して，次数の高い方から係数を決めていくことにすれば，このように展開できることはわかる[2]．この展開式に x に関する後退差分を適用すると，

$$n(x+y)^{\overline{n-1}} = \sum_{k=1}^{n} a_k(y) k x^{\overline{k-1}}$$

となる．もう一度後退差分を適用すると

$$n(n-1)(x+y)^{\overline{n-2}} = \sum_{k=2}^{n} a_k(y) k(k-1) x^{\overline{k-1}}.$$

この調子で後退差分を合計 l 回適用すると，結局次を得る：

$$n^{\underline{l}}(x+y)^{\overline{n-l}} = \sum_{k=l}^{n} a_k(y) k^{\underline{l}} x^{\overline{k-l}}$$

これに $x=0$ を代入すると $n^{\underline{l}} y^{\overline{n-l}} = a_l(y) l!$ を得て，係数が $a_l(y) = {}_n\mathrm{C}_l\, y^{\overline{n-l}}$ と決定される．これで上昇冪に関する二項定理がわかった．

4. 一般化

このような冪や上昇冪の二項定理の証明を眺めていると，微分や差分に関する次の3つの性質が効いていることに気づく：

(a) 線型．

(b) n 次式を $n-1$ 次式に移す（0 次式（定数）は 0 に移す）．

(c) $f(x) \mapsto f(x+c)$ という「平行移動」と可換．

最初の性質(a)は微分・差分に関して次がなりたつということである：

---

[2] 言い換えると $x^{\overline{k}}$ たちは x の多項式のなすベクトル空間の基底ということ．一般に，各 $p_k(x)$ がちょうど k 次式でありさえすれば，$p_0(x), p_1(x), \cdots$ は基底になる．

$$\frac{d}{dx}(f(x)+g(x)) = \frac{d}{dx}f(x) + \frac{d}{dx}g(x),$$

$$\frac{d}{dx}af(x) = a\frac{d}{dx}f(x),$$

$$\Delta^-(f(x)+g(x)) = \Delta^- f(x) + \Delta^- g(x),$$

$$\Delta^- af(x) = a\Delta^- f(x).$$

$(x+y)^n$ や $(x+y)^{\bar{n}}$ の展開式を微分・差分するときに，項に分けて，さらに係数 $a_k(y)$ を外に出して計算したが，ここでこの(a)を使っている．また係数 $a_k(y)$ がすべての k に対して特定できたのは，(b)で述べたように微分・差分でひとつずつ次数が下がったからである．最後の性質(c)は，$f(x)$ を微分・差分した結果が $g(x)$ なら，$f(x+c)$ を微分・差分した結果は $g(x+c)$ となるということである．これは $(x+y)^n$ や $(x+y)^{\bar{n}}$ を微分・差分するときに使った．つまり基本的な

$$\frac{d}{dx}x^n = nx^{n-1}, \qquad \Delta^- x^{\bar{n}} = nx^{\overline{n-1}}$$

という関係から y だけ「平行移動」することで，

$$\frac{d}{dx}(x+y)^n = n(x+y)^{n-1}, \qquad \Delta^-(x+y)^{\bar{n}} = n(x+y)^{\overline{n-1}}$$

という関係式を得たのである．

　実はこの(a), (b), (c)という3つの性質が，二項定理をみたす多項式列を生み出すための十分条件にもなる．この3つの性質を持つ作用素（x の多項式を x の多項式に移す写像）を「デルタ作用素」というのだが，デルタ作用素 Q をひとつ考えると，これに対応した二項型の多項式列 $p_0(x), p_1(x), \cdots$ がひとつ得られるのである．ただしこの作用素と二項型多項式列は

$$Qp_n(x) = np_{n-1}(x) \qquad\qquad (**)$$

という関係式をみたすものとする．この関係式は

$$\frac{d}{dx}x^n = nx^{n-1}, \qquad \Delta^- x^{\bar{n}} = nx^{\overline{n-1}}$$

という関係を素直にまねたものである．

　デルタ作用素 Q からこのような二項型多項式が得られることは，以下のよ

うに証明できる.

まず Q は全射である（どのような多項式も，何かある多項式に Q を適用した結果になっている）．また Q は単射ではないが，核 $\mathrm{Ker}\, Q$ は 0 次式（定数）全体にちょうど一致する（Q を適用して 0 になるのは定数だけである）．つまり，Q を適用するとちょうど定数項の情報だけ失われることになる．このことは(a), (b)からわかる[3].

以上に注意して $p_0(x) = 1$ からスタートして，関係式(**)をみたす $p_1(x)$, $p_2(x), \cdots$ を順に決めていく．Q は全射だから，この関係式をみたすものはそれぞれのステップで確実にとれる．そしてそれぞれのステップでは，核の分だけ（定数項の分だけ）自由度が生じる[4].そこで $p_1(x), p_2(x), \cdots$ に「定数項は 0」という条件をつけることにしよう（これは二項型であるための必要条件だった）．するとこの多項式列はただひとつに決まる.

このように作った $p_0(x), p_1(x), \cdots$ が二項定理をみたすことは，第 2 節，第 3 節と同じ議論でわかる．すなわち $p_n(x+y)$ を $p_0(x), p_1(x), \cdots$ で展開して，Q を何回か適用して，$x = 0$ を代入すればよい.

このように，デルタ作用素から二項定理をみたす多項式列が自然にひとつ決まる．くわしい説明は省略するが，実際には逆もなりたつ．つまり二項型の多項式列全体は，デルタ作用素全体と自然に一対一の対応を持つのである.

5. 例

いろいろなデルタ作用素を具体的に考えて，対応する二項型の多項式列を見てみよう.

まず微分や後退差分はデルタ作用素の典型例であり，これらに対応する二項型多項式列はそれぞれ通常の幂の列 $x^0, x^1, \cdots$ と上昇幂の列 $x^{\bar{0}}, x^{\bar{1}}, \cdots$ となる．これらはすでに見たように，たしかに二項定理をみたす.

ほかにもわかりやすい例がいろいろある：

3）全射性の証明はすこしわかりにくいかもしれない.
4）不定積分で積分定数の分の自由度があるのと同じ.

109

(1)●前進差分 Δ^+ を

$$\Delta^+ f(x) = f(x+1) - f(x)$$

と定めると，これもデルタ作用素である．これに対応する二項型多項式列は下降幂の列 $x^{\underline{0}}, x^{\underline{1}}, \cdots$ となる．これは冒頭で見たように二項定理をみたす．

(2)●中心差分 Δ^0 を

$$\Delta^0 f(x) = f\left(x+\frac{1}{2}\right) - f\left(x-\frac{1}{2}\right)$$

と定める．これもデルタ作用素である．これに対応する二項型多項式列は何だろうか．広田良吾[2], [3]は中心差分と相性のよい「幂」として

$$x^{\overline{n}} = \left(x+\frac{n-1}{2}\right)\left(x+\frac{n-3}{2}\right)\cdots\left(x-\frac{n-1}{2}\right)$$

を導入している(すこしわかりにくいが，上昇幂や下降幂と同じように1ずつずらしたものを n 個掛け合わせている)．しかしこれは関係式(∗∗)，つまり $\Delta^0 x^{\overline{n}} = n x^{\overline{n-1}}$ をみたすものの，二項型ではない(定数項が0という条件をみたさない)．実際にはこれをすこし修正した

$$x^{[n]} = x \cdot x^{\overline{n-1}}$$

という多項式の列 $x^{[0]}, x^{[1]}, \cdots$ が対応する二項型多項式列となり，次のように二項定理をみたす：

$$(x+y)^{[n]} = \sum_{k+l=n} {}_n\mathrm{C}_k\, x^{[k]} y^{[l]}.$$

(3)●「微分したあとで，a だけ平行移動する」という作用素，つまり $f(x)$ を $f'(x+a)$ に対応させる作用素もデルタ作用素である．これに対応する二項型多項式列を計算すると，次のような多項式が得られる：

$$p_n(x) = x(x-na)^{n-1}.$$

これはアーベル多項式と呼ばれていて，やはり二項定理をみたす．

(4)●次のような作用素を考える：

$$Q = \frac{d}{dx} + \frac{d^2}{dx^2} + \frac{d^3}{dx^3} + \cdots.$$

つまり

$$Qf(x) = f'(x) + f''(x) + f'''(x) + \cdots.$$

これは見た目は無限和だが，実際には有限和である（どんな多項式も何回か微分すると0になるから）．この Q もデルタ作用素である．これに対応する二項型多項式列を計算すると，次のようになる：

$$p_n(x) = \sum_{k=0}^{n} (-1)^k \frac{(n-1)!}{k!\,(n-k-1)!\,(n-k)!} x^{n-k}.$$

これはラゲール多項式の一種であり，やはり二項定理をみたす．

6. 文献について

デルタ作用素と二項型多項式列の関係は[4]で見いだされた．[5]では，演習問題でこの関係をくわしく調べている．[1]でも母函数を利用した別の方法で二項型多項式列を調べている．

参考文献

［1］R. L. Graham, D. E. Knuth, O. Patashnik（有澤 誠，安村通晃，萩野達也，石畑 清訳）『コンピュータの数学』共立出版，1993／第2版，2020.

［2］広田良吾『差分学入門』培風館，1998.

［3］広田良吾『差分方程式講義』（臨時別冊・数理科学 2000 年 11 月），サイエンス社，2000.

［4］R. Mullin and G. C. Rota, *On the Foundations of Combinatorial Theory* III· *Theory of Binomial Enumeration,* in "Graph Theory and Its Applications," edited by B. Harris, Academic Press, 1970, 167-213.

［5］R. P. Stanley, "Enumerative Combinatorics Vol. 2," Cambridge Univ. Press, 1999.

二項定理小噺

渋川元樹 [神戸大学大学院理学研究科]

1. はじめに

　編集部から与えられた当初のお題は『ニュートンの二項定理の数値計算への応用』だった．しかし，私は「数値計算」については（も？）完璧な素人であり，それゆえ実学の「数値計算」へどのように「ニュートンの二項定理[1]」が応用されるのかはまったく知らない．仕方がないので，二項定理の「明日の役に立つ」かもしれないトリビア的知識を，それにまつわる文献と併せてつらつら書いてみた．題して「二項定理小噺」．楽しむなり，何かのお役に立てていただければ幸いである[2]．

2. 確認と準備

　記号の確認と準備のために，二項定理を改めて述べておく．実数[3] α と非負整数 k に対して一般二項係数[4] を

1）以下，単に「二項定理」と書く．
2）解説動画も参照．
　　https://www.youtube.com/watch?v=NEvhKwkJzV8
3）実は複素数でよい．
4）これも普通は単に「二項係数」と呼ばれる．

$$\binom{\alpha}{k} := \begin{cases} \dfrac{\alpha(\alpha-1)\cdots(\alpha-k+1)}{k!} & (k \geq 1) \\ 1 & (k = 0) \end{cases} \tag{2.1}$$

とする．実数 x が $|x| < 1$ を満たすとき，次が成立する．

定理 2.1 ●

$$(1+x)^\alpha = \sum_{k=0}^{\infty} \binom{\alpha}{k} x^k. \tag{2.2}$$

これは階乗ベキ[5]

$$(\alpha)_k := \begin{cases} \alpha(\alpha+1)\cdots(\alpha+k-1) & (k \geq 1) \\ 1 & (k = 0) \end{cases} \tag{2.3}$$

を用いて，

$$(1-x)^{-\alpha} = \sum_{k=0}^{\infty} \frac{(\alpha)_k}{k!} x^k \tag{2.4}$$

のように書かれることも多い．

　少し例を与えよう．まず α が非負整数のときは普通の二項定理になる．次いで $\alpha = -1$ とする，これは等比級数の和の公式

$$\frac{1}{1+x} = 1-x+x^2-x^3+\cdots$$

となっている．さらに，以下で使われるいくつかの展開を具体的に書き下してみると，

$$\frac{1}{\sqrt{1-x}} = 1 + \frac{1}{2}x + \frac{1\cdot3}{2\cdot4}x^2 + \frac{1\cdot3\cdot5}{2\cdot4\cdot6}x^3 + \cdots, \tag{2.5}$$

5）しばしば「ポッホハンマー記号」とも呼ばれるが，ポッホハンマー自身がこの意味で使っていないので，ここでは人名でなく意味を表す呼び名を用いる．階乗ベキの呼称と歴史に関しては，大山陽介「超幾何級数・小史」（『津田塾大学　数学・計算機科学研究所報』**45**）「5.2　いわゆる Pochhammer symbol（昇り階乗積）」を参照．
https://researchmap.jp/painleve/published_papers/45763579

$$\sqrt[3]{1+x} = 1 + \frac{1}{3}x - \frac{2}{3\cdot6}x^2 + \frac{1\cdot2\cdot5}{3\cdot6\cdot9}x^3 - \cdots \tag{2.6}$$

という具合になっている.

3. 平方根と立方根の計算

まず平方根を二項定理を使って計算してみよう. 紹介するのは梅田亨「円周率とゼータ」(『数学セミナー』2001年7月号)[6]やハイラー, ヴァンナー『解析教程(上)新装版』(蟹江幸博訳, 丸善出版)[7]などでも取り上げられている有名な例である. (2.5)において $x = \dfrac{2}{100}$ としてみよう. すると(2.5)の右辺は

$$\left(1 - \frac{2}{100}\right)^{-\frac{1}{2}} = \frac{10}{14}\sqrt{2}$$

となることに注意すると,

$$\sqrt{2} = \frac{14}{10}\left\{1 + \frac{1}{2}\frac{2}{100} + \frac{1\cdot3}{2\cdot4}\left(\frac{2}{100}\right)^2 + \frac{1\cdot3\cdot5}{2\cdot4\cdot6}\left(\frac{2}{100}\right)^3 + \cdots\right\}$$

$$= \frac{14}{10}\left\{1 + \frac{1}{100} + \frac{3}{2}\left(\frac{1}{100}\right)^2 + \frac{5}{2}\left(\frac{1}{100}\right)^3 + \cdots\right\}$$

$$= 1.4 + 0.014 + 0.00021 + 0.0000035 + \cdots$$

$$= 1.4142135\cdots$$

と実に気持ちの良い計算(暗算)ができる[8]. この例の初出はオイラーの微分法の教科書『*Institutiones calculi differentialis*』(1755年)であり, 292ページに載っている. これは Web でも閲覧できる[9]ので実際にご覧いただきたいのだが, ここにはこれ以外にも面白い計算が満載で, オイラー先生に恐れ入ること請け合いである(であるが, やはりこの例はその中でもピカイチであ

---

6) 黒川信重編『ゼータ研究所だより』(日本評論社)に収録.

7) 第1章, 演習問題2.1.

8) 高校生や大学の新入生にこの計算をしてみせると, 非常にウケが良く, 二項定理を「納得」させるのにとても役に立つ. 解説動画も参照.

9) http://eulerarchive.maa.org/docs/originals/E212sec2ch4.pdf

ると思う）.

これをマネると同様な例をいくつも作れる．たとえば(2.5)に$x = \dfrac{4}{100}$を代入して同様に考えると，

$$\sqrt{6} = \frac{24}{10}\left\{1 + \frac{1}{2}\frac{4}{100} + \frac{1\cdot 3}{2\cdot 4}\left(\frac{4}{100}\right)^2 + \frac{1\cdot 3\cdot 5}{2\cdot 4\cdot 6}\left(\frac{4}{100}\right)^3 + \cdots\right\}$$

$$= \frac{24}{10}\left\{1 + 2\frac{1}{100} + 6\left(\frac{1}{100}\right)^2 + 20\left(\frac{1}{100}\right)^3 + \cdots\right\}$$

$$= 2.4 + 0.048 + 0.00144 + 0.000048 + \cdots$$

$$= 2.449488\cdots$$

などとなる[10]．一般には自然数m, nを適当に選んで$x = \dfrac{2m}{10^{2n}}$を代入すると，二項係数の分母がうまくキャンセルされて，10進法で計算しやすい平方根の展開が得られる．また交代和になるために少し計算（暗算）しづらくなるが，状況によってはxを負に取ってもよい[11]．いろいろと試して好きなだけ遊んでみてほしい．

今度は立方根を計算してみよう．これも『解析教程（上）』に載っている例[12]なのだが，2の立方根を計算してみよう．$2^{10} = 1024$に注意して，

$$\sqrt[3]{2} = \sqrt[3]{\frac{2^{10}}{2^9}} = \frac{1}{8}\sqrt[3]{1000 + 24} = \frac{10}{8}\left(1 + \frac{24}{1000}\right)^{\frac{1}{3}}$$

となるので，ここで二項定理(2.6)を適用してみると，

$$\sqrt[3]{2} = \frac{10}{8}\left(1 + \frac{1}{3}\frac{24}{1000} - \frac{1\cdot 2}{3\cdot 6}\left(\frac{24}{1000}\right)^2 + \cdots\right)$$

$$= 1.25 + 0.01 - 0.00008 + \cdots$$

$$= 1.25992\cdots.$$

これでもし急遽神殿の祭壇の大きさを2倍にしなければならないこと[13]が起こっても辺々をおよそ1.26倍すればよいことがわかる．上記の例も非

10）解説動画の例と解説も参照.

11）たとえば$\sqrt{3}$の計算のときは$x = \dfrac{25}{100}$と取るより，$x = -\dfrac{8}{100}$と取る方が収束がはやいので計算しやすい.

12）第1章，演習問題2.2.

13）有名な「倍積問題」の伝説である.

115

常に綺麗でとても気に入っているが，初出はわからない．

いくつか注意を述べる．先ほどの例からもよくわかるが，二項定理 $(1+x)^\alpha$ において，$|x| \ll 1$ のときには高次の項を打ち切って，

$$(1+x)^\alpha \sim 1+\alpha x \tag{3.1}$$

とすることで非常に良い（線型）近似が得られる．これは単なる「お遊び」だけでなく，物理などでもしばしば用いられる役に立つ公式である[14]．

また二項定理を用いた平方根や立方根の計算のコツは上の例のようにうまい平方数や立方数を見つけてきて，それにより数をうまく分割してやることにある．というわけで，練習のための問題を出しておこう．

(1) 二項定理を用いて $\sqrt[3]{1729}$ を計算せよ．

(2) 二項定理を用いて $\sqrt[3]{31}$ を計算せよ．

答え合わせは，函数電卓やネットにある計算サイト[15]などにより各自でしてほしい．注釈を述べておくと，(1)はリチャード・ファインマン『ご冗談でしょう，ファインマンさん（下）』(大貫昌子訳，岩波書店)の「ラッキー・ナンバー」[16]に収録されている問題である[17]．(2)は計算結果が非常に驚くべきものになるために取り上げた[18]．計算をして，その結果がどうしてそうなるのかエレガントな解釈を考えてみてほしい．一応私は一つだけ解釈を持っているが，少し難しいこと（リーマン・ゼータ函数）を使った説明なので，もう少し簡単で素朴な解釈ができたらいいなと思うのである．

---

14) 実際に，私個人の体験でもニュートンの二項定理に一番最初に触れて使ったのは，数学ではなく物理だった気もする．

15) たとえば，https://keisan.casio.jp など．解説動画でも答え合わせと解説をしている．

16) これには，さまざまな「トリビア的」な数値計算の話が載っていてとても面白い．ちなみに原文では 1729.03 だが，ここでは簡単のために端数を切り捨てた．

17) 有名なラマヌジャンのタクシー数も

$$1729 = 1^3 + 12^3 = 9^3 + 10^3$$

であり，何かとネタになる数である．

18) 昔，数表を眺めていて気がついた．

4. 超幾何函数の特殊値

以上いくつかの数値計算の例を見てきたが，いずれも二項定理にただ値を代入しただけであり，所詮はベキ乗根しか出てこない．さらに進んだ量の計算をするには微積分と絡めるといった工夫が必要で，これに関してもそれこそニュートン以来の膨大な蓄積がある．たとえば，(2.5)において $x = t^2$ として，二項定理が成立する範囲内において，両辺を 0 から x まで積分することで，$\arcsin x$ の展開

$$\int_0^x \frac{1}{\sqrt{1-t^2}} dt = \arcsin x = \sum_{k=0}^{\infty} \frac{1}{2k+1} \frac{\left(\frac{1}{2}\right)_k}{k!} x^{2k+1} \tag{4.1}$$

を得る．ここで $x = \frac{1}{2}$ を代入することで，

$$\frac{\pi}{6} = \frac{1}{2} + \frac{1}{3} \frac{1}{2} \frac{1}{2^3} + \frac{1}{5} \frac{1 \cdot 3}{2 \cdot 4} \frac{1}{2^5} + \frac{1}{7} \frac{1 \cdot 3 \cdot 5}{2 \cdot 4 \cdot 6} \frac{1}{2^7} + \cdots$$

$$= 0.5 + 0.020833\cdots + 0.002343\cdots + 0.000348\cdots$$

$$= 0.5235\cdots$$

という π の計算をすることができる．

これを含む一般化としては，$\alpha > 0,\ 0 \leq x < 1$ のときに積分[19]

$$\int_0^x t^{\alpha-1}(1-t)^{\beta-1} dt$$

を二項定理を用いて計算することで，

$$\int_0^x t^{\alpha-1}(1-t)^{\beta-1} dt = \sum_{k=0}^{\infty} \frac{1}{\alpha+k} \frac{(1-\beta)_k}{k!} x^{\alpha+k} \tag{4.2}$$

を得る．ここで左辺の積分が求まれば右辺の和が求まるのだが，一般の場合には先程の $\arcsin x$ のように初等函数で書けることは稀で，変数やパラメータが特殊な場合のみ何らかの値[20]を求めることができる．たとえばベータ函数

---

19) 不完全ベータ函数と呼ばれる．

20) 普通は値が初等函数とガンマ函数で書けることを目標にする．

$$B(\alpha, \beta) := \int_0^1 t^{\alpha-1}(1-t)^{\beta-1}dt = \frac{\Gamma(\alpha)\Gamma(\beta)}{\Gamma(\alpha+\beta)}$$

をご存じの方は，$\alpha, \beta > 0$ のとき，(4.2) において $x = 1$ として，

$$\frac{\Gamma(\alpha)\Gamma(\beta)}{\Gamma(\alpha+\beta)} = \sum_{k=0}^{\infty} \frac{1}{\alpha+k} \frac{(1-\beta)_k}{k!} \tag{4.3}$$

が得られることを期待するだろう．これは二項定理の収束半径上 $x = 1$ の計算ゆえ，「そんな計算で大丈夫か？」と思われるかもしれないが，右辺の級数は $\beta > 0$ ならば収束することがわかるので問題ない[21]．

実はこれらはガウスの超幾何函数（級数）

$${}_2F_1\left(\begin{matrix}\alpha, \beta \\ \gamma\end{matrix}; x\right) := \sum_{k=0}^{\infty} \frac{(\alpha)_k(\beta)_k}{k!\,(\gamma)_k}x^k \qquad (|x| < 1) \tag{4.4}$$

の特殊値（ないし和公式）にほかならない．超幾何函数はその名の通り，幾何級数（等比級数）の，二項級数（(2.2) の右辺の級数）も含んだ形での一般化[22]，それも単なる「一般化のための一般化」ではなく，非常に有益な一般化になっている．上記のように二項定理から出発してさらに進んだ計算を行おうとする場合にも，必然的に二項級数を超えた超幾何函数が現れる．たとえば (4.2) については，

$$\int_0^x t^{\alpha-1}(1-t)^{\beta-1}dt = \frac{x^\alpha}{\alpha} {}_2F_1\left(\begin{matrix}\alpha, 1-\beta \\ \alpha+1\end{matrix}; x\right) \tag{4.5}$$

のように書ける．(4.3) は (4.5) で $x = 1$ としたものにほかならないが，より一般に $\gamma - \alpha - \beta > 0$ のときはガウスによる次の公式が知られている：

$${}_2F_1\left(\begin{matrix}\alpha, \beta \\ \gamma\end{matrix}; 1\right) = \frac{\Gamma(\gamma)\Gamma(\gamma-\alpha-\beta)}{\Gamma(\gamma-\alpha)\Gamma(\gamma-\beta)}. \tag{4.6}$$

二項定理から離れてしまうのでこれ以上については，病的な数（約 11 万個）の公式が載っている functions.wolfram.com[23] を紹介しておくに留めたいが，

---

21) ガウスの収束判定とアーベルの連続性定理より．さらに α が非正整数でなければ，$\alpha > 0$ という条件も外せる．

22) $\alpha = \beta = \gamma = 1$ とすると幾何級数，$\beta = \gamma$ とすると二項級数になっている．

23) https://functions.wolfram.com/HypergeometricFunctions/Hypergeometric2F1/03/

超幾何函数が現れたついでとして，最後に二項定理の一つの一般化[24]である超幾何函数のオイラー変換だけ紹介しておこう．これは

$$
{}_2F_1\left(\begin{matrix}\alpha, \beta \\ \gamma\end{matrix}; x\right) = (1-x)^{\gamma-\alpha-\beta}{}_2F_1\left(\begin{matrix}\gamma-\alpha, \gamma-\beta \\ \gamma\end{matrix}; x\right) \tag{4.7}
$$

というもので，$\beta = \gamma$ のときが二項定理になっている．これもしばしば使われる有用な公式である．

5. 二項定理の本

　二項定理に関して詳しく書いてある本は実に驚く程少ない．試しに手許にある代表的な微積分のテキストを改めて調べ直してみると，たとえば杉浦光夫『解析入門 (1)』(東京大学出版会) では一変数の微分の一般論をやって，第3章の初等函数で一般のベキ函数を定義した後の 199 ページの定理 4.3 で登場し，高木貞治『解析概論 改訂第3版 軽装版』(岩波書店) に至っては微積分はおろか複素函数論までやった後の第5章の 241 ページでようやく登場するといった具合に，そもそも登場自体がものすごく後ろで，その扱いも非常にそっけない．これは和書に限ったことではないようで，たとえばウィッタカ，ワトソン『*A course of modern analysis*』(Cambridge Mathematical Library) でも複素函数論のテイラー展開までやって，その一例として数行登場 (95 ページの Example 3) するにすぎない．これは二項定理がもともとニュートンやオイラーでさえ (知っていたが) 証明できなかった[25]ことを考えてみれば当然で，厳密に証明しようと思えば，一変数の微積分の一般論[26]をそれなりに展開せねばならない．また二項定理の大きな (歴史的，教育的) 効能として「初等函数論の構成と展開」ということがあるのだが，微積分の一般論をある程度展開してしまうと，もはやニュートンやオイラーのように二項定理を使

---

24) ほかにもさまざまな一般化，類似が存在していろいろ眺めるだけで楽しく，時に思いがけないところに現れて驚かされたりする．

25) 複素数の場合まで込みで，最初に厳密な証明を行ったのはアーベルと言われている．

26) 証明の方法にもよるが，最低限必要なのは無限級数の一般論であり，積分まで持ち出す必要はない．

わなくても初等函数論が構成，展開できるために，非常に重要であるにもかかわらず，教育上その扱いは自ずと小さくなってしまう[27]．

　このように「普通のまっとうな微積分のテキストや講義では，二項定理については詳しく学ぶことはできない」というのが残念ながら現状のようである．二項定理を学ぶのは微積分の正規のカリキュラムに入る前の，いわば「微積分学入門以前」の過程であって，それはまさにニュートンやオイラーのような17, 18世紀の数学者たちがやったさまざまな計算を追体験してみることにほかならない．そしてそのためには，正規のテキストではなく，一種のネタ本が必要になる．というわけで，筆者が気に入っている二項定理に関して詳述してあるネタ本をいくつか挙げておこう．

　一つは上述した『解析教程（上）』である．下巻は普通（？）の微積分の教科書だが，上巻は古典解析のネタの宝庫であり，二項定理に関してもさまざまなことが書かれている．そして忘れてはならないのが，二項定理とその応用を詳述している隠れた名著ア・マルクシェビィチ『級数』数学新書35（鈴木竹夫訳，東京図書）である[28]．これはもともと旧ソ連の高校生向けに書かれた本であり，微積分の一般論を仮定せずに必要な無限級数の知識を適宜導入することで，二項定理をはじめ，三角函数，指数・対数函数などの初等函数論を17, 18世紀的に展開している．この方式だと高校生や大学の新入生にも手軽で十分わかり，大変教育的であり，また非常に面白い．これを読んでニュートン的，オイラー的な計算をもっとしたくなったら，野海正俊『オイラーに学ぶ』（日本評論社）などが参考になる．最後に少しadvancedなものとして『数学のたのしみ2——q解析学のルネサンス』（日本評論社）を挙げておく．これは二項定理（のq類似）が頻出しており，「二項定理が解析学の基礎である」[29]ことを大いに納得し，また大いに楽しめると思う[30]．

---

27) 逆に“一般論”が存在しないq解析などでは，二項定理はやはり非常に重要な役割を果たす．

28) 残念ながら現在絶版のようだが，ぜひ数学新書のシリーズごと復刊していただきたいものである．

29) 上述の『数学のたのしみ』に収録の上野喜三雄「q解析学と量子群」より．

30) 本書収録の筆者の「qと楕円函数」も参照．

こうして二項定理でひとしきりに楽しめば「入門以前」はもう卒業である[31]．あとは正規のお勉強に戻って，続きを遊びたくなったら今度は適当な「特殊函数本」を見つけてくればよい．そのときの案内についてはまたそのうち『数学セミナー』がやってくれるだろう[32]．

このたび，本稿を書くにあたって，ここに名前を列挙するのが困難なほど[33]，多くの方々のご協力（コメント等）をいただきました．最後になりましたが，関係者の皆様にこの場を借りて厚くお礼申し上げます．ご協力ありがとうございました．

31）しかし大先生曰く「二項定理に卒業はない」そうである．
32）実際やってくれて，今回この本ができました．お後がよろしいようで．
33）「この余白はそれを書くには狭すぎる．」

二項定理とp進数

加藤文元 ［東京工業大学名誉教授］

I. m 進展開

2以上の整数mを固定すると，任意の自然数nはm進展開できる：

$$n = a_0 + a_1 m + a_2 m^2 + \cdots.$$

ここでa_0はnをmで割った余り，つまり

$$x - n \equiv 0 \mod m, \quad 0 \leq x < m$$

の解である．求めるm進展開の下k桁

$$n_k = a_0 + a_1 m + \cdots + a_{k-1} m^{k-1}$$

まで求まったら，$k+1$桁目a_kは帰納的に$(xm^k + n_k) - n \equiv 0 \mod m^{k+1}$の解，つまり

$$x + \frac{n_k - n}{m^k} \equiv 0 \mod m, \quad 0 \leq x < m$$

の解として定まる．ここで帰納法の仮定から$n - n_k$はm^kで割り切れることに注意．

上のアルゴリズムを負の整数nに対して当てはめてもよい．$n \geq 0$の場合と違う点は単に得られるm進展開が無限桁になるだけである．例えば，$m = 10$として$n = -1$を10進展開すると

$$-1 = 9 + 9 \cdot 10 + 9 \cdot 10^2 + \cdots = \cdots 999999$$

という展開が得られる．

このやり方を素直に拡張すれば，有理数b/a（ただしaとmは互いに素）のm進展開もできる．a_0は

$$ax - b \equiv 0 \mod m, \qquad 0 \leqq x < m$$

の解とすればよい．a と m は互いに素としたので，これは唯一の解を持つ．下 k 桁 $n_k = a_0 + a_1 m + \cdots + a_{k-1} m^{k-1}$ まで求まったら，$k+1$ 桁目 a_k は帰納的に $a(xm^k + n_k) - b \equiv 0 \mod m^{k+1}$ の解，つまり

$$ax + \frac{an_k - b}{m^k} \equiv 0 \mod m, \qquad 0 \leqq x < m$$

の解として定まる（これもまた唯一の解を持つ）．ここでも，帰納法の仮定より $an_k - b$ は m^k で割り切れるから，これは整数係数の合同式である．

例えば，$m = 10$ で $n = -1/9$ とすると

$$-\frac{1}{9} = 1 + 10 + 10^2 + \cdots = \cdots 111111$$

と計算される．これは上で得られた $-1 = \cdots 999999$ ともつじつまが合っている．また，これは等比級数の和の公式

$$\frac{1}{1-r} = 1 + r + r^2 + \cdots$$

に $r = 10$ を形式的に代入したものともみなせる．

2. p 進数

もちろん，ここで「形式的」というのは若干気になる．何しろ，無限級数
$$1 + 10 + 10^2 + 10^3 + \cdots$$
はもちろん，普通の意味では収束しない．したがって，これを解釈したいのであれば〈収束〉の概念を柔軟に見直さなければならない．

整数環 $\mathbb{Z}$ に次のようなノルムを入れる：$n \in \mathbb{Z}$ について，n が m で割れる最大回数を k としたとき

$$|n|_m := \begin{cases} 0 & (n = 0) \\ m^{-k} & (n \neq 0) \end{cases}$$

とする．これは次を満たしている：

(a) $|n|_m \geqq 0$．また $|n|_m = 0$ ならば $n = 0$．

(b) $|-n|_m = |n|_m$.

(c) $|n+n'|_m \leqq \max\{|n|_m, |n'|_m\}$.

よって，$n, n' \in \mathbb{Z}$ の間の〈距離〉$d_m(n, n')$ を

$d_m(n, n') = |n-n'|_m$

で定めると，これは距離の公理を満たす．$m = p$ が素数ならば，$|\cdot|_p$ はさらに

(d) $|nn'|_p = |n|_p \cdot |n'|_p$

を満たし，いわゆる付値（valuation）というものになる．これを p 進付値と呼ぶ．

$\mathbb{Z}$ を上の距離 d_m で完備化して得られる環を $\mathbb{Z}_m$ で表そう．$m = p$ が素数ならば，$\mathbb{Z}_p$ は整域である．これを p 進整数環と呼ぶ．

$\mathbb{Z}_m$ は完備環であるから，その中のコーシー列はすべて $\mathbb{Z}_m$ の元に収束する．例えば，前節のようなアルゴリズムで決まる m 進展開の下 k 桁 n_k 全体 $\{n_k\}_{k \geqq 0}$ は整数からなる数列をなすが，これは $k < l$ について

$|n_l - n_k|_m \leqq m^{-k}$

を満たすのでコーシー列である．よってその収束先として $\mathbb{Z}_m$ の元

$a_0 + a_1 m + a_2 m^2 + \cdots$

が決まるわけだ．$\mathbb{Z}_m$ の各元はこの形の無限桁を許す m 進数とみなせる．また，それらの間の和や積は，整数の和や積を自然に拡張したものになっている．

前節の計算でもわかるように，$\mathbb{Z}_m$ は m と互いに素な分母を持つ有理数全体を含む．特に $m = p$ が素数なら $\mathbb{Z}_p$ は整域であり，負のべきも許す p 進展開

$a_\nu p^\nu + a_{\nu+1} p^{\nu+1} + a_{\nu+2} p^{\nu+2} + \cdots$

全体がその商体である．これを $\mathbb{Q}_p$ で表し，p 進数体と呼ぶ．p 進数体 $\mathbb{Q}_p$ は有理数体 $\mathbb{Q}$ を，上で $\mathbb{Z}$ 上に定義した付値を自然に $\mathbb{Q}$ 上に拡張したもの（これも p 進付値と呼ぶ）で完備化したものである．すなわち，p 進付値とは任意

124

の $r \in \mathbb{Q}$ について $r = p^\nu \cdot b/a$（ただし，a も b も p で割れない）としたとき

$$|r|_p := \begin{cases} 0 & (r = 0) \\ p^{-\nu} & (r \neq 0) \end{cases}$$

として定義される．

3. 方程式を m 進展開で解く

　第1節でいろいろな数の m 進展開を計算したが，これを大幅に一般化しよう．一般化しても，基本的なアルゴリズムは以前とまったく同様である．一般次数の多項式

$$F(x) = c_n x^n + \cdots + c_2 x^2 + c_1 x + c_0$$

を考える．ただしここで，係数 $c_0, c_1, \cdots, c_n$ はすべて整数としよう（一般に $\mathbb{Z}_m$ の元としても実はまったく同様である）．$F(x)$ として $x - n$ や $ax - b$ をとると，以下の計算は第1節でやったものと完全に一致する．

　まず，一桁目 a_0 を決める．これは

$$F(x) \equiv 0 \mod m, \qquad 0 \leqq x < m$$

の解である．解は複数あるかもしれないし，まったくないかもしれない．解がないなら，もちろん m 進展開できないので諦める．先ほどと同様に k 桁目 $n_k = a_0 + a_1 m + \cdots + a_{k-1} m^{k-1}$ まで求まったら，a_k は帰納的に

$$F(xm^k + n_k) \equiv 0 \mod m^{k+1}$$

の解として決める．もちろん，そのような解がいつでも得られるとは限らないが，次の状況では常に唯一の解がある．$F(xm^k + n_k)$ を実際に計算すると，二項定理より

$$(xm^k + n_k)^l \equiv n_k^l + m^k l n_k^{l-1} x \mod m^{k+1}$$

であるから

$$F(xm^k + n_k) \equiv m^k F'(n_k) x + F(n_k) \mod m^{k+1}$$

（ただし $F'(x)$ は $F(x)$ の導関数）が得られる．$F(n_k)$ がすでに m^k で割り切れることと $F(n_k) \equiv F(a_0) \mod m$ を併せると，結局 a_k は

$$F'(a_0) x + \frac{F(n_k)}{m^k} \equiv 0 \mod m$$

の $0 \leqq x < m$ なる解であることがわかる．よく知られているように，$F(a_0)$ と m が互いに素であれば，これは常に唯一の解を持つ．よって，この状況では $F(x) = 0$ を満たす m 進展開が（一桁目を a_0 で始めて）唯一定まることがわかる．つまり，以下のことが示された：

定理(Hensel の補題)●m を 2 以上の自然数とし，$F(x)$ を整数係数の多項式とする．整数 a_0 について次が成立するとする：

(a) $F(a_0) \equiv 0 \bmod m$.

(b) $F'(a_0)$ は m と互いに素．

このとき，$\alpha \equiv a_0 \bmod m$ である $\alpha \in \mathbb{Z}_m$ で $F(\alpha) = 0$ なるものが唯一存在する．

4. 二項定理と p 進数

前節までの計算は，整数や有理数の m 進展開や，その素直な一般化として整係数多項式の解の m 進展開を求める具体的なアルゴリズムについて考察した．こうして自然にたどり着いた定理(Hensel の補題)は，p 進数体の中での解の存在定理を与えている．そこで，次に計算のアルゴリズムから離れて，もう少し柔軟な方法で解を求めることを考えよう．その際，我々が注目するのは二項定理である．

先に等比級数の和の公式

$$\frac{1}{1-x} = 1 + x + x^2 + \cdots$$

について触れたが，これはべき指数が -1 の二項定理，つまり $(1+x)^{-1}$ の x を $-x$ に取り替えたものになっている．x が p で割れる整数である場合，つまり $|x|_p < 1$ ならば，右辺の部分和はコーシー列をなすので $\mathbb{Z}_p$ で収束する．ここで，先に述べた付値が満たす不等式

(c) $|n + n'|_p \leqq \max\{|n|_p, |n'|_p\}$,

いわゆる「非アルキメデス性」より，次が導かれることに注意しよう：$\mathbb{Q}_p$ の数列 $\{b_k\}_{k \geq 0}$ が付値 $|\cdot|_p$ に関して 0 に収束する，つまり $\lim\limits_{k \to \infty} |b_k| = 0$ なら，無限和 $\sum\limits_{k=0}^{\infty} b_k$ は $\mathbb{Q}_p$ の元に絶対収束する．

以上を踏まえて，もっと一般に分数べきの場合も考えよう：

$$(1+x)^r = \sum_{k=0}^{\infty} \binom{r}{k} x^k.$$

ここで $\binom{r}{k}$ は二項係数を表す：

$$\binom{r}{k} = \frac{r(r-1)\cdots(r-k+1)}{k!}.$$

ここで r の分母が p で割れず，x が p で割り切れるならば，右辺の展開の各項の「p で割れる回数」が増大する（つまり $|\cdot|_p$ に関して 0 に収束する）．よって，この場合右辺の部分和はコーシー列となり，$\mathbb{Q}_p$ の値に収束する．

例えば，次のような例を考えよう．p を奇素数とし，4 で割って 1 余るとする．このとき，よく知られているように -1 は法 p に関する平方剰余である．つまり，$x^2+1 = 0$ は $\mathbb{Z}/p\mathbb{Z}$ の中で相違なる二つの解を持つ．よって，前節の定理（Hensel の補題）より，$x^2+1 = 0$ は $\mathbb{Z}_p$ においても相違なる二つの解を持つことがわかる．これを実際に求めてみよう．

よく知られているように，p が 4 で割って 1 余る形の奇素数なら

$$p = a^2 + b^2$$

となる自然数 a, b が存在する．ここで a も b も p で割れないことは容易にわかる．そこで両辺を b^2 で割って

$$-1 = \frac{a^2}{b^2} - \frac{p}{b^2}$$

とする．形式的には右辺の平方根

$$\frac{a}{b}\left(1 - \frac{p}{a^2}\right)^{\frac{1}{2}}$$

が求める解の一つである．a も b も p で割れないので a/b は $\mathbb{Z}_p$ の元であり，また二項展開

$$\sum_{k=0}^{\infty} \binom{1/2}{k}\left(-\frac{p}{a^2}\right)^k$$

は $\mathbb{Z}_p$ の中で収束する．よって，

$$\frac{a}{b}\sum_{k=0}^{\infty}\binom{1/2}{k}\left(-\frac{p}{a^2}\right)^k$$

が x^2+1 の $\mathbb{Z}_p$ における解の一つであり，他の解はその -1 倍である．例えば，$p=5$ のとき $5=1^2+2^2$ がとれるので

$$\pm\frac{1}{2}\sum_{k=0}^{\infty}\binom{1/2}{k}(-5)^k$$

が 5 進整数環 $\mathbb{Z}_5$ の中での -1 の平方根ということになる．

5. 二次方程式を解く

引き続き p は奇素数として，今度はもっと一般の二次方程式

$$F(x)=x^2+ax+b=0$$

(a,b は例えば整数とする）の $\mathbb{Q}_p$ における解を二項定理で求めることを考えよう．この解は $\mathbb{Q}_p$ の代数閉包の中ではもちろん

$$\frac{-a\pm\sqrt{a^2-4b}}{2}$$

で与えられる．ここで平方根をとっているので，その解は $\mathbb{Q}_p$ の中でとれるとは限らない．問題は判別式 a^2-4b の平方根が $\mathbb{Q}_p$ でとれるか否かにある．

はじめに特別な場合を片付けよう．$a=0$ であるとき，問題の方程式は $x^2+b=0$ という形のものであるから，前節の例と同様に，その解の存在の是非は $-b$ が p を法とした平方剰余か否かにある．$b=0$ なら $x=0$ は重解であり，$b\neq 0$ ならば（Hensel の補題より）$-b$ が p を法とした平方剰余であることが $x^2+b=0$ が $\mathbb{Q}_p$ に解を持つ必要十分条件である．

$a\neq 0$ として，上の解の公式を次のように変形する：

$$\frac{a}{2}\left(-1\pm\sqrt{1-\frac{4b}{a^2}}\right).$$

ここで二項定理を応用するなら，$4b/a^2$ の p 進付値が 1 よりも小，つまり

$$|b|_p<|a|_p^2$$

という条件を考えるべきであることがわかる．そして，この条件が成立する

128

なら形式的な二項展開が収束し

$$\frac{a}{2}\left[-1\pm\sum_{k=0}^{\infty}\binom{1/2}{k}\left(-\frac{4b}{a^2}\right)^k\right]$$

が $\mathbb{Q}_p$ における解を与える.

例えば,$F(x)=x^2+x+1$ としよう.その解は 1 の原始三乗根である.Hensel の補題によれば,その $\mathbb{Q}_p$ における解の存在のためには,まず $x^2+x+1\equiv 0 \bmod p$ が解を持つ,つまり p が 3 で割って 1 余らなければならないが,逆にこのとき $x^2+x+1\equiv 0 \bmod p$ なる x はちょうど二つ存在するので単根条件 $F'(a_0)\not\equiv 0$ も成り立っている.よって,$F(x)=0$ が $\mathbb{Q}_p$ で解を持つための必要十分条件は,p が 3 で割って 1 余ることである.この解を二項定理を用いて求めてみよう.

条件から整数 q を q^2+q+1 が p で割り切れるように選べる.そこでちょっと工夫して $F(x+q)=x^2+(2q+1)x+(q^2+q+1)$ を考え,この右辺を $G(x)$ とする.$b=q^2+q+1$ は p で割り切れる.他方,先に述べた単根条件($x^2+x+1=0$ の $\mathbb{Z}/p\mathbb{Z}$ における解は重解ではない)より $a=2q+1(=F'(q))$ は p で割り切れない.よって上の条件「$|b|_p<|a|_p^2$」が成り立ち,$G(x)=0$ の解が上述の二項展開形で求まる.$F(x)=x^2+x+1=0$ の解は,これに q を足せば得られる.実際に計算すれば

$$-\frac{1}{2}\pm\frac{2q+1}{2}\sum_{k=0}^{\infty}\binom{1/2}{k}\left(-\frac{4(q^2+q+1)}{9q^2}\right)^k$$

が $x^2+x+1=0$ の $\mathbb{Q}_p$ における解となる.

例えば $p=7$ のとき,q としては $q=2$ がとれる.よって,$x^2+x+1=0$ の $\mathbb{Q}_7$ における解は

$$-\frac{1}{2}\pm\frac{5}{2}\sum_{k=0}^{\infty}\binom{1/2}{k}\left(-\frac{7}{9}\right)^k$$

で与えられる.

以上述べてきたような計算の手法を駆使すれば,さまざまな数の p 進展開を求めることができる.興味ある読者は試しに自身でいろいろ計算してみると面白いと思う.

二項定理のこころ

梅田 亨［大阪公立大学数学研究所］

0. 姿

高校で習う二項定理は

$$(x+y)^n = \sum_{r=0}^{n} {}_nC_r x^{n-r}y^r$$

である．二項係数は ${}_nC_r$ で，${}_nC_r$ ではない[註1]．立体なのは固有名詞的で，文字に何かを代入しないということ．「組合せ」combination 由来の記号は，西欧発だが，現在は日本に残る遺物の如きもので，無条件でグローバルに通用するものではない．貴重な記号を絶滅から救った日本国の努力を多としたい．代わって，縦長ゆえに地の文中には入れにくい記号ながら

$$\binom{n}{r} = \frac{n(n-1)\cdots(n-r+1)}{r!}$$

が世界標準である．用心深く注意すると，$r=0$ では1を表わす．重ねて，**いつもの**注意だが，右辺の分子では n に，必ずしも自然数と限らないものが代入できる．これで組合せの数の呪縛から離れられる．但し，r は(0を込めた)自然数に限っておく．二項定理の主役は二項係数である．

高校では二項定理を一歩進めて多項定理

$$(x_1+\cdots+x_m)^n = \sum_{r_1+\cdots+r_m=n} \frac{n!}{r_1!\cdots r_m!} x_1^{r_1}\cdots x_m^{r_m}$$

も学ぶかもしれない．ここで $r_1,\cdots,r_m$ は0以上の整数を走る．組合せ的観点からの自然な一般化ではある．

130

一方，二項係数の記号の拡張には，定理自体の拡張という必然がある．つまり，いささかでも数学の心得があれば，「二項定理」から，ニュートンの名前と，次の等式を思い出す：

$$(1+x)^\nu = \sum_{r=0}^{\infty} \binom{\nu}{r} x^r.$$

今度は無限級数である．左辺の意味や，右辺の収束に関して注釈が要るが，今は曖昧にしておく．心配なら $|x| < 1$ とする．はかり知れないほど重要であり，語り尽くせない定理である．ここでは一つの視点から，その「こころ」を探ってみたい．それは「数の階梯と函数の進化」である．

I. ニュートン

源流はニュートンにある．その「こころ」をさぐる要諦は追体験である．ただ，真の「すがた」は，おいそれとは感得できない．まずは，未定係数法で展開を求めて一般的法則が帰納できるか見たい．最初の例として，平方根を求めてみる．先に述べた多項定理か，直接の展開で，

$$(1 + a_1 x + a_2 x^2 + a_3 x^3 + a_4 x^4 + \cdots)^2$$
$$= 1 + 2a_1 x + (2a_2 + a_1^2) x^2 + (2a_3 + 2a_2 a_1) x^3$$
$$\quad + (2a_4 + 2a_3 a_1 + a_2^2) x^4 + (2a_5 + 2a_4 a_1 + 2a_3 a_2) x^5 + \cdots$$

であるが，これが与えられた $1 + u_1 x + u_2 x^2 + \cdots$ に等しいとして $a_1, a_2, \cdots$ を $u_1, u_2, \cdots$ で書くとする．関係式は

$$2a_1 = u_1, \qquad 2a_2 + a_1^2 = u_2, \qquad 2a_3 + 2a_2 a_1 = u_3,$$
$$2a_4 + 2a_3 a_1 + a_2^2 = u_4, \qquad 2a_5 + 2a_4 a_1 + 2a_3 a_2 = u_5, \qquad \cdots$$

となるので，下から順に解いて

$$a_1 = \frac{1}{2} u_1, \qquad a_2 = \frac{1}{2} u_2 - \frac{1}{8} u_1^2, \qquad a_3 = \frac{1}{2} u_3 - \frac{1}{4} u_2 u_1 + \frac{1}{16} u_1^3,$$

$$a_4 = \frac{1}{2} u_4 - \frac{1}{4} u_3 u_1 - \frac{1}{8} u_2^2 + \frac{3}{16} u_2 u_1^2 - \frac{5}{128} u_1^4,$$

$$a_5 = \frac{1}{2} u_5 - \frac{1}{4} u_4 u_1 - \frac{1}{4} u_3 u_2 + \frac{3}{16} u_3 u_1^2 + \frac{3}{16} u_2^2 u_1 - \frac{5}{32} u_2 u_1^3 + \frac{7}{256} u_1^5, \qquad \cdots$$

となる．ここで $u_1 = 1$, $u_2 = u_3 = \cdots = 0$ とすると，それは $1+x$ の平方根（$x = 0$ で 1 となる分枝）を求めることになるが，この程度の計算では規則性が見えにくい．比をとって $b_r = a_r/a_{r-1}$ を計算してみても容易ではない．しかし，$u_1 = u_2 = \cdots = 1$ としてみると，

$$a_1 = \frac{1}{2}, \quad a_2 = \frac{3}{8}, \quad a_3 = \frac{5}{16}, \quad a_4 = \frac{35}{128}, \quad a_5 = \frac{63}{256}, \quad \cdots$$

で，この場合は比 $b_r = a_r/a_{r-1}$ の規則性は見えやすい：

$$b_1 = \frac{1}{2}, \quad b_2 = \frac{3}{4}, \quad b_3 = \frac{5}{6}, \quad b_4 = \frac{7}{8}, \quad b_5 = \frac{9}{10}, \quad \cdots.$$

この結果が示唆するのは $1+x+x^2+\cdots (= 1/(1-x))$ の平方根が

$$1+\frac{1}{2}x+\frac{1}{2}\cdot\frac{3}{4}x^2+\frac{1}{2}\cdot\frac{3}{4}\cdot\frac{5}{6}x^3+\frac{1}{2}\cdot\frac{3}{4}\cdot\frac{5}{6}\cdot\frac{7}{8}x^4+\frac{1}{2}\cdot\frac{3}{4}\cdot\frac{5}{6}\cdot\frac{7}{8}\cdot\frac{9}{10}x^5+\cdots$$

となっていることで，このような計算を有理数 $\nu = m/n$ で数限りなく行って，ニュートンは一般二項定理に行き着いたのだろう（これは史実とは異なる思考の簡易化を含む説明）．ニュートンにあやかって，同様な計算をドンドンやってみたいところだ．

　注意すべきは，上のように未定係数の満たす漸化式は非線型で，線型化は難しい．現在の我々は微積分を知っており，微分操作で線型化した関係式，つまり微分方程式が利用できる．ニュートンは，微積分以前に，それを確立する計算の強力な武器として一般二項定理を見出していたのである．

2. 周縁

　前節では，簡単な平方根の場合をやった．同じことは n 乗根でもできる．それは，具体的な数値を使って計算できるということで，一般項を閉じた形にするとまでは言わない．二項定理は，係数を閉じた形で与える大きな跳躍である．結果の予測と証明は別もので，現在なら，微積分の援用が可能だ．そうではあるが，漸化式だけから判ることもある．例えば，

$$(1+a_1x+a_2x^2+a_3x^3+\cdots)^n = 1+A_1x+A_2x^2+A_3x^3+\cdots$$

と n 乗の展開を書いてみるとき，係数 A_r は多項定理から，或いは直接の掛

132

け算の実行から，次の形になることは容易：

$$A_r = A_r(a_1, \cdots, a_r) = na_r + B_r(a_1, \cdots, a_{r-1}).$$

つまり，n 乗の r 番目の係数は，$a_1, \cdots, a_r$ の（整数係数）多項式で，a_r を含む項は na_r．これを逆に解くのに必要なのは四則演算のみで，割り算は n で割るだけ．従って，現われる係数は有理数で，その（既約）分母は n の約数に限る．前節で見た $n=2$ の例でも，a_r を u_k で書く係数は分母が 2 冪の有理数だった．この，ちょっとした整数論的な性質は，二項係数の具体的表示を知らなくても判る．

さて，二項定理の両辺の意味をきちんと把握するのが，現在の我々には重要である．が，厳密化となると随分時間を要した．大きな転換点は級数の収束に関する一様性の認識である．二項定理は，これにも重要な役目を果たした．有名な『大数学者』（小堀憲著）のアーベルの章[註2]には，「二項公式でも，証明はいかがわしいものです．高等数学の全般にわたって基礎となっているテイラーの定理そのものが，あいまいな基礎の上に建てられているのです．これの証明といえば，コーシーの「微分積分学要論」の中にあるものだけですが…」というアーベルの手紙が引用されている．コーシーに於いて不充分だった収束の「一様性」を，アーベルがはっきりさせたのだ．ここで一つ笑い話．或る通俗書にアーベルが「二項定理を疑っていた」とあった．ご丁寧にも附された脚注は，なんと本稿冒頭の「高校で習う二項定理」[註3]．そんなもの疑う奴おらんて．

定理の証明はさまざまな考えられるが，左辺と右辺を微分方程式で結ぶのが，思想的に明快だろう．

3. 冪函数の進化

二項定理の右辺（二項級数）は，微積分で厳密に扱える対象である．この「数値的級数」は当然大きなテーマだが，二項定理の重要さは，それに限ったものでもなく，形式的級数としての側面もある．

我々のよく見知った函数の系列には，多くの場合，パラメータが入っている．最も身近には「冪函数」x^n があり，パラメータ n は「自然数」$1, 2, 3, \cdots$

133

である．数学者的には，ブルバキに倣って，自然数に 0 を入れたいが，ここ
は小学校以来のしきたりに従う．パラメータ n は，もともと掛け算を n 回繰
り返すという営みに由来する．それを $n = 0$ に，さらに負の整数へと延長す
るのは，天与のものではない．如何に「自然」だと感じても「恣意的」な規
約である．但し，自然数の範囲で成り立つ「法則性」を保って，適用範囲を
拡げるのだ．敢えて「恣意的」と言ったが，延長が可能ならば，それを忘れ
てしまうほど，法則性の「自然さ」は優位に働く．そのような延長の仕方を
「形式不易の原理」と言うことがある．仰々しい名前は，恣意性の隠蔽のため
かもしれない．

　冪函数の系列が従うのは指数法則（第 I 形）$x^n x^m = x^{n+m}$ である．これを
保って記号を延長する：結果は $x^0 = 1$, $x^{-n} = 1/x^n$ だが，その考えに初めて
接した新鮮さを思い出す（初心忘るべからず）．ここで $x = 0$ は少しだけ気に
なる．0 に逆数がないので，n が負なら定義域外．一方，$n = 0$ では 0^0 とな
るので微妙．でも過度に神経質になる必要ない．

　一歩進めて肩（指数）を有理数にすると，本当に気をつけるべきところがあ
る．指数法則（第 II 形）$(x^a)^b = x^{ab}$ を延長（または拡大解釈）すると，$x^{1/n}$ は x
の n 乗根となるべきだが，どう解釈するか．複素数の範囲なら，一般に n 箇
の n 乗根があるし，実数に限るなら，存在しない場合もある．微積分で扱う
時は，x の範囲を**正の実数**に限って，その場合には，x に**正の** n 乗根が**唯一つ**
存在することに注意してそれを $x^{1/n}$ と**規約**する．ここに至って，規約性がは
っきり意識されるし，意識しなくてはならない．

　注意したいのは，法則を拡大解釈して記号を延長するとき，出てくるのは
「必要条件」ということ．そう定義して，話がうまくいくことは，改めて吟味
すべきこと．省略はしたがこれも重要な手続きである．

　冪函数 x^ν について，ν を有理数からさらに実数にするには，$x > 0$ の範囲
では，連続性によって延長することが考えられる．それを超えて，ν を複素
数にすることもあるし，x の範囲を拡大することも当然起こりうる．この時，
冪函数の本質的な「多価性」が表に立つ．今は立ち入らないが，指数函数と
対数函数の系統的導入・整備が，その際の要となる．

　以上の例は，パラメータ ν をもつ函数族の延長という典型的「問題」を提

示する．小学校以来の「数の階梯」は，函数の延長に伴って新たな意味を獲得する．一般二項定理は，延長された冪函数 $(1+x)^\nu$ の意味（左辺）と，右辺の二項係数のパラメータ ν の延長が一対となって，範囲 $|x|<1$ での厳密な定義方法を与えている．これは数値計算に対しても，実用的価値をもつ．

4. 階乗冪の場合

「数の階梯」に従い「函数」を延長し進化させる．特殊函数を扱う時に現われる状況だが，扱いは必ずしも容易ではない．冪函数の場合，パラメータを延長する原理は「指数法則」で，最も基本的で普遍的だ．微分作用素の分数冪 $(d/dx)^{1/2}$ も，ライプニッツが既に発想していたとされる[註4]．現代数学で，その実体化を行うのも，原理的には，冪函数の延長に帰着する．そうは言っても，それ一本槍で話はすまない．冪函数自体の難しさも絡む．

ここで別の例を考えてみる．二項係数を

$$\binom{\nu}{r} = \frac{\nu^{(r)}}{r!}$$

と書く．分子を函数らしく，変数を ν から x に変えて書くと

$$x^{(r)} = x(x-1)\cdots(x-r+1)$$

は（下降）階乗冪で，記号はブール（G. Boole）による．これもパラメータ r をもつ．定義では，最初から $x^{(0)}=1$ とするが，ここは前節同様，「法則性」に従う延長を先取りした．その法則とは，r, s を自然数として

$$x^{(r+s)} = x^{(r)} \cdot (x-r)^{(s)}$$

だ．「ねじれ指数法則」でいいが，通常 1-cocycle（条件）という．コサイクルが「余輪体」ではぎこちない．「ワンコ」と呼ぶか．冗談も使えば慣れる[註5]．ともかく，$r=0$ として $x^{(0)}=1$ と，さらに $r=-s$ から

$$x^{(-s)} = \frac{1}{(x+s)^{(s)}} = \frac{1}{(x+s)(x+s-1)\cdots(x+1)}$$

となる．このように，階乗冪で，パラメータを負の整数に延長できる．ここまではいい．次はパラメータを有理数にすることだが，冪函数の類似で指数法則（第Ⅱ形）の「ワンコ律」対応物を探ろうにも簡単ではない[註6]．

どうやら，分数冪の「問題」については，「普通の冪」と「階乗冪」では状況が違うらしい．実は通常，このような「問題」より先に，文献に結果が見える．同時に，問題の難しさも見える．それはつまり，

$$x^{(r)} = \frac{\Gamma(x+1)}{\Gamma(x-r+1)}$$

である．疑問もなにもあったものじゃない．二項係数の場合は r が自然数（0を含む）ものとしているが，それは分母 $r!$ のための縛り．分子だけなら，r は自由に動ける．ここで Γ はガンマ函数で，本書でもいろんな見どころが提示されるだろう．上の表示で使うのは，基本的な

$$\Gamma(s+1) = s\Gamma(s)$$

というものだけである．ガンマで書くなら，$r!$ ももっと自由にできる．

　一応，答えは判った．とは言え，唐突に「ガンマ様」がおでましになって一件落着では，何のための議論だったか．階乗の補間としてのガンマを，その「こころ」と共に再現するのはオイラーの追体験が必要だ．が，紙幅がない．なので，「ギモン君」の顔を立てつつ，別の角度から眺める．さっきから，コサイクルとか，場違いぽい用語を使っているが，それは何か．

5. コサイクルとコバウンダリ

　特殊な状況を一般的なものへ希釈することで意味を捉える．簡単のため G を群として，（可換）体 K に自己同型で作用するとしよう．群の元 $\sigma \in G$ をパラメータにもつ K の（可逆）元 $a(\sigma) \in K^{\times} = K \setminus \{0\}$ で

$$a(\sigma\tau) = a(\sigma)^{\sigma} a(\tau) \qquad (\sigma, \tau \in G)$$

を満たすものを（乗法的）1-コサイクルという．つまり，G から $K^{\times}$ への「積を保つ」群準同型を少しひねったものだ．以下，アタマの 1- を省く．

　コサイクルの特別なものとしてコバウンダリがある．それは，$b \in K^{\times}$ から $a(\sigma) = b/^{\sigma}b$ としてできるもの．背景説明の余裕はないが，コバウンダリの形に書けると「よい」ことがある．我々の文脈だと，コバウンダリには群の元がナマで入ってきており，群や体や作用が拡張できるなら，コサイクルも拡張できることになる．特に分数冪への延長が楽になる．

一般化しておきながら，すぐに特殊に戻るが，群 G が一つの元 γ で生成されるとしよう．（整数係数の）群環 $\mathbb{Z}G$ に於いて，正整数 n に対しては

$$[n] = [n]_\gamma = 1+\gamma+\gamma^2+\cdots+\gamma^{n-1} \in \mathbb{Z}G$$

とし，$[0] = 0$，$[-n] = -\gamma^{-n}[n]$ と置く．このとき，一般の整数 n に対して $[n] = [n]_\gamma$ は「加法的」コサイクルである[註7]．その意味は

$$[n+m] = [n]+\gamma^n[m]$$

を満たすということ．群 G の K への作用を群環 $\mathbb{Z}G$ の作用へと延長する．記号の見易さのため，作用を右肩に変更して，$\kappa, \lambda \in \mathbb{Z}G$，$a \in K$ に対して "指数法則" $a^{\kappa+\lambda} = a^\kappa a^\lambda$ に従わせる[註8]．その記法で $a(n) = a^{[n]}$ が乗法的コサイクルになるのは，肩の $[n]$ が加法的コサイクルということから従う．これがコバウンダリ $b^{1-\gamma^n}$ に等しいなら，等比級数の和の公式を形式的に使って，$b = a^{1/(1-\gamma)}$ のように見える．ずいぶんと乱暴な式だが．

6. ガンマ

以上の一般的な状況を，階乗冪に用いてみる．函数体 K は必要に応じて拡大しないといけないだろうが，考える自己同型 γ はズラシ $x \mapsto x-1$ から定まるとすると，上の記号で $x^{[r]} = x^{(r)}$ となる．これをコバウンダリとして書くのに前節最後の乱暴な式を $1/(1-\gamma) = 1+\gamma+\gamma^2+\cdots$ と無理やりに（インチキだが）無限和に書いて $P(x) = x^{1/(1-\gamma)}$ を作ると

$$P(x) = x(x-1)(x-2)\cdots$$

という無限積になる．このとき，形式的に

$$\frac{P(x)}{P(x-r)} = \frac{x(x-1)\cdots(x-r+1)(x-r)(x-r-1)\cdots}{(x-r)(x-r-1)\cdots}$$

$$= x(x-1)\cdots(x-r+1) = x^{(r)}$$

が出る．無限積はもちろん，このままでは意味がない．同様に上向き無限積 $Q(x) = (x+1)(x+2)\cdots$ でも，形式的計算で $Q(x-r)/Q(x) = x^{(r)}$ となるが，これは $1/(1-\gamma) = -\gamma^{-1}/(1-\gamma^{-1}) = -(\gamma^{-1}+\gamma^{-2}+\cdots)$ に対応する．どの変形もインチキだ．が，例えば $Q(x)$ を "ゼータ正規化" すれば，ガンマの逆数として意味を持つ[註9]．結果は，通常の数学でのワイエルシュトラスの

無限乗積表示だが，形式的考察経由で，意味は明解になる．

体 K は，$x^{(r)}$ の棲む有理函数体に限定したのでは，コバウンダリが作れない．そこで，有理型(解析)函数体に拡大して考えることになった．

7. q-analogue

前節では，コバウンダリを無限積で作る手に触れた[註10]．コバウンダリで書けると，パラメータの延長は容易になる[註11]．「函数の進化」としては階乗冪に見合う技法(ゼータ正規化)も垣間見た．今度は，別の方向，q の世界，へ話を転じる．現在は相当に流布して，普通の数学になっているが，初めて見たときは「なんだこれは」と思ったものだ[註12]．

一言で q の世界を説明する．パラメータ q は形式変数か，$|q|<1$ なる複素数か，また或る時は素数冪 $q=p^e$，など七変化する．ともかく，整数 n の類似物を加法的コサイクル $[n]=[n]_q=1+q+\cdots+q^{n-1}$ にとる．更にこれを(加法的)コバウンダリ $[n]=(q^n-1)/(q-1)$ の形に書くと，n は整数と限らなくてもよい．そのように「数の体系」を q-類似で置き換える．この時，不思議なことに「世界の q-類似」がうまくできて，普通の世界は $q\to1$ という“極限”で復元できるという「しくみ」だ．

これを，前々節の設定で，自己同型を $x\mapsto qx$ として捉える．すると x の函数 $f(x)$ の n 乗の q-類似は $f(x)^{[n]}=f(x)f(qx)\cdots f(q^{n-1}x)$ となるが，高校流の二項定理(有限級数)は次の形の q-類似をもつ：

$$(1+x)^{[n]}=\sum_{r=0}^n \begin{bmatrix} n \\ r \end{bmatrix} x^{[r]},$$

但し，

$$\begin{bmatrix} n \\ r \end{bmatrix}=\begin{bmatrix} n \\ r \end{bmatrix}_q=\frac{[n][n-1]\cdots[n-r+1]}{[r][r-1]\cdots[1]}$$

は二項係数の q-類似．ついでに $x^{[r]}=q^{\frac{r(r-1)}{2}}x^r$ にも注意．この証明はいろいろあるが，一つだけ述べると $f(x)=1+x$ に対し，積の結合律

$$f(x)^{[n+1]}=f(x)f(qx)^{[n]}=f(x)^{[n]}f(q^nx)$$

を書いて，係数を比較する．積の結合律とはワンコ律なのだ．同時にこれは

138

q-二項係数の二通りの漸化式

$$\begin{bmatrix} n+1 \\ r \end{bmatrix} = \begin{bmatrix} n \\ r \end{bmatrix} q^r + \begin{bmatrix} n \\ r-1 \end{bmatrix} = \begin{bmatrix} n \\ r \end{bmatrix} + \begin{bmatrix} n \\ r-1 \end{bmatrix} q^{n-r+1}$$

を意味するが，定義に戻ると n を自然数に限る必要のないことも判る．

　ここから一般二項定理に至る道は近い．まず，右辺の q-二項係数で，n を一般の ν にするのは普通の二項係数と同じこと．次に，左辺のコサイクルは無限積を用いてコバウンダリとして書くことで，パラメータを一般にすることができる．階乗冪と違って，例えば，$|q| < 1$ の解釈で，文字どおりの無限積が作れる．すると $f^\infty(x) = f(x)^{[\infty]} = (1+x)(1+qx)\cdots$ と置いて

$$f^\nu(x) = \frac{f^\infty(x)}{f^\infty(q^\nu x)}$$

としてやれば，パラメータの延長ができる．これが左辺．再び右辺に戻って，パラメータ ν の一般 q-二項級数を $g^\nu(x)$ とおく：

$$g^\nu(x) = \sum_{r=0}^{\infty} \begin{bmatrix} \nu \\ r \end{bmatrix} x^{[r]}.$$

ここで，まず，ν が（正）整数の時の q-二項定理で $\nu \to \infty$ とすると，収束のことは，ちゃんとやればできるが難しくないので横に置いて，

$$f^\infty(x) = g^\infty(x) = \sum_{r=0}^{\infty} \frac{q^{\frac{r(r-1)}{2}} x^r}{(1-q)(1-q^2)\cdots(1-q^r)}$$

となる．この結果，極限を ν が整数と限らずとも $g^\nu(x) \to f^\infty(x)$ が判る．

　一般 q-ワンコ律

$$g^{\nu+\mu}(x) = g^\mu(x) g^\nu(q^\mu x) = g^\nu(x) g^\mu(q^\nu x)$$

が言いたいが，まず μ を自然数とする．さらに最初の $\mu = 1$ の場合は，上に述べた q-二項係数の漸化式を用いて

$$g^{\nu+1}(x) = (1+x)g^\nu(qx) = g^\nu(x)(1+q^\nu x)$$

が直接証明できる．これを繰り返し用いれば μ が自然数の q-ワンコ律がわかる．この右側の極限移行 $\mu \to \infty$ から

$$g^\infty(x) = g^\nu(x)g^\infty(q^\nu x)$$

がでるので，上に注意した $f^\infty(x) = g^\infty(x)$ を経由すると目的の q-一般二項定理に達する．同時に一般 q-ワンコ律も出ている．

∞. 意ハ似セ易シ

本稿に最初に与えられた(仮)題は「二項定理と特殊函数のつながり」だった. 採用したコサイクルとコバウンダリの物語は, 自己同型と函数体を混ぜ込んだ非可換環を作ればさらに統一感が増すが, それは次の目標だ.

ともかく, 本書で扱われる, ガンマ, 三角, 楕円, 超幾何など諸々の函数も, この地点からそれぞれに切り口が見える. 分母の階乗が少し一般化されると, 級数が両側無限(bilateral)にもなり, 話は広がる. 去来するものにキリがない. あとは, 読者が自ら実践し, 自分なりの世界を作り上げるのだ. 何から何まで, 誰かにやってもらうのを期待してはいけない. 本を読むのは, **自分**で考えるヒントのためである. だから「こころ」なのである.

後註

(註 1) 日本数学会編『数学辞典』では斜体.

(註 2) 手元の 1968 年新潮選書版の表記は「アベル」; その後, ちくま学芸文庫版では「アーベル」に変更されている.

(註 3) 編集の教養溢れる仕事ぶりは記録に値する.

(註 4) 分数階の微分にもアーベルが絡む歴史がある.

(註 5) 2-コサイクルならニャンコか.

(註 6) 階乗冪で"平方根"$x^{(1/2)}$ は, 函数方程式 $f(x)f(x-1/2) = x$ の解.

(註 7) 設定がさっきと違うが, 混乱は生じないだろう.

(註 8) 積については $a^{\kappa\lambda} = (a^\kappa)^\lambda$ である. 整合性の確認は読者に任せる.

(註 9) その拡張は黒川信重さんたちの「丼積(どんぶりせき)」の手法.

(註10) ポアンカレ級数という, より馴染みのある手に触れる余裕がなかった.

(註11) 延長の一意性は判らない. 単なる補間なのだから.

(註12) 個人的には 1980 年代, (多変数)ベッセル函数の一般化を求めて有名なワトソンの本を眺めていて出会った. 但し, 文字は q でなく p だったように思う.

第3部
ガンマ関数

階乗からガンマ関数へ

原岡喜重 ［城西大学数理・データサイエンスセンター／熊本大学名誉教授］

Ⅰ. 階乗の拡張

階乗は，自然数 n に対して

(1) $\quad n! = 1 \times 2 \times \cdots \times (n-1) \times n$

で定義される素朴な量です．そしてたとえば x^n を n 回微分すると

$$\frac{d^n}{dx^n}(x^n) = \frac{d^{n-1}}{dx^{n-1}}(nx^{n-1}) = \cdots = n!$$

として階乗が現れるように，数学のいろいろな場面に顔を出す自然な量でもあります．特にいろいろな「場合の数」を表す際に階乗はよく使われます．n 個のものを 1 列に並べる並べ方の総数が $n!$ ですし，n 個のものから k 個のものを選ぶ選び方の総数は二項係数 ${}_nC_k$ ですが，それは

$$ {}_nC_k = \frac{n!}{(n-k)!k!}$$

と階乗を用いて表されます．

階乗の定義(1)においては，n は自然数(1 以上の整数)でなければなりません．しかし自然数以外に対しても階乗を定義したい，という場合があります．そのような具体例はあとで挙げますが，どうやって自然数以外に階乗を定義したらよいか，ということについて少し考えてみましょう．

補間という考え方があります．いくつかの離散的なデータから連続的な関係を求めることで，とびとびのデータの間を補うわけです．科学実験では実験の結果得られたデータをプロットして，そのプロットされた点たちのなる

べく近くを通るように直線(あるいは曲線)を引いて法則性を見つけます．これも補間の1つで，誤差の総量が最小になるように関数を決めるという操作と考えられます．

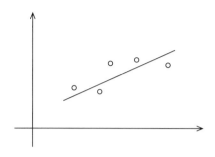

図1　実験結果の補間

またそれとは別に，ぴったりとそのデータの値に合わせる，という考え方による補間もあります．$a_1, a_2, \cdots, a_n$ を互いに異なる数，$b_1, b_2, \cdots, b_n$ を任意の数とするとき，

$$f(a_k) = b_k \quad (1 \leq k \leq n)$$

をみたすような $n-1$ 次多項式 $f(x)$ を作ることができます．$n-1$ 次多項式には n 個の係数があるので，それらをこの n 個の条件で決めることができる，というのが理屈です．実際には，

$$f(x) = \sum_{k=1}^{n} b_k \prod_{j \neq k} \frac{(x-a_j)}{(a_k-a_j)}$$

がその多項式を与えることがわかります．これを Lagrange の補間法と呼びます．この方法を用いて，階乗を補間するような

(2) 　　$f_n(k) = k! \quad (1 \leq k \leq n)$

をみたす $n-1$ 次多項式 $f_n(x)$ を求めてみましょう．上の公式に代入すると

$$f_n(x) = \sum_{k=1}^{n} k! \prod_{j \neq k} \frac{(x-j)}{(k-j)}$$

が得られます．いくつか具体的に見てみましょう．$f_1(x)$ は 0 次式だから定数で，$n=1$ の場合の(2)をみたすということから $f_1(x) \equiv 1$ です．$f_2(x)$ は

1次式で, $f_2(1)=1$, $f_2(2)=2$ をみたすことから $f_2(x)=x$ であることがわかります. $f_3(x)$ は 2 次式ですから, グラフは $(1,1),(2,2),(3,6)$ を通る放物線になります. では $n=4,5,6,7$ の場合に $f_n(x)$ を求めて, そのグラフを描いてみましょう.

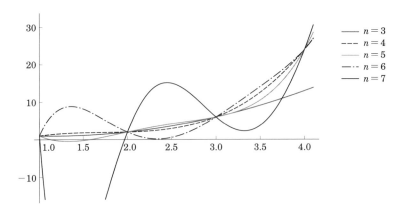

図 2 Lagrange の補間

これらのグラフを見ると, たしかに (2) はみたしているけれど, どちらかというと (2) をみたすように無理矢理ねじ曲げて作った関数のように思えます. このまま n を大きくしていっても, $f_n(x)$ が何かある関数 $f(x)$ に収束していくとは思えません.

そこで発想を変えましょう. 階乗の定義を, 自然数でなくても通用する定義にうまく言い換えることはできないだろうか, と考えます. 階乗を次のように書き表してみます. x は固定された自然数, n は任意の自然数として,

$$(x-1)! = \frac{x!}{x} = \frac{1}{x} \cdot \frac{(x+n)!}{(x+1)(x+2)\cdots(x+n)}$$

$$= \frac{1 \cdot 2 \cdots n}{x(x+1)(x+2)\cdots(x+n)} \cdot \frac{n+1}{n}\frac{n+2}{n}\cdots\frac{n+x}{n} \cdot n^x$$

が成り立ちます. ここで n は任意だったので $n \to \infty$ の極限を考えると, $(n+k)/n$ は 1 に収束することから

$$(x-1)! = \lim_{n\to\infty} \frac{n!\,n^x}{x(x+1)\cdots(x+n)}$$

が得られます．この式の右辺においては，もはや x は自然数である必要はありません．こうして階乗の拡張と考えられる関数が得られました．この関数を**ガンマ関数**と呼び，$\Gamma(x)$ で表します．すなわち

(3) $\Gamma(x) = \lim_{n\to\infty} \dfrac{n!\,n^x}{x(x+1)\cdots(x+n)}$

です．このように階乗の拡張を作り出したのは，Euler です．作り方から，

(4) $\Gamma(n) = (n-1)!$

となり，1つずれますが階乗に一致します．$\Gamma(x)$ の定義域はどれくらい広いものになったでしょうか．ガンマ関数は(3)の通り極限で定義されているので，どのような x についてその極限が収束するかということは解析学の知識を要する問題です．簡単にわかるのは，x が0以下の整数だと極限を取る前の分母が0になってしまうので，$\Gamma(x)$ は定義されないということです．実はそれ以外の任意の複素数 x に対して(3)の極限は収束します．したがって階乗は，負の整数を除く複素平面全体へ拡張されました（ガンマ関数と階乗は1だけ定義がずれていることに注意してください）．

　階乗の拡張となるような関数，すなわち

　　$f(n) = n!$ $(n = 1, 2, 3, \cdots)$

をみたす関数 $f(x)$ はガンマ関数だけではありません．ただし正の実数 x に制限したときに「対数凸」という性質を持つ解析関数に限ると，ガンマ関数しかないことは証明されています．しかし大事なのは，得られた関数がよい関数かどうか，ということです．そこでガンマ関数の性質を少し見ていきましょう．

2. ガンマ関数の性質

　まず定義(3)の x のところに $x+1$ を代入すると，

$$\Gamma(x+1) = \lim_{n\to\infty} \frac{n!\,n^{x+1}}{(x+1)\cdots(x+n)(x+n+1)}$$

$$= \lim_{n \to \infty} \frac{n \cdot x}{n+x+1} \cdot \frac{n! \, n^x}{x(x+1) \cdots (x+n)} = x\Gamma(x)$$

が得られます．あらためて書くと

(5) $\quad \Gamma(x+1) = x\Gamma(x)$

です．これは階乗の

$\quad n! = n \times (n-1)!$

という性質（ほとんど定義に等しい）をそのまま複素変数 x に拡張したものになっています．(5) はガンマ関数の最も基本的な性質ですが，これはもとになった階乗から引き継いだ性質と思うことができます．

次に，より深い性質を見ましょう．定義 (3) から，ガンマ関数 $\Gamma(x)$ は 0 以下の整数のみに特異性を持つことがわかりました．すると $\Gamma(1-x)$ は x が 1 以上の整数のみに特異性を持つことになり，それらを掛け合わせた $\Gamma(x)\Gamma(1-x)$ は整数のところだけで特異性を持つ解析関数になります．

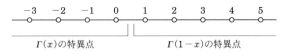

図 3 $\Gamma(x)\Gamma(1-x)$ の特異点

整数のところだけで 0 になる解析関数の逆数もそのような性質を持ちます．そこで整数のところだけで 0 になる関数として，$\sin \pi x$ を考えます．$\sin x$ は次のような無限積で表されることが知られています．

$$\sin x = x \prod_{n=1}^{\infty} \left(1 - \frac{x^2}{n^2 \pi^2}\right)$$

（たとえば高木貞治『解析概論』§64 にその証明があります．） さて定義 (3) により

$$\Gamma(x)\Gamma(1-x) = \lim_{n \to \infty} \frac{n! \, n^x}{x(x+1) \cdots (x+n)} \lim_{n \to \infty} \frac{n! \, n^{1-x}}{(1-x)(2-x) \cdots (n+1-x)}$$

$$= \lim_{n \to \infty} \frac{1}{x} \frac{1^2}{(1^2 - x^2)} \frac{2^2}{(2^2 - x^2)} \cdots \frac{n^2}{(n^2 - x^2)} \frac{n}{n+1-x}$$

$$= \frac{1}{x \prod_{n=1}^{\infty} \left(1 - \frac{x^2}{n^2}\right)}$$

となりますが，これと上の $\sin x$ の無限積表示を見比べると，

(6)　$\Gamma(x)\Gamma(1-x) = \dfrac{\pi}{\sin \pi x}$

が成り立つことがわかります．これもガンマ関数の重要な性質です．この性質はいろいろなところで使われますが，これを用いてガンマ関数の特異点 $x = -n$ での振る舞いを知ることもできます．（n は 0 以上の整数としています．）　よく知られた等式 $\lim\limits_{x \to 0} \sin x / x = 1$ を使うと，

$$\lim_{x \to -n} \frac{\pi(x+n)}{\sin \pi x} = (-1)^n$$

がわかります．また

$$\lim_{x \to -n} \Gamma(1-x) = \Gamma(1+n) = n!$$

ですから，性質(6)によって

$$\Gamma(x) = \frac{(-1)^n}{n!} \frac{1}{x+n} + (x = -n \text{ で正則な関数})$$

という表示が $x = -n$ の近くで成り立つことになります．複素解析のことばを使うと，$\Gamma(x)$ は $x = -n$ で 1 位の極を持ち，そこでの留数は $(-1)^n/n!$ である，ということです．

　ガンマ関数の特異点についてはわかりましたが，零点（$\Gamma(x) = 0$ となる点 x）はどこにあるでしょうか．Weierstrass は Euler の定義(3)を書き換えることで，次のような無限積表示を手に入れました．

(7)　$\dfrac{1}{\Gamma(x)} = xe^{\gamma x} \prod_{n=1}^{\infty} \left(1 + \dfrac{x}{n}\right)^{e^{-\frac{x}{n}}}$

ここで γ は Euler の定数と呼ばれる数で，

$$\gamma = \lim_{n \to \infty} \left(\sum_{k=1}^{n} \frac{1}{k} - \log n\right)$$

がその定義です．表示(7)から，$1/\Gamma(x)$ は複素平面全体で正則であることが

わかります. これは言い換えると, $\Gamma(x)$ は複素平面に零点を持たない, つまり決して0にならない関数である, ということを意味します. 無限積による表示(7)は極限による表示(3)より有用で, 関数がどこで0になるか, どこで特異性を持つかということを直接読み取ることができます. すでにわかっていたことですが, $\Gamma(x)$ が0以下の整数で特異性を持つことも, (7)から $1/\Gamma(x)$ が0以下の整数でのみ0になることがわかるので, その帰結として示されます.

無限積で表されることから, ガンマ関数は「乗法的」な関数であるように思われます. 乗法的関数という数学的な定義があるわけではありませんが, たとえば次の等式を考えましょう.

$$\sin x + \sin 2x = 2 \sin \frac{3}{2}x \cos \frac{x}{2}$$

左辺は加法で書かれており, 右辺は乗法で書かれています. 左辺はたとえば積分するときに有利な形で, 一方右辺は値がいつ0になるかということを見たりするのに有利な形です. この右辺のように, いつ0になるか, あるいはいつ発散するか, といったことが読み取りやすいということを「乗法的」と表現しました. ガンマ関数 $\Gamma(x)$, あるいはその逆数 $1/\Gamma(x)$ はその意味で乗法的で, それは, 後ほど触れますが, ガンマ関数が多くの問題で重要な役割を果たす根拠になっています.

3. ガンマ関数の積分による表示と接続問題

ガンマ関数 $\Gamma(x)$ は Euler により極限(3)を用いて定義されましたが, 同時に積分を用いても定義されます. x を正の実数(あるいは実部が正の複素数)としたとき,

$$(8) \quad \Gamma(x) = \int_0^\infty e^{-t} t^{x-1} dt$$

がその定義です. これは広義積分ですが, $x > 0$ としていることから端点 $t = 0$ で収束し, また被積分関数に e^{-t} があることから端点 $t = \infty$ においても収束します. この積分が $\Gamma(x)$ に一致することを示すには,

$$\Gamma_n(x) = \int_0^n \left(1 - \frac{t}{n}\right)^n t^{x-1} dt$$

という積分を考えます. この積分は部分積分を繰り返すと

$$\frac{n!\, n^x}{x(x+1)\cdots(x+n)}$$

になることがわかり, また $\lim\limits_{n\to\infty}(1-t/n)^n = e^{-t}$ に注意すると $\Gamma_n(x)$ が $\Gamma(x)$ に収束することも示されるので, 同じものの極限が等しいということから (8) が得られます.

　ちなみに (8) の右辺は第 2 種 Euler 積分と呼ばれます. すると第 1 種 Euler 積分というものもあって, それは

$$B(x,y) = \int_0^1 t^{x-1}(1-t)^{y-1} dt$$

で与えられます. これをベータ関数と呼びます. Euler はベータ関数とガンマ関数の間の驚くべき関係を見つけ出しました.

(9)　$B(x,y) = \dfrac{\Gamma(x)\Gamma(y)}{\Gamma(x+y)}$

がその関係式です. これについては何通りもの証明が知られていて, そのうち重積分を用いた証明は大学の微分積分の講義でも扱われることがあります. こうしてガンマ関数は, 乗法的な側面のほかに, 積分とも深く関わることがわかりました.

　積分表示 (8) を使うと, 次の値が簡単に求まります.

$$\Gamma(1) = \int_0^\infty e^{-t} dt = \lim_{R\to\infty} \int_0^R e^{-t} dt = \lim_{R\to\infty} \left[-e^{-t}\right]_0^R = 1$$

あるいはもとの定義 (3) で $x=1$ を代入しても同じ値が得られます. ガンマ関数と階乗の関係 (4) に照らすと, これは

　$0! = 1$

という主張になります. すなわち階乗の拡張としてガンマ関数を採用すると, $0!$ は 1 と定義しなくてはなりません. この定義は実に有用で, たとえば二項定理

149

$$(1+x)^n = \sum_{k=0}^{n} {}_n\mathrm{C}_k x^k$$

においては, x^n の係数は n 個のものから n 個を選ぶ選び方の個数で, それは当然 1 通り (1 個) ですが, 階乗を用いた二項係数の定義では

$$_n\mathrm{C}_n = \frac{n!}{n!(n-n)!} = \frac{n!}{n!0!}$$

となりますので, $0!$ には 1 になってもらわなければ困ります. ガンマ関数による拡張は, このような需要に応えるものになっているのです.

超幾何関数という重要な特殊関数があります. 3 つの複素数 α, β, γ をパラメーターとして, ベキ級数

$$(10) \quad F(\alpha, \beta, \gamma; x) = \sum_{n=0}^{\infty} \frac{(\alpha, n)(\beta, n)}{(\gamma, n)n!} x^n$$

で定義されます. ここで (α, n) といった記号は

$$(\alpha, n) = \begin{cases} 1 & (n = 0), \\ \alpha(\alpha+1)\cdots(\alpha+n-1) & (n \geq 1) \end{cases}$$

で定義されるものです. ガンマ関数の性質 (5) を使うと,

$$(\alpha, n) = \frac{\Gamma(\alpha+n)}{\Gamma(\alpha)}$$

と書けます. そこで (10) の級数の係数をガンマ関数を使って表し, その後で (9) を巧妙に用いると, 超幾何関数に対する次のような積分表示が得られます.

$$(11) \quad F(\alpha, \beta, \gamma; x) = \frac{\Gamma(\gamma)}{\Gamma(\alpha)\Gamma(\gamma-\alpha)} \int_0^1 t^{\alpha-1}(1-t)^{\gamma-\alpha-1}(1-xt)^{-\beta} dt$$

少し先走りましたが, 級数 (10) に戻ると, この収束半径は一般には 1 であることがわかります. つまり $|x| < 1$ となる複素数 x に対しては収束し, $|x| < 1$ において正則関数を定めます. さらに収束半径がちょうど 1 なので, $|x| = 1$ となる場所に少なくとも 1 点特異点を持つことになります. 級数 (10) のみたす微分方程式を作ると, その特異点は $x = 1$ にあることがわかります. さてここで積分表示 (11) を使いましょう. 両辺で $x \to 1$ という極限を取ると,

$$F(\alpha,\beta,\gamma;1) = \frac{\Gamma(\gamma)}{\Gamma(\alpha)\Gamma(\gamma-\alpha)}\int_0^1 t^{\alpha-1}(1-t)^{\gamma-\alpha-\beta-1}dt$$

$$= \frac{\Gamma(\gamma)}{\Gamma(\alpha)\Gamma(\gamma-\alpha)}B(\alpha,\gamma-\alpha-\beta)$$

となり，関係式(9)を使うと

$$(12) \quad F(\alpha,\beta,\gamma;1) = \frac{\Gamma(\gamma)\Gamma(\gamma-\alpha-\beta)}{\Gamma(\gamma-\alpha)\Gamma(\gamma-\beta)}$$

が得られます．特異点における特殊値はその関数の解析に重要な役割を果たします．超幾何関数の特異点 $x=1$ における値がガンマ関数を用いて表されたのは重要なことで，これを用いることで超幾何関数の接続公式と呼ばれるものが得られます．詳しく説明する余裕はありませんが，$|x|<1$ で正則であった超幾何関数 $F(\alpha,\beta,\gamma;x)$ は，$x=1$ の近くで次の形に表すことができます．

$$F(\alpha,\beta,\gamma;x) = c_1\varphi_1(x)+c_2(1-x)^{\gamma-\alpha-\beta}\varphi_2(x)$$

ここで $\varphi_1(x),\varphi_2(x)$ は $x=1$ において正則な関数で，c_1,c_2 は定数です．この定数を接続係数と呼びます．接続係数は(12)を用いて代数的計算で求めることができます．計算には立ち入りませんが，結果を述べましょう．$\varphi_1(1)=\varphi_2(1)=1$ と正規化したとき，

$$c_1 = \frac{\Gamma(\gamma)\Gamma(\gamma-\alpha-\beta)}{\Gamma(\gamma-\alpha)\Gamma(\gamma-\beta)}, \qquad c_2 = \frac{\Gamma(\gamma)\Gamma(\alpha+\beta-\gamma)}{\Gamma(\alpha)\Gamma(\beta)}$$

となります．（c_1 が $F(\alpha,\beta,\gamma;1)$ に一致することはすぐにわかります．）

　接続係数がガンマ関数の積の比で書けました．これは大変重要なことで，このことによって接続係数がいつ 0 になるかが完全にわかります．思い出しますと，$\Gamma(x)$ は決して 0 にならず，$1/\Gamma(x)$ は 0 以下の整数においてのみ 0 になります．だからたとえば，$F(\alpha,\beta,\gamma;x)$ が $x=1$ で正則であるためには，$c_2=0$ となればよくて，その条件は今思い出したガンマ関数の性質を使うと，α か β が 0 以下の整数になることです．なお α か β が 0 以下の整数になると，級数(10)は有限項で打ち切られて多項式となり，たしかに $x=1$ でも正則になります．

　接続係数を求めることを接続問題といい，物理学や数学で大変重要な問題

になっています．接続問題が解けて接続係数がガンマ関数の積の比で書けると，今のようにそれがいつ0になるかがわかり，その後の解析に大いに役立ちます．（物理や数学では接続係数が0になる場合が重要です．）　一般にrigidと呼ばれる微分方程式のクラスに対しては，接続係数がガンマ関数の積の比で表されることが示されています．

4. なぜ階乗を拡張したか

複素解析で非常に有用なCauchyの積分公式というものがあります．それを用いると，複素解析関数の高階微分を積分で表すことができます．

$$(13) \quad f^{(n)}(x) = \frac{n!}{2\pi i} \int_C \frac{f(t)}{(t-x)^{n+1}} dt$$

ここで積分路Cはxを内部に含む小さい円と思ってください．関数$f(x)$をn回微分すると考えると，nは自然数，または0以上の整数としないと意味がつきませんが，この右辺の表示を見ると，積分の中に指数として現れる$n+1$は任意の複素数に置き換えることができますし，積分の外にある$n!$はガンマ関数と思うとやはり複素数にまで拡張できます．ただガンマ関数は特異点があるので，公式(6)を使って$1/\Gamma(1-x)$で表した方が都合がよくなります．

こういったことを考え合わせて，Riemann-Liouville積分というものが考案されました．

$$(14) \quad (I_a^\lambda f)(x) = \frac{1}{\Gamma(\lambda)} \int_a^x f(t)(x-t)^{\lambda-1} dt$$

λは複素数です．ここで積分路は複素平面上aからxに至る曲線としますが，xのまわりに小さな円Cを描いておいて，曲線がCに到達したら，残りの部分はCで置き換えることにします．ただしそうすると値が変わるので，調整するため$1/(1-e^{2\pi i\lambda})$という数をかけます．（この操作を積分の正則化と呼びます．）

さて(14)において$\lambda \to -n$という極限を考えましょう．$1/\Gamma(-n) = 0$より，右辺のaからCに至る曲線上の積分は0になります．C上の積分につい

152

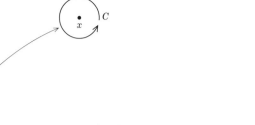

図4 Riemann-Liouville 積分の積分路

ては，その前にかかっている係数が

$$\frac{1}{\Gamma(\lambda)} \cdot \frac{1}{1-e^{2\pi i\lambda}} = \Gamma(1-\lambda)\frac{\sin \pi\lambda}{\pi} \cdot \frac{-1}{e^{\pi i\lambda}(e^{\pi i\lambda}-e^{-\pi i\lambda})}$$

$$= \Gamma(1-\lambda)\frac{\sin \pi\lambda}{\pi} \cdot \frac{-e^{-\pi i\lambda}}{2i\sin \pi\lambda}$$

$$= \frac{-e^{-\pi i\lambda}\Gamma(1-\lambda)}{2\pi i}$$

となることから $\lambda \to -n$ の極限では $(-1)^{n+1}n!/2\pi i$ となり，$f(x)$ の n 回微分(13)に一致することがわかります．つまり Riemann-Liouville 積分(14)は，微分を複素数回にまで拡張した $-\lambda$ 回微分と考えることができるのです．

Riemann-Liouville 積分は，その呼び名が示唆するようにずいぶん昔に考案されたもので，数学や物理のいろいろな場面で活躍しています．さらに最近では，Katz によって rigid 局所系という微分方程式研究における大きな理論が打ち立てられたのですが，その根幹をなす middle convolution という概念は Riemann-Liouville 積分そのものでした．

以上は1つの例でしたが，回数などのように自然数としてしか意味を持たない量を，実数や複素数にまで拡張することができると，しばしば非常に大きな理論の広がりが得られます．その際に，階乗が現れていればそこをガンマ関数で置き換える，ということで多くの成功が得られています．これが階乗を拡張することの意義であり，またガンマ関数が階乗の拡張として絶対的な信頼を勝ち得ている所以です．

関数としての超越性

西岡啓二 ［慶應義塾大学名誉教授］

I. Hölder の定理

$Y_0, Y_1, \cdots, Y_n$ を変数，有理関数体 $\mathbb{C}(x)$ を係数体とする多項式全体を $\mathbb{C}(x)[Y_0, \cdots, Y_n]$ によって表す．そのような多項式 $F(x, Y_0, Y_1, \cdots, Y_n) \neq 0$ に対し，

$$F(x, y, y_1, \cdots, y_n) = 0, \qquad y_i = \frac{d^i y}{dx^i} \qquad (i = 1, \cdots, n)$$

の形で表される微分方程式を代数的微分方程式という．F が Y_n を真に含むとき上記微分方程式の階数は n であるという．代数方程式は階数が 0 の代数的微分方程式と考えられる．ガンマ関数は無限に極を持つから，代数方程式を満たすことはない．すなわち，ガンマ関数は超越関数である．

Hölder[1]は，さらにガンマ関数は超超越的であること，すなわちいかなる代数的微分方程式も満たさないことを証明した．以後多くの数学者が自分なりの証明を考えた．それらはしかし本質的に Hölder のものとほとんど変わらない．

証明の概要を述べよう．$\Gamma(x)$ の対数微分を

$$\phi(x) = \frac{\Gamma'(x)}{\Gamma(x)}$$

で表せば，$\Gamma(x+1) = x\Gamma(x)$ より，$\phi(x)$ は

$$\phi(x+1) - \phi(x) = \frac{1}{x}$$

を満足する．もし $\Gamma(x)$ が代数的微分方程式を満たせば，$\phi(x)$ もそうである．したがって問題は $\phi(x)$ の超超越性に帰着する．そこで $\phi(x)$ が n 階代数的微分方程式

$$F(x, \phi(x), \phi'(x), \cdots, \phi^{(n)}(x)) = 0$$

を満足すると仮定しよう．F の次数 d を最小にとっておく．ここで，$P \in \mathbb{C}(x)[Y_0, \cdots, Y_n]$ を単項式の和

$$P = \sum_I p_I(x) Y^I, \quad I = (i_0, \cdots, i_n), \quad Y^I = Y_0^{i_0} \cdots Y_n^{i_n} \quad (p_I(x) \in \mathbb{C}(x))$$

によって表したとき，$p_I(x) \neq 0$ なる I に対する $|I| = i_0 + \cdots + i_n$ の最小値を P の次数という．単項式間に逆辞書式順序を導入する．すなわち $Y^I < Y^J$ とは，$|I| < |J|$ のとき，または $|I| = |J|$ ならばベクトル $J - I$ のもっとも右にある 0 でない成分が負であるときを意味する．この順序の意味で F に含まれる次数 d の最大の単項式 Y^J の係数を 1 とする．

さて

$$F\left(x+1, \phi(x) + \frac{1}{x}, \phi'(x) + \left(\frac{1}{x}\right)', \cdots, \phi^{(n)}(x) + \left(\frac{1}{x}\right)^{(n)}\right) = 0$$

である．$F\left(x+1, Y_0 + \frac{1}{x}, \cdots, Y_n + \left(\frac{1}{x}\right)^{(n)}\right)$ は F と同じ次数をもつ．よって次数の最小性より

$$F(x, Y_0, Y_1, \cdots, Y_n) = F\left(x+1, Y_0 + \frac{1}{x}, \cdots, Y_n + \left(\frac{1}{x}\right)^{(n)}\right)$$

を得る．この式から，d 次の単項式の係数はすべて定数であり，単項式 $Y_0^{j_0} \cdots Y_{r-1}^{j_{r-1}} Y_r^{j_r - 1}$ の係数 $g(x) \in \mathbb{C}(x)$ は 1 階差分方程式

$$g(x+1) - g(x) = f(x)$$

を満たすことがわかる．ここで j_r は J のもっとも右にある正の成分であり，$f(x) \neq 0$ は $\left(\frac{1}{x}\right)^{(k)} (0 \leq k \leq r)$ の $\mathbb{C}$ 上線形結合である．ところでこの差分方程式はいかなる有理関数 $g(x)$ も解として認めない．かくして $\phi(x)$ の，したがって $\Gamma(x)$ の超超越性が従う．

Hölder の証明はほぼ代数的であり，ガンマ関数の関数論的特性があまり用いられていないことに注意して，一般化のために 2 つの方向が模索された．ひとつは有理型関数論の援用である．いまひとつは以下で説明する完全な代

数化である．Ostrowski の証明に関しては Bieberbach[2] を，Hausdorff のそれについては小松[3]を参照してもらいたい．

2. 微分差分体

Moore[4] は Hölder の方法を抽象し，一般化を得ている．ここでは[5]で行なった微分代数による説明を紹介する．

K を標数 0 の体(たとえば $\mathbb{C}$ の拡大体)とする．K からそれ自身への微分作用 D とは

$$D(a+b) = Da+Db, \qquad D(ab) = aDb+bDa \qquad (a, b \in K)$$

を満たすものとして定義される．組 (K, D) を微分体とよんでいる．体 K と K からそれ自身への体同型 σ との組 (K, σ) は差分体とよばれる．はなしを簡単にするため，$D\sigma = \sigma D$ を満たすとき，三つ組 (K, D, σ) を微分差分体ということにする．微分拡大，差分拡大や微分部分体，差分部分体などの概念の定義は想像できるだろうから記述を差し控える．また，誤解が起きないとおもわれるときには，単に K のみによって微分体 (K, D) をさすものとする．

微分差分体の例として上記の有理関数体 $\mathbb{C}(x)$ やその拡大としての $\mathbb{C}$ 上有理型関数体 $\mathcal{M}(\mathbb{C})$ があげられる．微分 D と体同型 σ は

$$Dx = 1, \qquad \sigma x = x+1$$

あるいは

$$Dx = x, \qquad \sigma x = qx$$

によって定義される．ここで $q \in C$ は 1 のべき根と異なるものとする．

以下議論を簡単にするため，微分差分体 U を固定し，K をその微分差分部分体とする．たとえば $U = \mathcal{M}(\mathbb{C})$，$K = \mathbb{C}(x)$ などとするのである．

n 個の元 $y_1, \cdots, y_n \in U$ が K 上代数的従属であるとは，ある非零多項式 $F \in K[Y_1, \cdots, Y_n]$ で

$$F(y_1, \cdots, y_n) = 0$$

を満たすものが存在するときにいう．代数的従属でないとき代数的独立であるという．L を K の拡大体とする．$y \in L$ が K 上代数的従属であるとき，y は K 上代数的であるという．$y_1, \cdots, y_n \in U$ によって生成される K の拡大体

を $K(y_1, \cdots, y_n)$ と書く．L の各元 y があある K 上代数的独立な $y_1, \cdots, y_n \in L$ で $K(y_1, \cdots, y_n)$ 上代数的であるとき，L の K 上超越次数は n であるといい，$n = \mathrm{td}(L/K)$ と書く．$\mathcal{M}(\mathbb{C})$ の $\mathbb{C}(x)$ 上超越次数は有限ではない．前節で述べたように，ガンマ関数 $\Gamma(x)$ に対して $\left(\dfrac{d}{dx}\right)^k \Gamma(x)$ $(k \geqq 0)$ が $\mathbb{C}(x)$ 上代数的独立であるからである．

あある n で $D^k y$ $(0 \leqq k \leqq n)$ が K 上代数的従属であるとき y は K 上微分代数的であるといい，そうでなければ微分超越的であるという．差分代数的であるとか差分超越的であるということも σ を使って同様に定義される．

$L \subset M$ を K の拡大列とすると，

$$\mathrm{td}(M/K) = \mathrm{td}(M/L) + \mathrm{td}(L/K)$$

が成り立つ．$y \in U$ $(y \neq 0)$ が K 上微分代数的ならばその対数微分 $z = y^{-1} Dy$ も K 上微分代数的である．実際 z は $K(y, Dy, \cdots, D^n y)$ 上代数的であるからである．また $y_j \in U$ $(0 \leqq j \leqq n)$ の各々が K 上微分代数的ならば，$D^i y_j$ $(0 \leqq i,\ 1 \leqq j \leqq n)$ が生成する K の拡大体 L の各元も K 上微分代数的である．

微分代数の基礎に関しては[9]を参照してもらいたい．

3.1 階線形差分方程式

Hölder の定理のひとつの一般化として Stritsberg の定理がある．すなわち，$\mathbb{C}(x)$ 上の1階差分方程式

$$y(x+1) = u(x)y(x) + v(x) \qquad (u(x), v(x) \in \mathbb{C}(x),\ u(x) \neq 0)$$

の解で $\mathbb{C}(x)$ 上微分代数的なものが存在するならば，その差分方程式は有理関数解をもつ．実は U の不変体 $\{a \in U \,|\, \sigma a = a\}$ を導入すれば，解は U の不変体と $\mathbb{C}(x)$ によって生成される微分差分体に属することになる．

定理の証明はつぎの事実による：K を U の微分差分部分体とする．K の定数体 $K_0 = \{a \in K \,|\, Da = 0\}$ と K の不変体は一致すると仮定する．このとき，もし K 上1階差分方程式

$$\sigma y = uy + v \qquad (u, v \in K,\ u \neq 0)$$

が K 上微分代数的解をもつならばつぎのような元 $p_1, \cdots, p_r, q \in K$ が存在する．

157

$$\sigma p_j = p_j - \sum_{i=0}^{j-1} \binom{r-i}{j-i} \frac{u^{(j-i)}}{u} \sigma p_j \qquad (1 \leqq j \leqq r),$$

$$\sigma q = uq + \sum_{i=0}^{r} v^{(r-i)} \sigma p_i.$$

ここで $p_0 = 1$ とした．この事実は[5]によるが，単項式順序および解の形式的存在を積極的に用いて証明される，古典的な方法といえよう．

Ishizaki[7]は有理型関数論によってつぎの定理を証明した：もし $\mathbb{C}(x)$ 上微分代数的な $y \in \mathcal{M}(\mathbb{C})$ が

$$y(qx) = u(x)y(x) + v(x) \qquad (u(x), v(x) \in \mathbb{C}(x), \ u(x) \neq 0)$$

を満たすならば，$y(x) \in \mathbb{C}(x)$ である．

すぐわかるように有理型関数体 $\mathcal{M}(\mathbb{C})$ においては，$Dx = x$, $\sigma x = qx$ とするとき，その定数体と不変体は一致する．このことは形式べき級数体 $\mathbb{C}((x))$ でも成り立つ．Ogawara[8]は Ishizaki の定理の再証明をつぎの形で述べた：もし $\mathbb{C}(x)$ 上微分代数的な $y \in \mathbb{C}((x))$ が上記の1階差分方程式を満たすならば，$y \in \mathbb{C}(x)$ である．

Ishizaki の定理によって，たとえば Tchakaloff 関数

$$T_q(x) = \sum_{k=0}^{\infty} \frac{x^k}{q^{\frac{k(k+1)}{2}}}$$

が超超越関数であることが証明される．

Ogawara の証明には微分加群の概念が有効に用いられる．これを説明しよう．

L/K を差分拡大とする．L から自身への K 上微分全体を $\mathrm{Der}(L/K)$ を書く．すなわち X はつぎを満たすとき K 上微分であるという．

$$X(a+b) = Xa + Xb, \qquad X(ab) = bXa + aXb \qquad (a, b \in L)$$

そして $Xc = 0$ $(c \in K)$. $\mathrm{Der}(L/K)$ は L 上ベクトル空間である．その双対空間 $\Omega(L/K)$ を微分加群という．加群準同型 $d: L \rightarrow \Omega(L/K)$ が

$$(da)X = Xa \qquad (a \in L)$$

によって定義される．このとき $dL = \{da \,|\, a \in L\}$ は $\Omega(L/K)$ を生成する．体同型 σ から加群準同型 $\sigma: \Omega(L/K) \rightarrow \Omega(L/K)$ が

$$\sigma(adb) = (\sigma a)d(\sigma b) \qquad (a, b \in L)$$

を満たすように定義される．微分加群で大事なことはつぎが成り立つことである．

$$y_1, \cdots, y_n \in L : K \text{ 上代数的独立} \iff dy_1, \cdots, dy_n \in \Omega(L/K) : L \text{ 上線形独立}$$

とくに，$y \in L$ が K 上代数的であるための必要十分条件は $dy = 0$ である．

さて，$y_1, \cdots, y_n \in L$ は K 上代数的従属で，$y_1, \cdots, y_{n-1}$ は K 上代数的独立であり，

$$\sigma y_i - y_i = v_i \in K \qquad (1 \leq i \leq n)$$

を満たすとする．L の不変体を L_1 で表せば，L 上線形関係式

$$\sum_{i=1}^{n} a_i dy_i = 0 \qquad (d : L \to \Omega(L/KL_1))$$

を得る．ただし $a_n = 1$ とする．σ を作用させれば $\sum_{i=1}^{n} \sigma(a_i) dy_i = 0$. よって $\sigma a_i = a_i$, すなわち $a_i \in L_1$ を得る．したがって $d \sum_{i=1}^{n} a_i y_i = 0$ だから $z = \sum_{i=1}^{n} a_i y_i$ は KL_1 上代数的である．そして

$$\sigma z = z + v, \qquad v = \sum_{i=1}^{n} a_i v_i \in KL_1$$

が成り立つ．z が満足する KL_1 上既約方程式を

$$\sum_{i=0}^{m} b_i z^{m-i} = 0 \qquad (b_0 = 1)$$

とする．σ を作用させ

$$\sum_{i=0}^{m} \sigma(b_i)(z+v)^{m-i} = 0$$

を得る．z^{m-1} の係数をみて $\sigma b_1 = b_1 + mv$ がわかる．z の関係式とあわせて

$$\sigma\left(z + \frac{b_1}{m}\right) = z + \frac{b_1}{m} = c \subset L_1,$$

結局 $\sum_{i=1}^{n} a_i y_i \in KL_1$ となる．

上記の結果は Ostrowski の定理とよばれる．Ostrowski には，Liouville の初等関数論の代数化の仕事もあり，微分代数の創始者のひとりと考えられる．微分代数が古典解析の流れに沿ったものであることがわかる．

さて，Ostrowski の定理はたとえばつぎのように使われる．ガンマ関数 $\Gamma(x) \in L = \mathcal{M}(\mathbb{C})$ の対数微分 $\phi(x)$ の高階微分

$$\phi^{(i)}(x+1) = \phi^{(i)}(x) + \left(\frac{1}{x}\right)^{(i)} \in L \qquad (0 \leqq i \leqq n)$$

が $K = \mathbb{C}(x)$ 上代数的従属ならば, $a_i \in KL_1$ で $\sum_{i=0}^{n} a_i \phi^{(i)}(x) \in KL_1$ となるものが存在する. これが矛盾をもたらし, ガンマ関数の超超越性が証明されたことになる.

4. Mahler 関数

Moore[4]には 1 階差分方程式 $\varphi(x^d) = \varphi(x) - x$ の解が $\mathbb{C}(x)$ 上超超越的であることが示されている. ただし d は 2 以上の整数とする. $x = 0$ の近傍で収束する級数解として

$$\varphi(x) = \sum_{k=0}^{\infty} x^{d^k}$$

が得られる. このような関数は現在 Mahler 関数とよばれ, 関数値の超越性が研究されている. たとえば, $d = 2$ のとき $\varphi\left(\frac{1}{10}\right)$ は超越数である. この方面に関する入門書として西岡[10]をあげる.

Mahler 関数の例を[11]から引用しよう.

$$P(x) = 1 + a_1 x + \cdots + a_{d-1} x^{d-1} \neq 1, \qquad (a_i \in \mathbb{C})$$

とする. このとき関数

$$f(z) = \prod_{k=0}^{\infty} P(z^{d^k})$$

は

$$f(x^d) = \frac{f(x)}{P(x)}$$

を満たし, $\mathbb{C}(x)$ 上超超越的である. この事実は, ガンマ関数の場合と同様, $f(x)$ の対数微分の超超越性を示すことによって証明される. また, $Q(x) = P(x) - 1$ とするとき, 関数

$$g(x) = 1 + \sum_{k=0}^{\infty} \prod_{j=0}^{k} Q(x^{d^j})$$

は

$$g(x) = Q(x)g(x^d) + 1$$

を満たし，$\mathbb{C}(x)$ 上超超越的である．

Mahler 関数を扱うには，微分 $D = x\dfrac{d}{dx}$ と同型 $\sigma\colon x \mapsto x^d$ との関係 $D\sigma = d\sigma D$ に応じて新たに微分差分体を考える必要が生じることに注意しよう．

参考文献

[1] O. Hölder, "Ueber die Eigenschaft der Gammafunction keiner algebraischen Differentialgleichung zu genüen", *Math. Ann.*, 28（1887），1-33.

[2] L. Bieberbach, *Theorie der Differentialgleichungen*, Springer, 1923.

[3] 小松勇作，『特殊関数』，朝倉書店，1967（復刻版 2004）.

[4] E. Moore, "Concerning transcendentally transcendental functions", *Math. Ann.*, 48（1897），49-74.

[5] Ke. Nishioka, "A note on differentially algebraic solutions of first order linear difference equations", *Aequationes Math.*, 27（1984），32-48.

[6] 西岡久美子，『微分体の理論』，共立出版，2010.

[7] K. Ishizaki, "Hypertranscendency of meromorphic solutions of a linear functional equations and other values", *Aequ. Math.*, 56（1998），271-283.

[8] H. Ogawara, "Differential transcendency of a formal Laurent series satisfying a rational linear q-Difference equation", *Funkcialaj Ekvacioj*, 57（2014），477-488.

[9] H. Ogawara, "Another proof of Ostrowski-Kolchin-Hardouin theorem in differential algebra", *Keio SFC J.*, 13（2013），99-102.

[10] 西岡久美子，『超越数とはなにか』，講談社，2015.

[11] Ku. Nishioka, *Mahler functions and transcendence*, Lecture Notes in Math. 1631, Springer, 1996.

ガンマ関数と統計

橋口博樹 [東京理科大学理学部]

1. ガンマ関数とガンマ分布

統計学では，ガンマ関数やベータ関数は正規分布から派生する分布に登場してくる．さらに，行列変数のガンマ関数やベータ関数も多変量の正規分布に付随して現れる．まずは，スカラー変数のガンマ関数，ベータ関数が登場する分布について解説する．次に，2節ではラプラス近似を紹介し，この近似方法を通してもスターリングの公式が得られること，さらに，3節ではスターリングの公式を利用して t 分布の極限分布を考える．最後に，多変量正規分布に関連して行列変数のガンマ関数やベータ関数を紹介する．

ガンマ関数 $\Gamma(\alpha)$ を正規化定数にもつ分布がガンマ分布であり，一般に，その密度は，$x > 0$ で

$$f_G(x) = \frac{1}{\Gamma(\alpha)\beta^\alpha} x^{\alpha-1} e^{-\frac{x}{\beta}} \qquad \alpha > 0, \ \beta > 0$$

となる．ここで α を形状パラメータ，β を尺度パラメータという．正規分布と並んで重要な χ^2 分布は，ガンマ分布の特別な場合である．平均が 0 で分散が 1 の標準正規分布 $N(0,1)$ に従う独立な確率変数を $X_1, \cdots, X_n$ とするとき，$Y = X_1^2 + \cdots + X_n^2$ の従う分布が自由度 n の χ^2 分布である．これは，ガンマ分布のパラメータ α, β が $\alpha = \frac{n}{2}$, $\beta = 2$ の場合に相当する．

さらに二つの確率変数 U と V がそれぞれ自由度 n_1 と n_2 の χ^2 分布に従い，U と V が独立であるとき，$\dfrac{U/n_1}{V/n_2}$ は，パラメータ (n_1, n_2) の F 分布に従う．この F 分布の密度関数は，$x > 0$ で

$$f_F(x) = \frac{1}{B\left(\dfrac{n_1}{2}, \dfrac{n_2}{2}\right)} \frac{\left(\dfrac{n_1}{n_2}\right)^{\frac{n_1}{2}} x^{\frac{n_1}{2}-1}}{\left(1+\dfrac{n_1}{n_2}x\right)^{\frac{n_1+n_2}{2}}}$$

となる．ただし，$B(\alpha, \beta)$ はベータ関数であって，次の(1)で定義される．

$$B(\alpha, \beta) = \int_0^1 x^{\alpha-1}(1-x)^{\beta-1}dx \tag{1}$$

よく知られているようにベータ関数とガンマ関数には(2)の関係がある．

$$B(\alpha, \beta) = \frac{\Gamma(\alpha)\Gamma(\beta)}{\Gamma(\alpha+\beta)} \tag{2}$$

正規分布，χ^2 分布，F 分布と，3節で出てくる t 分布は，経済統計，社会統計，医療統計，生物統計，数理統計などの分野を問わず，統計学で最初に学ばなければならない基本的で重要な分布である．なお，平均 μ，分散 σ^2 の正規分布 $N(\mu, \sigma^2)$ の密度関数は

$$\phi(x) = \frac{1}{\sqrt{2\pi}\,\sigma}e^{-\frac{(x-\mu)^2}{2\sigma^2}}$$

である．

2. ラプラス近似とスターリングの公式

関数 $g(x)$ を実数の区間 (a, b) 上の滑らかな関数として，$g(x)$ は $\hat{x} \in (a, b)$ で最小値をとると仮定する．ラプラス近似は，いささか大胆であるが，次の(3)の左辺の積分を右辺で近似する方法である．

$$\int_a^b e^{-g(x)}dx \approx \frac{\sqrt{2\pi}\,e^{-g(\hat{x})}}{\sqrt{g''(\hat{x})}} \tag{3}$$

この近似は，$g(x)$ を $\hat{x}$ の近傍でテイラー展開して2次の項までで打ち切り

$$g(x) \approx g(\hat{x}) + g'(\hat{x})(x-\hat{x}) + \frac{g''(\hat{x})}{2}(x-\hat{x})^2$$

として，積分区間を $(-\infty, \infty)$ に広げることで得られる．ただし，$g(x)$ は $\hat{x}$ で最小値を取ることから $g'(\hat{x}) = 0$ かつ $g''(\hat{x}) > 0$ である．関数 $e^{-\frac{g''(\hat{x})}{2}(x-\hat{x})^2}$

は，正規分布 $N\left(\hat{x}, \left(\dfrac{1}{g''(\hat{x})}\right)^2\right)$ の密度を構成することに着目すると，$g''(\hat{x})$ が大きいほど分散が小さくなり $\hat{x}$ のより近傍でしか分布しないことが分かる．このような観点から，ラプラス近似は，$a \to -\infty$ かつ $b \to \infty$ としても被積分関数の寄与が $\hat{x}$ の近傍に限られるという発想から生まれている．また，被積分関数を $\hat{x}$ の近傍で考えて近似するという発想から

$$\int_a^b h(x)e^{-g(x)}dx \approx \frac{\sqrt{2\pi}\,e^{-g(\hat{x})}}{\sqrt{g''(\hat{x})}}h(\hat{x}) \tag{4}$$

とした近似もラプラス近似と呼ばれている．この近似では $h(x) \approx h(\hat{x})$ として(3)を用いている．特にガンマ関数では，

$$h(x) = x^{-1}, \quad e^{-g(x)} = x^\alpha e^{-x} = e^{-(x-\alpha\log x)}$$

として(4)を用いると，$\hat{x} = \alpha$ であって，

$$\Gamma(\alpha) = \int_0^\infty x^{-1}e^{-(x-\alpha\log x)}dx \approx \widehat{\Gamma}(\alpha) = \sqrt{2\pi}\,\alpha^{\alpha-\frac{1}{2}}e^{-\alpha} \tag{5}$$

となり，$\Gamma(\alpha)$ に対するスターリングの公式が得られる．(5)では $g''(\alpha) = \alpha^{-1}$ であるので，正規分布の分散の解釈からも α が十分大きいときに良い近似になることが分かる．通常，$\Gamma(\alpha)$ に対するスターリングの公式は，(5)の両辺の比 $\dfrac{\Gamma(\alpha)}{\widehat{\Gamma}(\alpha)}$ が $\alpha \to \infty$ で 1 に収束することを利用した近似式である．

また，$\Gamma(\alpha)$ の積分表示に(3)のラプラス近似を適用した場合では，$\alpha > 1$ のときに

$$\Gamma(\alpha) \approx (\alpha-1)\widehat{\Gamma}(\alpha-1)$$

となるが，これは $\widehat{\Gamma}(\alpha)$ より精度が悪い．

一方，自然数 n の階乗 $n!$ に関するスターリングの公式は

$$n! \sim \sqrt{2\pi n}\,n^n e^{-n} \tag{6}$$

である．ただし，記号 $\sim$ は，両辺の比が $n \to \infty$ で 1 に収束する意味で用いている．この(6)は，$\Gamma(\alpha+1)$ に(3)のラプラス近似を適用し，$\alpha = n$ としても導くことができる．さらに，このスターリングの公式の変形として，

$$n! = \sqrt{2\pi}\,n^{n+\frac{1}{2}}e^{-n}\cdot e^{r_n}$$

とした場合について，r_n が

$$\frac{1}{12n+1} < r_n < \frac{1}{12n}$$

を満たすことが知られている(Robbins, 1955). そこで, L_n と U_n を

$$L_n = \sqrt{2\pi}\, n^{n+\frac{1}{2}} e^{-n} e^{-\frac{1}{12n+1}}, \qquad U_n = \sqrt{2\pi}\, n^{n+\frac{1}{2}} e^{-n} e^{-\frac{1}{12n}}$$

とおくと, $L_n < n! < U_n$ である. これら $L_n, n!, U_n$ の数値例を表1に示す. 表1からは, n が小さい場合でも, 下限 L_n と上限 U_n は $n!$ の良い近似になっていて, U_n が $n!$ により近いことが見てとれる. なお, 表1には次の漸近展開(7)に基づく数値も載せている. この漸近展開も非常に良い近似式であることが分かる.

$$\Gamma(\alpha+1) \sim \sqrt{2\pi\alpha}\, \alpha^{\alpha} e^{-\alpha} \left[1 + \frac{1}{12\alpha} + \frac{1}{288\alpha^2} - \frac{139}{51840\alpha^3} + O(\alpha^{-4}) \right] \tag{7}$$

表1 $n!$ の下限 L_n と上限 U_n

n	L_n	$n!$	U_n	漸近展開(7)
1	0.995870	1	1.002274	0.999711
2	1.997320	2	2.000652	1.999985
3	5.996096	6	6.000599	5.999999
4	23.99082	24	24.00102	24.00000
5	119.9699	120	120.0026	120.0000
6	719.8722	720	720.0092	720.0000
7	5039.335	5040	5040.041	5040.000
8	40315.89	40320	40320.22	40320.00
9	362850.6	362880	362881.4	362880.0
10	3628560	3628800	3628810	3628800

次に, ベータ関数とガンマ関数の関係(2)において $\Gamma(\alpha) \approx \widehat{\Gamma}(\alpha)$ を利用すると

$$B(\alpha, \beta) \approx \frac{\widehat{\Gamma}(\alpha)\,\widehat{\Gamma}(\beta)}{\widehat{\Gamma}(\alpha+\beta)}$$

$$= \sqrt{2\pi} \left[\frac{(\alpha+\beta)^2}{\alpha} + \frac{(\alpha+\beta)^2}{\beta} \right]^{-\frac{1}{2}} \left[\left(\frac{\alpha}{\alpha+\beta} \right)^{\alpha-1} \left(\frac{\beta}{\alpha+\beta} \right)^{\beta-1} \right]$$

となる. これは,

$$h(x) = \frac{1}{x(1-x)}, \qquad g(x) = -\alpha \log x - \beta \log(1-x), \qquad \widehat{x} = \frac{\alpha}{\alpha+\beta}$$

として, ベータ関数の積分表示(1)にラプラス近似(4)を適用した場合に等しい.

3. スターリングの公式と t 分布の漸近分布

第1節で述べなかった正規分布から派生する分布として重要な分布に, t 分布がある. t 分布は, $Z \sim N(0,1), V \sim \chi_n^2$ で Z と V が独立であるとき, Z/V の従う分布が, 自由度 n の t 分布である. その密度関数は,

$$f_t(x) = \frac{\Gamma\left(\dfrac{n+1}{2}\right)}{\sqrt{n}\,\Gamma\left(\dfrac{1}{2}\right)\Gamma\left(\dfrac{n}{2}\right)}\left(1+\frac{x^2}{n}\right)^{-\frac{n+1}{2}}$$

で与えられる. t 分布は対称な分布であり, 図1に示すように正規分布に似た分布である. 図1-(a)は, 自由度 $n=3$ のときの t 分布と標準正規分布との密度の比較である. t 分布は, 正規分布よりも裾が重い(密度の端でも正規分布よりもゼロになりにくい)特性があるが, n が無限大での極限分布は標準正規分布となる. 図1-(b)で $n=30$ では二つの密度がほぼ重なっていることが見てとれる. t 分布の $n \to \infty$ の密度の極限をスターリングの公式を使って見てみる. スターリングの公式から

$$\lim_{n\to\infty} \frac{\Gamma(n+h)}{\Gamma(n)n^h} = 1$$

であることが分かるので, $\lim_{n\to\infty}\left(1+\dfrac{x^2}{n}\right)^n = e^{x^2}$ と合わせ

$$\lim_{n\to\infty} f_t(x) = \lim_{n\to\infty} \frac{\Gamma\left(\dfrac{n+1}{2}\right)}{\Gamma\left(\dfrac{n}{2}\right)\left(\dfrac{n}{2}\right)^{\frac{1}{2}}} \frac{\left(\dfrac{n}{2}\right)^{\frac{1}{2}}}{\sqrt{n}\,\Gamma\left(\dfrac{1}{2}\right)}\left(1+\frac{x^2}{n}\right)^{-\frac{n}{2}-\frac{1}{2}}$$

$$= \frac{1}{\sqrt{2\pi}} e^{-\frac{x^2}{2}}$$

となり，$n \to \infty$ での t 分布の極限分布が標準正規分布であることが分かる．

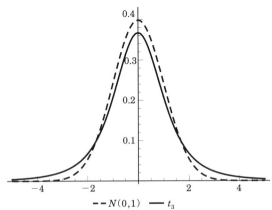

(a) 自由度 3 の t 分布と $N(0,1)$ の密度

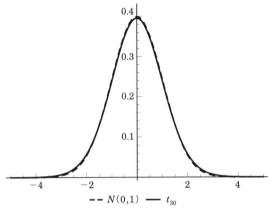

(b) 自由度 30 の t 分布と $N(0,1)$ の密度

図 1 標準正規分布と t 分布との比較

4. 多変量ガンマ関数と多変量ベータ関数

m 次実対称かつ正定値行列 $X = (x_{ij})$ の積分として，多変量のガンマ関数を次のように定義する．

$$\Gamma_m(\alpha) = \int_{X > 0} |X|^{\alpha - \frac{m+1}{2}} \operatorname{etr}(-X) dX, \quad \Re(\alpha) > \frac{m-1}{2}.$$

ここで，$\Re(\alpha)$ は α の実部を表し，$\operatorname{etr} X = \exp(\operatorname{tr} X)$，$|X|$ は X の行列式，$dX = \prod_{i \leq j} dx_{ij}$ を表す．また，積分範囲 $X > 0$ は X が正定値行列全体に渡ることを意味する．特に $m = 1$ のときは，$\Gamma_1(\alpha) = \Gamma(\alpha)$ となり，通常のガンマ関数となる．この多変量ガンマ関数は，1 変数のガンマ関数の積として

$$\Gamma_m(\alpha) = \pi^{m \frac{m-1}{4}} \prod_{i=1}^{m} \Gamma\left(\alpha - \frac{i-1}{2}\right) \tag{8}$$

と書くことができる．これは次のように証明できる．まず，X をコレスキー分解して $X = T'T$ とする．ただし，T は上三角行列で，対角成分は正にとる．

$$X = T'T, \quad T = \begin{pmatrix} t_{11} & \cdots & t_{1m} \\ & \ddots & \vdots \\ O & & t_{mm} \end{pmatrix}$$

このとき，$\operatorname{tr} X = \sum_{i \leq j} t_{ij}^2$，$|X| = \prod_{i=1}^{m} t_{ii}^2$ であって，X から T への変数変換のヤコビアンが $2^m \prod_{i=1}^{m} t_{ii}^{m+1-i}$ であるので

$$dX = 2^m \prod_{i=1}^{m} t_{ii}^{m+1-i} dT, \quad dT = \prod_{i \leq j} dt_{ij}$$

となる．したがって，$\Gamma_m(\alpha)$ は

$$\Gamma_m(\alpha) = 2^m \int \cdots \int \prod_{i=1}^{m} t_{ii}^{2\alpha-i} \exp\left(-\sum_{i \leq j} t_{ij}^2\right) dT$$

$$= \prod_{i < j} \left(\int_{-\infty}^{\infty} \exp(-t_{ij}^2) dt_{ij}\right) \times \prod_{i=1}^{m} \left(\int_0^{\infty} u_i^{\alpha - \frac{i+1}{2}} \exp(-u_i) du_i\right)$$

と T の要素の積分になる．ただし，$u_i = t_{ii}^2 \ (i = 1, \cdots, m)$ とする．ここで

$$\int_{-\infty}^{\infty} \exp(-t_{ij}^2) dt_{ij} = \sqrt{\pi}, \quad \int_0^{\infty} u_i^{\alpha - \frac{i+1}{2}} \exp(-u_i) du_i = \Gamma\left(\alpha - \frac{i-1}{2}\right)$$

168

であるので(8)を得る.

また正定値行列 $B > 0$ に対して

$$\int_{X>0} |X|^{\alpha - \frac{m+1}{2}} \operatorname{etr}(-B^{-1}X)dX = \Gamma_m(\alpha)|B|^{\alpha}$$

となるので,実数 $\alpha > \dfrac{(m-1)}{2}$ に対して,

$$f(X) = \frac{1}{|B|^{\alpha}\Gamma_m(\alpha)} |X|^{\alpha - \frac{m+1}{2}} \operatorname{etr}(-B^{-1}X)$$

は密度関数となる.この密度をもつ分布を多変量ガンマ分布という.自然数 n が $n \geqq m$ のとき,$\alpha = \dfrac{n}{2}$,$B = 2\Sigma$ に対応する多変量ガンマ分布は,自由度 n,共分散行列 Σ をもつ(中心)ウィシャート分布に対応する.ウィシャート分布は,多変量正規母集団からの標本共分散行列の分布に関連して登場する多変量解析で重要な分布である.

多変量ベータ関数 $B_m(\alpha, \beta)$ は,$\Re(\alpha) > \dfrac{m-1}{2}$ かつ $\Re(\beta) > \dfrac{m-1}{2}$ のとき

$$B_m(\alpha, \beta) = \int_{0 < X < I_m} |X|^{\alpha - \frac{m+1}{2}} |I_m - X|^{\beta - \frac{m+1}{2}} dX$$

で定義される.ただし,I_m は m 次の単位行列を表す.また,積分範囲の $0 < X < I_m$ は,X が正定値行列 $X > 0$ であり,かつ,$I_m - X$ が正定値行列 $I_m - X > 0$ であることを意味する.さらに,$B_m(\alpha, \beta)$ は多変量ガンマ関数を用いて

$$B_m(\alpha, \beta) = \frac{\Gamma_m(\alpha)\Gamma_m(\beta)}{\Gamma_m(\alpha + \beta)}$$

となる.これは $m = 1$ の場合の関係式(2)の自然な拡張になっている.

5. おわりに

ガンマ関数やベータ関数は特殊函数の入り口であり,行列変数の場合でも同様である.[1]では,行列変数の合流型超幾何関数,ガウス型超幾何関数についてもラプラス近似を行い,多変量解析で重要な統計量の分布やモーメントが精度良く近似できていることを報告している.しかし,行列変数の超幾何関数が現れる他の統計量分布では,スカラー変数でうまくいく場合でも多

変量ではうまく近似できていないこともある. もちろん万能な近似方法があればよいが, 現状は状況設定に応じて近似の工夫が必要なようである.

また行列変数の積分は数理統計学でも古典的な問題のような気がするし, ビッグデータに代表される華やかな最近の統計学とは対照的であると思うが, ランダム行列論や無線通信理論などとのコラボレーションもあって, 私には想定外のより新しい展開が待っているのではないかと期待している.

参考文献

[1] Butler, R. W. and Wood, A. T. A. (2002). "Laplace approximations for hypergeometric functions with matrix argument", *Ann. Statist.*, **30** (4), 1158-1187.

[2] Butler, R. W. (2007). *Saddlepoint approximations with applications*, Cambridge University Press.

[3] Robbins, H. (1955). "A remark on Stirling's formula", *The American Mathematical Monthly*, **62** (1), 26-29.

対数ガンマ関数にまつわる数論の話題

松坂俊輝 [九州大学大学院数理学研究院]

　みるみる大きくなる階乗 $n!$ のことを知るには，その対数の方が分かりよいであろうか．本稿では，$\log \Gamma(x) \ (x>0)$ の古典研究を巡り，関連するいくつかの数論的な話題を紹介していく.

　まずは Euler の時代まで遡ることにする．**Riemann ゼータ関数** $\zeta(s)$ と **Bernoulli 数** B_n を

$$\zeta(s) := \sum_{n=1}^{\infty} \frac{1}{n^s} \qquad (\mathrm{Re}(s) > 1),$$

$$\sum_{n=0}^{\infty} B_n \frac{t^n}{n!} := \frac{t}{1-e^{-t}} = 1 + \frac{1}{2} \cdot \frac{t}{1!} + \frac{1}{6} \cdot \frac{t^2}{2!} - \frac{1}{30} \cdot \frac{t^4}{4!} + \cdots$$

と定めるとき，Euler [4, Section 9, 10] は，これらの値が $\log \Gamma(x)$ の $x=1$ における Taylor 展開と無限遠での漸近展開にそれぞれ現れることを観察した．現代の記法を用いれば，

$$\log \Gamma(x+1) = -\gamma x + \sum_{n=2}^{\infty} (-1)^n \frac{\zeta(n)}{n} x^n \qquad (|x|<1),$$

$$\log \Gamma(x+1) \sim \left(x+\frac{1}{2}\right) \log x - x + \log \sqrt{2\pi} + \sum_{n=2}^{\infty} \frac{B_n}{n(n-1)} \frac{1}{x^{n-1}}$$

$$(x \to \infty)$$

と記述される．ここで，$\gamma = 0.57721\cdots$ は **Euler 定数**である．さらに Riemann ゼータ関数の負の整数点での値が Bernoulli 数で記述できること，すなわち，$\zeta(1-n) = -B_n/n$ を思い出せば，$\log \Gamma(x+1)$ が $\zeta(s)$ の正負両方の整数点での値を知っていることになり，小気味よい.

さて後者の式において，右辺の Bernoulli 数に関する和は収束しない．そこでこの和を漸近展開としてもつ関数

$$\mu(x) := \log \Gamma(x+1) - \left(x+\frac{1}{2}\right) \log x + x - \log \sqrt{2\pi}$$

に一定の興味が湧くであろう．それを追究した一人が Binet である．1839年の Binet による精力的な研究[2]にちなんで，ここでは $\mu(x)$ を **Binet 関数** と呼ぶことにしよう．さて，この関数について Binet は何を知り，何を残したのであろうか．これが本稿の主題である．

I. Binet 関数の積分表示

Binet 関数を調べる準備として，Gauss による**ダイガンマ関数** $\Psi(x) := \Gamma'(x)/\Gamma(x) = \dfrac{\mathrm{d}}{\mathrm{d}x} \log \Gamma(x)$ の積分表示

$$\Psi(x+1) = \int_0^\infty \left(\frac{e^{-t}}{t} - \frac{e^{-xt}}{e^t-1}\right) \mathrm{d}t \tag{1}$$

を証明しておこう．まず Euler によるガンマ関数の無限積表示

$$\Gamma(x+1) = \lim_{n\to\infty} \frac{n!\,(n+1)^x}{(x+1)\cdots(x+n)} = \prod_{n=1}^\infty \left(1+\frac{1}{n}\right)^x \left(1+\frac{x}{n}\right)^{-1}$$

の対数微分を取ることで

$$\Psi(x+1) = \sum_{n=1}^\infty \left(\log\left(1+\frac{1}{n}\right) - \frac{1}{x+n}\right)$$

$$= \sum_{n=1}^\infty \int_0^\infty \left(\frac{e^{-nt}-e^{-(n+1)t}}{t} - e^{-(x+n)t}\right) \mathrm{d}t$$

が得られる．ここで対数関数の積分表示

$$\log x = \int_0^\infty \frac{e^{-t}-e^{-xt}}{t} \mathrm{d}t \qquad (x>0) \tag{2}$$

を用いた．あとは和と積分の順序を交換することで得られる．

次は Binet 関数に関する最も基本的な積分表示である．

定理 1（Binet[2]）●

$$\mu(x) = \int_0^\infty \left(\frac{1}{e^t-1} - \frac{1}{t} + \frac{1}{2} \right) \frac{e^{-xt}}{t} \, dt.$$

証明 （2）に注意すると，Gauss の積分表示（1）から

$$\Psi(x+1) = \frac{1}{2x} + \log x - \int_0^\infty \left(\frac{1}{e^t-1} - \frac{1}{t} + \frac{1}{2} \right) e^{-xt} dt$$

が得られる．この両辺を x に関して積分することで，積分定数 C を用いて

$$\log \Gamma(x+1) = \left(x + \frac{1}{2} \right) \log x - x + \int_0^\infty \left(\frac{1}{e^t-1} - \frac{1}{t} + \frac{1}{2} \right) \frac{e^{-xt}}{t} \, dt + C$$

が成り立つ．あとは $x = 1$ を代入することで $C = \log \sqrt{2\pi}$ が分かる[1]．　□

この積分表示から，次の評価がただちに得られる．

系 2（Stirling の公式）● $x > 0$ に対し，$0 < \mu(x) < \dfrac{1}{12x}$ が成り立つ．

証明 関数

$$\left(\frac{1}{e^t-1} - \frac{1}{t} + \frac{1}{2} \right) \frac{1}{t}$$

が $t > 0$ の範囲で正値単調減少であり，$t \to 0$ において $\dfrac{B_2}{2!} = \dfrac{1}{12}$ に収束することから，

$$0 < \mu(x) < \frac{1}{12} \int_0^\infty e^{-xt} dt = \frac{1}{12x}$$

を得る．　□

2. Binet 関数の逆階乗級数表示

続いて Binet は積分で定義される数列

1）証明は Whittaker-Watson[12, §12.31]などを参照のこと.

$$I_n = \frac{1}{n}\int_0^1 \left(t - \frac{1}{2}\right)t(t+1)\cdots(t+n-1)\,\mathrm{d}t$$

を用いて $\mu(x)$ の収束級数表示

$$\mu(x) = \sum_{n=1}^{\infty} \frac{I_n}{(x+1)(x+2)\cdots(x+n)} \qquad (x>0)$$

を与えているが，ここでは趣向を変えて，Binet 関数の導関数 $\mu'(x)$ を詳しくみていくことにする.

定理 3(Binet[2])●Gregory 係数 G_n を

$$\sum_{n=0}^{\infty} G_n x^n := \frac{x}{\log(1+x)} = 1 + \frac{x}{2} - \frac{x^2}{12} + \frac{x^3}{24} - \frac{19x^4}{720} + \cdots$$

で定めるとき，次の逆階乗級数[2]表示が成り立つ.

$$\mu'(x) = \sum_{n=2}^{\infty} \frac{(-1)^n G_n}{n} \frac{n!}{x(x+1)\cdots(x+n-1)} \qquad (x>0).$$

証明 定理 1 の積分表示の両辺を x で微分して，$e^{-t} = 1-u$ と変数変換することで，

$$\mu'(x) = \int_0^1 \left(\frac{-u}{\log(1-u)} - 1 + \frac{u}{2}\right)\frac{(1-u)^{x-1}}{u}\,\mathrm{d}u$$

が成り立つ．Gregory 係数の定義と比較して，ベータ関数の積分表示を適用することで，

$$\mu'(x) = \int_0^1 \sum_{n=2}^{\infty} (-1)^n G_n u^{n-1}(1-u)^{x-1}\,\mathrm{d}u = \sum_{n=2}^{\infty} (-1)^n G_n \frac{\Gamma(x)\Gamma(n)}{\Gamma(x+n)}$$

となり，主張が従う. $\qquad\square$

Gregory 係数についていくつか補足を述べておく．まず母関数を

2）20 世紀初頭に Nielsen[8]，Landau[5]，Nörlund[9] らによって "Fakultätenreihen"

$$\Omega(x) = \sum_{n=0}^{\infty} \frac{n!\,a_n}{x(x+1)\cdots(x+n)}$$

の形をした級数が多数研究されている.

$$\frac{x}{\log(1+x)} = \int_0^1 (1+x)^t \mathrm{d}t = \int_0^1 \sum_{n=0}^{\infty} \binom{t}{n} x^n \mathrm{d}t = \sum_{n=0}^{\infty} \left(\int_0^1 \binom{t}{n} \mathrm{d}t \right) x^n$$

と変形することで，きわめて簡潔な表示

$$G_n = \int_0^1 \binom{t}{n} \mathrm{d}t$$

を得ることができる．Binet のオリジナルの結果は，この積分表示を用いて記述されている．

Euler は[3, Section 142]において，漸近公式

$$\mu'(x) = \Psi(x+1) - \log x - \frac{1}{2x} \sim -\sum_{n=2}^{\infty} \frac{B_n}{n} \frac{1}{x^n} \qquad (x \to \infty)$$

に形式的に $x=1$ を代入することで，Euler の定数 γ に関する等式

$$\mu'(1) = -\gamma + \frac{1}{2} \ "=" \ -\sum_{n=2}^{\infty} \frac{B_n}{n}$$

を記している．ただし，この右辺の和は発散しているため，あくまでも形式的な表示である．ここで興味深いのは，定理 3 に $x=1$ を代入して得られる

$$\mu'(1) = -\gamma + \frac{1}{2} = -\sum_{n=2}^{\infty} \frac{(-1)^{n-1} G_n}{n} \tag{3}$$

の右辺は収束し，Euler 定数に関する等式を与えることである．この表示は Binet 以前にも知られており，実際 Mascheroni[6]は，この級数表示を用いた Euler 定数の計算を実行している．こうした類似性を踏まえてか，Gregory 係数は**第 2 種 Bernoulli 数**と呼ばれることもあるようである．

では，さらに時を進め，Binet の結果にまつわる話題を 2 つ紹介したい．1 つは素数に関する **Bertrand の仮説**，もう 1 つは**多重ゼータ関数**である．

3. Bertrand の仮説

Binet 関数 $\mu(x)$ の評価(系 2)の 1 つの応用として，Bertrand の仮説の Ramanujan[11]による証明を紹介しよう．

定理 4(Bertrand の仮説)●任意の $x \geqq 1$ に対し，$x < p \leqq 2x$ を満たす素数 p

が存在する.

証明 証明は以下の 4 つのステップに分けて行われる.

(1) Chebyshev 関数 $\vartheta(x), \psi(x)$ の性質の準備.

(2) ダイガンマ関数の性質から, $\log \lfloor x \rfloor! - 2\log \left\lfloor \dfrac{x}{2} \right\rfloor!$ に関する不等式評価を与える.

(3) (1)と(2)から, $x \geq 162$ において $\vartheta(2x) - \vartheta(x) > 0$ を証明.

(4) 残った $1 \leq x < 162$ については, 成立を逐一確認し完了.

Step 1:Chebyshev 関数を

$$\vartheta(x) := \sum_{p \leq x} \log p, \qquad \psi(x) := \sum_{n=1}^{\infty} \vartheta(x^{1/n})$$

と定義する. ここで $\vartheta(x)$ の和は $p \leq x$ を満たす素数全体をわたっている. Bertrand の仮説を証明するには, $x \geq 1$ に対して

$$\vartheta(2x) - \vartheta(x) > 0$$

を証明すれば十分である. このとき, Legendre の公式を用いることで,

$$\log \lfloor x \rfloor! = \sum_{p} \log p \sum_{j=1}^{\infty} \left\lfloor \frac{x}{p^j} \right\rfloor = \sum_{n=1}^{\infty} \psi\left(\frac{x}{n}\right) \tag{4}$$

が得られる. また $\psi(x)$ の定義と(4)より

$$\psi(x) - 2\psi(x^{1/2}) = \sum_{n=1}^{\infty} (-1)^{n-1} \vartheta(x^{1/n}),$$

$$\log \lfloor x \rfloor! - 2\log \left\lfloor \frac{x}{2} \right\rfloor! = \sum_{n=1}^{\infty} (-1)^{n-1} \psi\left(\frac{x}{n}\right)$$

が分かる. 加えて $\vartheta(x)$ と $\psi(x)$ はともに単調増加関数であるので,

$$\psi(x) - 2\psi(x^{1/2}) \leq \vartheta(x) \leq \psi(x), \tag{5}$$

$$\psi(x) - \psi\left(\frac{x}{2}\right) \leq \log \lfloor x \rfloor! - 2\log \left\lfloor \frac{x}{2} \right\rfloor! \leq \psi(x) - \psi\left(\frac{x}{2}\right) + \psi\left(\frac{x}{3}\right) \tag{6}$$

も分かる.

Step 2:続いて, 系 2 を用いて,

$$\log \lfloor x \rfloor ! - 2 \log \left\lfloor \frac{x}{2} \right\rfloor ! < \frac{3}{4} x \qquad (x > 0), \tag{7}$$

$$\log \lfloor x \rfloor ! - 2 \log \left\lfloor \frac{x}{2} \right\rfloor ! > \frac{2}{3} x \qquad (x > 300) \tag{8}$$

を示そう[3]. まずダイガンマ関数の積分表示(1)から, $\Psi(x) - \Psi\left(\frac{x}{2}\right) > 0$ $(x > 0)$ および $\Psi(x) - \Psi\left(\frac{x+1}{2}\right) > 0$ $(x > 1)$ が分かるので, $\log \Gamma(x) - 2 \log \Gamma\left(\frac{x}{2}\right)$ と $\log \Gamma(x) - 2 \log \Gamma\left(\frac{x+1}{2}\right)$ はともに単調増加関数である. さらに不等式

$$\frac{\lfloor x \rfloor + 1}{2} \leqq \left\lfloor \frac{x}{2} \right\rfloor + 1 \leqq \frac{\lfloor x \rfloor + 2}{2}$$

に注意すると,

$$\log \Gamma(x) - 2 \log \Gamma\left(\frac{x+1}{2}\right) \leqq \log \lfloor x \rfloor ! - 2 \log \left\lfloor \frac{x}{2} \right\rfloor !$$

$$\leqq \log \Gamma(x+1) - 2 \log \Gamma\left(\frac{x+1}{2}\right)$$

を示すことができる. これに Binet 関数の定義を代入し, 系2を適宜用いることで(x の成立範囲は注意が必要であるが)主張が得られる.

Step 3: (6)と(7), および, (6)と(8)からそれぞれ

$$\phi(x) - \phi\left(\frac{x}{2}\right) < \frac{3}{4} x \qquad (x > 0),$$

$$\phi(x) - \phi\left(\frac{x}{2}\right) + \phi\left(\frac{x}{3}\right) > \frac{2}{3} x \qquad (x > 300)$$

が得られるが, さらに前者の不等式から, $x > 0$ に対し,

$$\phi(x) = \sum_{n=0}^{\infty} \left(\phi\left(\frac{x}{2^n}\right) - \phi\left(\frac{x}{2^{n+1}}\right) \right) < \frac{3}{4} \sum_{n=0}^{\infty} \frac{x}{2^n} = \frac{3}{2} x \tag{9}$$

を得る. 後者の不等式については, $x > 300$ に対し(5)を用いることで

---

3) ここで, 300 という値は最良の評価ではないが, Ramanujan の論文に合わせている.

$$\frac{2}{3}x < \phi(x) - \phi\left(\frac{x}{2}\right) + \phi\left(\frac{x}{3}\right) \leqq (\vartheta(x) + 2\phi(x^{1/2})) - \vartheta\left(\frac{x}{2}\right) + \phi\left(\frac{x}{3}\right)$$

が得られ，(9) から $\vartheta(x) - \vartheta\left(\dfrac{x}{2}\right) > \dfrac{x}{6} - 3x^{1/2}$ が従う．$x \geqq 324$ に対して $\dfrac{x}{6} - 3x^{1/2} \geqq 0$ であるので，$x \geqq 162$ に対して $\vartheta(2x) - \vartheta(x) > 0$ が成立する．

Step 4：$1 \leqq x < 162$ での成立は具体的に確認することができる．　　　$\square$

余談ではあるが，Ramanujan の証明においてダイガンマ関数の性質が用いられたのは Step 2 のみであり，この部分を Calculus-free にした証明が，2013 年に Meher-Murty[7] によって与えられている．

4. 多重ゼータ関数

自然数 $r \geqq 1$ に対し，**多重ゼータ関数**を

$$\zeta(s_1, \cdots, s_r) := \sum_{0 < m_1 < \cdots < m_r} \frac{1}{m_1^{s_1} \cdots m_r^{s_r}}$$

と定義するとき，$\mathrm{Re}(s_r) > 1$，$\mathrm{Re}(s_r + s_{r-1}) > 2$，$\cdots$，$\mathrm{Re}(s_r + \cdots + s_1) > r$ において絶対収束すること，さらに有理型解析接続を持つことが知られている．ここでは原点 $(0, \cdots, 0)$ における多重ゼータ関数の値を観察してみる．

$r = 1$ の場合は Riemann ゼータ関数であるので，$\zeta(0) = -\dfrac{1}{2}$ である．$r = 2$ の場合，$\mathrm{Re}(s_2) > 2$ に対して，$(0, s_2)$ は絶対収束域の点であるので，定義より，

$$\zeta(0, s_2) = \sum_{0 < m_1 < m_2} \frac{1}{m_2^{s_2}} = \sum_{m_2 = 1}^{\infty} \frac{m_2 - 1}{m_2^{s_2}} = \zeta(s_2 - 1) - \zeta(s_2)$$

となる．よって，Riemann ゼータ関数の解析接続によって

$$\lim_{s_2 \to 0} \lim_{s_1 \to 0} \zeta(s_1, s_2) = \zeta(-1) - \zeta(0) = -\frac{1}{12} + \frac{1}{2} = \frac{5}{12}$$

を得る．一方で，先に極限 $s_2 \to 0$ を考える場合には，任意の $s_1 \in \mathbb{C}$ に対して点 $(s_1, 0)$ が絶対収束域に含まれないことから，計算には工夫が必要となる．例えば，定義からただちに従う調和積関係式

$$\zeta(s_1)\zeta(s_2) = \zeta(s_1, s_2) + \zeta(s_2, s_1) + \zeta(s_1 + s_2)$$

を用いることで

$$\lim_{s_1 \to 0} \lim_{s_2 \to 0} \zeta(s_1, s_2) = \lim_{s_1 \to 0} \lim_{s_2 \to 0} (\zeta(s_1)\zeta(s_2) - \zeta(s_2, s_1) - \zeta(s_1 + s_2))$$

$$= \lim_{s_1 \to 0} (\zeta(s_1)\zeta(0) - \zeta(0, s_1) - \zeta(s_1)) = \frac{1}{3}$$

を得る．ここで極限の取り方に応じて値が異なっていることに注意．同様の計算を $r = 3, 4, \cdots$ に対して続けていくと，例えば

$$\lim_{s_1 \to 0} \cdots \lim_{s_r \to 0} \zeta(s_1, \cdots, s_r) = \frac{(-1)^r}{r+1} \tag{10}$$

であることが観察されるが，これは秋山–谷川[1]によって証明されている．ほかにもさまざまな極限の取り方が考えられるが，ここでは1つ意味ありげな極限の系列を紹介したい．

$r \geqq 2$ に対し，秋山–谷川の極限の s_1 と s_2 の順番のみを入れ替えた

$$\lim_{s_2 \to 0} \lim_{s_1 \to 0} \lim_{s_3 \to 0} \cdots \lim_{s_r \to 0} \zeta(s_1, \cdots, s_r)$$

を考えると，$r = 2, 3, 4$ に対し，それぞれ $\dfrac{5}{12}, -\dfrac{7}{24}, \dfrac{163}{720}$ となる．このままではピンとこないが，

$$\frac{5}{12} = \frac{1}{3} + \frac{1}{12}, \qquad -\frac{7}{24} = -\frac{1}{4} - \frac{1}{24}, \qquad \frac{163}{720} = \frac{1}{5} + \frac{19}{720}$$

と表すことで，Gregory 係数 G_n が浮かび上がってくる．

定理 5 ● $r \geqq 2$ に対し，次が成り立つ．

$$\lim_{s_2 \to 0} \lim_{s_1 \to 0} \lim_{s_3 \to 0} \cdots \lim_{s_r \to 0} \zeta(s_1, \cdots, s_r) = \frac{(-1)^r}{r+1} - G_r.$$

証明 小野塚[10]の結果の特別な場合と(10)を組み合わせることで，問題の極限は

$$\frac{(-1)^r}{r+1} + (-1)^r \sum_{\substack{n_1 + \cdots + n_{r-1} = r \\ n_1 + \cdots + n_j \leqq j \, (1 \leqq j \leqq r-2)}} \prod_{j=1}^{r-1} \frac{B_{n_j}}{n_j!}$$

と等しくなることが分かる.この第二項の和について,

- 和の項数はカタラン数 $C_{r-1} = \dfrac{1}{r}\dbinom{2r-2}{r-1}$
- $n_1 + \cdots + n_{r-1} = r$ を満たす $(n_1, \cdots, n_{r-1})$ は $(r-1)C_{r-1}$ 通り
- $n_1 + \cdots + n_{r-1} = r$ を満たす各 $(n_1, \cdots, n_{r-1})$ に対し,その巡回置換はすべて異なり,そのうち上の和の条件を満たすものは高々1つ

であることに注意すると,

$$(r-1) \sum_{\substack{n_1+\cdots+n_{r-1}=r \\ n_1+\cdots+n_j \leq j\,(1 \leq j \leq r-2)}} \prod_{j=1}^{r-1} \frac{B_{n_j}}{n_j!} = \sum_{n_1+\cdots+n_{r-1}=r} \prod_{j=1}^{r-1} \frac{B_{n_j}}{n_j!}$$

$$=: (-1)^r \frac{B_r^{(r-1)}}{r!}$$

が従う.これと Gregory 係数の関係についてはさまざまな証明が考えられるが,例えば,Nörlund [9, p. 244] が示しているダイガンマ関数の逆階乗級数表示

$$\Psi(x) = \log x - \frac{1}{2x} - \sum_{n=2}^{\infty} \frac{(-1)^n B_n^{(n-1)}}{n(n-1)} \frac{1}{x(x+1)\cdots(x+n-1)}$$

と Binet の表示(定理 3)の係数比較から所望の結果が得られる. □

Bernoulli 数が Riemann ゼータ関数の負の整数点での値 $\zeta(1-n) = -B_n/n$ として現れていたのに対し,Gregory 係数は多重ゼータ関数の原点での(ある特別な極限)値として現れる,というのがこの定理の主張である.これまたなんとも対照的であり,興味をかき立てられる.

参考文献

［1］ S. Akiyama, Y. Tanigawa, *Multiple zeta values at non-positive integers*, Ramanujan J., 5 (2001), no. 4, 327-351.

［2］ J. P. M. Binet. *Mémoire sur les intégrales définies Eulériennes et sur leur application à la théorie des suites ainsi qu'à l'évaluation des functions des grands nombres*, Journal de l'École Polytechnique, 16 (1839), 123-343.

［3］ L. Euler, *Institutiones calculi differentialis cum eius usu in analysi finitorum*

ac doctrina serierum, Imprinti Academiae Imperialis Scientiarum Petropoli-
tanae, 1755.

[4] L. Euler, *De curva hypegeometrica hac aequatione expressa* $y = 1.2.3.......x$, Novi
Coment. Acad. Sci. Petrop. 13 (1769), 3-66.

[5] E. Landau, *Über die Grundlagen der Theorie der Fakultätenreihen*, Sitzsber.
Akad. München, 36 (1906), 151-218.

[6] L. Mascheroni, *Adnotationes ad calculum integralem Euleri*, in quibus
nonnulla problemata ab Eulero proposita resolvuntur, Galeiti, Ticini, 1790.

[7] J. Meher and M. R. Murty, *Ramanujan's proof of Bertrand's postulate*, Amer.
Math. Monthly 120 (2013), no. 7, 650-653.

[8] N. Nielsen, *Die Gammafunktion*, Chelsea, 1965, originally published by
Teubner, 1906.

[9] N. E. Nörlund, *Vorlesungen über Differenzrechnung*, Springer Verlag, 1924.

[10] T. Onozuka, *Analytic continuation of multiple zeta-functions and the
asymptotic behavior at non-positive integers*, Funct. Approx. Comment. Math.
49 (2013), no. 2, 331-348.

[11] S. Ramanujan, *A proof of Bertrand's postulate*, J. Indian Math. Soc. 11 (1919),
181-182.

[12] E. T. Whittaker and G. N. Watson, *A course of modern analysis*, Reprint of the
fourth edition, Cambridge University Press, 1927.

多重ガンマとフレンドしたい

渋川元樹 [神戸大学大学院理学研究科]

I. はじめに

ガンマ函数 $\Gamma(z)$ は $n! = 1 \cdot 2 \cdots n$ の補間であり，初期値 $\Gamma(1) = 1$ と差分関係式

$$\Gamma(z+1) = z\Gamma(z)$$

を満たす．

この類似として，「階乗の階乗」$1! \cdot 2! \cdots n!$ の補間で，初期値 $G(0) = G(1) = 1$ と差分関係式

$$G(z+1) = \Gamma(z)G(z)$$

を満たすもの[1] として，バーンズの G 函数というものが知られている．これはセルバーグゼータのガンマ因子や実2次体のクロネッカーの極限公式[2]，2次元イジング模型のタウ函数の漸近解析，最近ではパンルヴェ方程式のタウ函数の共形ブロックによる展開係数や接続問題に現れたり[3] と何かとホットな特殊函数である．

より一般に，このバーンズの G 函数を含む，「階乗の階乗の階乗の…」の

1）よって $G(n+1) = 1! \cdot 2! \cdots (n-1)!$. ただし特徴づけにはこれらだけでは不十分で，さらに「1以上の実数に制限したとき log の三回微分が非負」という条件が必要になる（ボーア-モーレアップの類似）.

2）この辺は G 函数というより，[4]にあるように二重サイン函数と捉える方が適切である.

3）これは名古屋創さん（立教大学，現在は金沢大学）に教えていただいた.

補間にあたるのが多重ガンマ函数[4]である．これは 19 世紀末から 20 世紀初等にバーンズにより導入されたもので，倍角公式，ラーベの公式(log の積分公式)，スターリングの公式(漸近挙動)，ボーア-モーレアップの定理(差分関係式と log の高階微分による特徴づけ)，ヘルダーの定理(超越性)等の，通常のガンマ函数やその q 類似で成り立つ結果の類似が知られている[5]．

　このように多重ガンマの話題は非常に多岐にわたるが，通常のガンマと異なり，そもそも多重ガンマはあまりなじみがないかもしれない．そこで本稿は多重ガンマを扱う上で有用なゼータ函数の多重化とリプシッツの公式について述べ，それらを用いて

$$\prod_{m_1,\cdots,m_r=0}^{\infty}(1-e^{2\pi i(m_1\omega_1+\cdots+m_r\omega_r+z)})$$

という形の無限積と多重ガンマとの関連を与える多重ガンマの相反公式の解説を行う[6]．この公式から身近なところにたくさん多重ガンマがひそんでいることを実感し，なじみのなかった多重ガンマと「フレンド」していただければ幸いである[7]．

2. 多重化とは

　まず最初に多重○○函数(あるいは多項式)という用語に関する確認をしておこう．本来「特殊函数の多重化」と言った場合は，函数の変数はそのままで，入っているパラメータの数を増やす拡張(多パラメータ化)を指す．ただ本稿の主題である多重ガンマや多重ゼータ函数[8]はもう少し狭義の意味で，それは概ね次のような函数(の族) $\{f_r(z)\}_{r=0,1,2,\cdots}$ を指す．

4）以下，親しみを込めて「多重ガンマ」と略記する．
5）しかもそのほとんどが既にバーンズにより得られている．
6）解説動画も参照．
　　https://www.youtube.com/watch?v=FwtKFlVswPU
7）紙数の都合上，多くを省略せざるを得ないので，詳細は[4]，[5]等をご参照いただきたい．
8）「多重ゼータ値」とはまた違う拡張．

183

r を非負整数として，$\omega_1, \omega_2, \cdots$ を複素パラメータとする．このとき，一階の差分関係式

$$f_r(z \mid \omega_1, \cdots, \omega_r) - f_r(z + \omega_k \mid \omega_1, \cdots, \omega_r)$$
$$= f_{r-1}(z \mid \omega_1, \cdots, \widehat{\omega_k}, \cdots, \omega_r) \qquad (k = 1, \cdots, r) \tag{2.1}$$

を満たす函数族 $\{f_r(z \mid \omega_1, \cdots, \omega_r)\}$ を考える．さらに $f_1(z)$ がよく知られた〇〇函数であったとき，$f_r(z \mid \omega_1, \cdots, \omega_r)$ は多重(r重)〇〇函数と呼ばれる[9]．たとえば冒頭に述べたバーンズの G 函数(の log)は

$$\omega_1 = \omega_2 = 1, \qquad f_1(z \mid 1) = -\log \Gamma(z)$$

としたものになっている．

3. 多重ゼータ函数と多重ガンマ

種々の特殊函数の多重化を考える上で非常に重要な多重ゼータ函数について述べよう．我々が欲しいのは，上述した(2.1)を満たす函数 $\{f_r(z \mid \omega_1, \cdots, \omega_r)\}$ であった．その構成方法を荒っぽく言えば，次のようになる．

まず $r = 1$（通常の場合）を考えよう．このとき(2.1)は

$$f_1(z \mid \omega_1) - f_1(z + \omega_1 \mid \omega_1) = f_0(z)$$

となる．$f_0(z)$ が与えられたとき，$f_1(z \mid \omega_1)$ は

$$f_1(z \mid \omega_1) = \sum_{m_1 \geqq 0} f_0(z + m_1 \omega_1)$$

とすれば構成できる[10]．実際，右辺の和が収束していれば，これは正しい．

ひとまず収束の問題は置いておいて，先に進もう．f_1 が構成できたので $r = 2$ の場合を考える．このとき，(2.1)は

$$f_2(z \mid \omega_1, \omega_2) - f_2(z + \omega_1 \mid \omega_1, \omega_2) = f_1(z \mid \omega_2),$$

---

9) 多パラメータ化ではないが，ポリログ等のように一階の微分関係式 $\dfrac{df_r(z)}{dz} = A_r f_{r-1}(z)$ を満たす場合も同様に多重〇〇函数と呼ばれることもある．日本語としては両方「多重」で紛らわしいが，個人的には差分の場合が multiple, 微分の場合が poly と呼ばれている印象がある．

10) 要するに等差数列を解いただけ．

$$f_2(z \mid \omega_1, \omega_2) - f_2(z + \omega_2 \mid \omega_1, \omega_2) = f_1(z \mid \omega_1)$$

となり，f_2 は先程と同様に

$$f_2(z \mid \omega_1, \omega_2) = \sum_{m_2 \geqq 0} f_1(z + m_2 \omega_2 \mid \omega_1)$$

$$= \sum_{m_1 \geqq 0} f_1(z + m_1 \omega_1 \mid \omega_2)$$

$$= \sum_{m_2 \geqq 0} \sum_{m_1 \geqq 0} f_0(z + m_1 \omega_1 + m_2 \omega_2)$$

とすれば構成できる．まったく同様に考えると，f_r は

$$f_r(z \mid \omega_1, \cdots, \omega_r) = \sum_{m_1, \cdots, m_r \geqq 0} f_0(z + m_1 \omega_1 + \cdots + m_r \omega_r)$$

とすればよいように思える．

が，トーゼン和の収束が問題となる．たとえば，ガンマ関数をこの方法で構成しようとすると，

$$\log \Gamma(z) - \log \Gamma(z+1) = -\log z$$

なので，$f_0(z) = -\log z$ として，

$$\log \Gamma(z) \approx -\sum_{m_1 \geqq 0} \log(z + m_1)$$

となると期待されるが，右辺の和は収束していないのでこのままではまずい．

そこで少し見方を変える．つまり新たに複素パラメータ s を導入し，$f_0(s, z) := z^{-s}$ として，同様の考察を行う．すると

$$f_1(s, z \mid \omega_1) = \zeta_1(s, z \mid \omega_1) := \sum_{m_1 \geqq 0} \frac{1}{(z + m_1 \omega_1)^s}$$

となる．ただし，ここで複素数 w の偏角は $-\pi < \arg w \leqq \pi$ とした．これはフルヴィッツゼータと呼ばれるもので[11]，$\operatorname{Re} s > 1$ のときに絶対収束し

$$\zeta_1(s, z \mid \omega_1) - \zeta_1(s, z + \omega_1 \mid \omega_1) = z^{-s} \tag{3.1}$$

が成り立つことがわかる．加えて $\operatorname{Re} z > 0$ のとき，$\zeta_1(s, z \mid \omega_1)$ は $s = 1$ にのみ一位の極を持つ有理型函数に解析接続される．解析接続は函数関係を保

---

11) 正確には $\zeta(s, z) := \zeta_1(s, z \mid 1)$ をそう呼ぶ．

つので，（3.1）も任意の $s \in \mathbb{C}$ で成り立つ[12]．

たとえば $s = -N$ とすれば

$$\zeta_1(-N, z \mid \omega_1) - \zeta_1(-N, z+\omega_1 \mid \omega_1) = z^N$$

となるが，これは

$$\frac{te^{zt}}{e^t - 1} = \sum_{k \geq 0} \frac{B_k(z)}{k!} t^k$$

で定義されるベルヌーイ多項式 $B_k(z)$ にほかならない[13]．

さてガンマ関数である．この場合，（3.1）の右辺に欲しいのは $\log z$ なので，（3.1）の両辺を s で微分して $s = 0$ とすると，

$$\frac{\partial \zeta_1}{\partial s}(0, z \mid \omega_1) - \frac{\partial \zeta_1}{\partial s}(0, z+\omega_1 \mid \omega_1) = -\log z.$$

よって，

$$-\frac{\partial \zeta_1}{\partial s}(0, z \mid 1) \approx \log \Gamma(z)$$

が期待されるが，実際に正の実数 ω_1 について次が成り立つことが知られている（本質的にレルヒによる）．

命題 3.1 ●

$$-\frac{\partial \zeta_1}{\partial s}(0, z \mid \omega_1) = B_1\left(\frac{z}{\omega_1}\right)\log \omega_1 + \log \frac{\Gamma\left(\dfrac{z}{\omega_1}\right)}{\sqrt{2\pi}}$$

$$= \left(\frac{z}{\omega_1} - \frac{1}{2}\right)\log \omega_1 + \log \frac{\Gamma\left(\dfrac{z}{\omega_1}\right)}{\sqrt{2\pi}}. \tag{3.2}$$

これより特に $\exp\left(-\dfrac{\partial \zeta_1}{\partial s}(0, z \mid \omega_1)\right)$ は，定数項等の余分な項が出ているが，本質的にガンマ関数になることがわかる．

---

12) $s = 1$ でも，極の相殺が起こって成り立つ．

13) 正確には $\zeta_1(-N, z \mid \omega_1) = -\dfrac{\omega_1^N}{N+1} B_{N+1}\left(\dfrac{z}{\omega_1}\right)$．

そこで話を逆転させて,

$$\Gamma_1(z \mid \omega_1) := \exp\left(-\frac{\partial \zeta_1}{\partial s}(0, z \mid \omega_1) \right)$$

と新たに(一重)ガンマ函数を定義し直してみよう. こう考えると, ガンマ函数の多重化も見当がつく. すなわち上述の方法にならって, 多重フルヴィッツゼータ(バーンズ型の多重ゼータ)

$$\zeta_r(z \mid \omega_1, \cdots, \omega_r) = \sum_{m_1, \cdots, m_r \geqq 0} \frac{1}{(z + m_1\omega_1 + \cdots + m_r\omega_r)^s}$$

を考える. ただし, 各複素パラメータ $\omega_1, \cdots, \omega_r$ は原点を通る直線を引いて分割された平面の右側にあるものとする. これが $\operatorname{Re} s > r$ で絶対収束し, z の適当な制限の下で, $s = 1, \cdots, r$ にのみ一位の極を持つ有理型函数に解析接続されること, および差分関係式

$$\zeta_r(s, z \mid \omega_1, \cdots, \omega_r) - \zeta_r(s, z + \omega_k \mid \omega_1, \cdots, \omega_r)$$
$$= \zeta_{r-1}(s, z \mid \omega_1, \cdots, \widehat{\omega_k}, \cdots, \omega_r) \qquad (k = 1, \cdots, r) \tag{3.3}$$

を満たすことが示せる.

そこで多重ガンマ $\Gamma_r(z \mid \omega_1, \cdots, \omega_r)$ を

$$\Gamma_r(z \mid \omega_1, \cdots, \omega_r) := \exp\left(-\frac{\partial \zeta_r}{\partial s}(0, z \mid \omega_1, \cdots, \omega_r) \right) \tag{3.4}$$

と定めよう. すると(3.3)より,

$$\frac{\Gamma_r(z \mid \omega_1, \cdots, \omega_r)}{\Gamma_r(z + \omega_k \mid \omega_1, \cdots, \omega_r)} = \Gamma_{r-1}(z \mid \omega_1, \cdots, \widehat{\omega_k}, \cdots, \omega_r)$$

が成り立つことがわかり, $r = 2$ のとき,

$$\Gamma_2(z + \omega_1 \mid \omega_1, \omega_2) = \Gamma_1(z \mid \omega_2)^{-1} \Gamma_2(z \mid \omega_1, \omega_2),$$
$$\Gamma_2(z + \omega_2 \mid \omega_1, \omega_2) = \Gamma_1(z \mid \omega_1)^{-1} \Gamma_2(z \mid \omega_1, \omega_2)$$

となっているので, たしかに「多重ガンマ」と言える[14].

またベルヌーイ多項式の多重化も同様に得られる. すなわちフルヴィッツ

---

14) 冒頭に挙げたバーンズの G 函数との関係は,

$$G(z) = \frac{(2\pi)^{\frac{z-1}{2}} e^{\zeta'(-1)}}{\Gamma_2(z \mid 1, 1)}.$$

ゼータのときと同様に $s = -N$ とすれば，$\zeta_r(-N, z \mid \omega_1, \cdots, \omega_r)$ は本質的に

$$\frac{t^r e^{zt}}{(e^{\omega_1 t}-1)\cdots(e^{\omega_r t}-1)} = \sum_{k \geq 0} \frac{B_{r,k}(z \mid \omega_1, \cdots, \omega_r)}{k!} t^k$$

で定まる多重ベルヌーイ多項式[15]になる．より正確には

$$\zeta_r(-N, z \mid \omega_1, \cdots, \omega_r) = (-1)^r \frac{N!}{(N+r)!} B_{r,r+N}(z \mid \omega_1, \cdots, \omega_r) \tag{3.5}$$

となり，$s = 1, \cdots, r$ での留数が

$$\operatorname*{Res}_{s=m} \zeta_r(s, z \mid \omega_1, \cdots, \omega_r) ds = \frac{(-1)^{r-m}}{(m-1)!\,(r-m)!} B_{r,r-m}(z \mid \omega_1, \cdots, \omega_r) \tag{3.6}$$

となることが知られている．

このように多重ゼータ函数，およびその解析接続と特殊値は，特殊函数の多重化において重要な役割を果たす[16]．

4. リプシッツの公式

多重ガンマを導入したが，それとほかの特殊函数との関連を考察するのに非常に重要なリプシッツの公式を紹介する．まずコタンジェントの部分分数展開

$$\pi \cot \pi z = \frac{1}{z} + \sum_{m=1}^{\infty} \left(\frac{1}{z+m} + \frac{1}{z-m} \right) \tag{4.1}$$

を思い出そう．$\operatorname{Im} z > 0$ と仮定すると等比級数の和の公式が使えて，

$$\pi \cot \pi z = \pi i \frac{e^{\pi i z} + e^{-\pi i z}}{e^{\pi i z} - e^{-\pi i z}} = \pi i \left\{ 1 - 2 \sum_{n=0}^{\infty} e^{2\pi i n z} \right\}$$

となるので，(4.1) の両辺を z で $N-1$ 回微分すると，

$$\sum_{m \in \mathbb{Z}} \frac{1}{(z+m)^N} = \frac{(-2\pi)^N}{(N-1)!} \sum_{n=1}^{\infty} n^{N-1} e^{2\pi i n z}$$

が成り立つことがわかるが，実は以下のように N を任意の複素数 s に変え

---

15) ポリログで定義される多重 (poly) ベルヌーイ多項式とは別物である．

16) そもそもバーンズが多重ゼータ函数を導入した動機がガンマ函数の多重化にあった．

ても成立する.

補題 4.1 ●

$$\sum_{m \in \mathbb{Z}} \frac{1}{(z+m)^s} = e^{-\frac{\pi}{2}is} \frac{(2\pi)^s}{\Gamma(s)} \sum_{n=1}^{\infty} n^{s-1} e^{2\pi inz}. \tag{4.2}$$

これはリプシッツの公式と呼ばれ，ここから多くの帰結が得られる．たとえば，ここで左辺の和

$$\xi(s, z) := \sum_{m \in \mathbb{Z}} \frac{1}{(z+m)^s}$$

は $\mathrm{Re}\, s > 1$ で絶対収束することがわかるが，(4.2)は，$\mathrm{Im}\, z > 0$ のもとで $\xi(s, z)$ が s の整函数に解析接続されることを意味している．そうするとフルヴィッツゼータのときのように非正整数や微分での特殊値も気になるが，それもこの公式から直ちにわかる．実際，$\Gamma(s)^{-1}$ の零点は $s = 0, -1, -2, \cdots$ なので，

$$\xi(-N, z) = 0, \qquad (N = 0, 1, 2, \cdots)$$

が成り立つ．これに注意すると

$$\frac{\partial \xi}{\partial s}(0, z) = \lim_{s \to 0} \frac{\xi(s, z) - \xi(0, z)}{s}$$

$$= \lim_{s \to 0} e^{-\frac{\pi}{2}is} \frac{(2\pi)^s}{s\Gamma(s)} \sum_{n=1}^{\infty} n^{s-1} e^{2\pi inz}$$

$$= \sum_{n=1}^{\infty} \frac{e^{2\pi inz}}{n} = -\log(1 - e^{2\pi iz}) \tag{4.3}$$

となることもわかる.

さらに $\xi(s, z)$ はフルヴィッツゼータを負の方向にも足したもので，和を

$$\xi(s, z) = \sum_{m \geq 0} \frac{1}{(z+m)^s} + \sum_{m \geq 0} \frac{1}{(z-m-1)^s}$$

のように非負方向と負方向に分けて考えると，

$$\xi(s, z) = \zeta_1(s, z \mid 1) + e^{-\pi is} \zeta_1(s, 1-z \mid 1) \tag{4.4}$$

のように二つのフルヴィッツゼータの和で書ける．ただし，複素数の偏角を

$-\pi < \arg w \leqq \pi$ としているので，$0 < \arg(z-m-1) < \pi$ で

$$\frac{1}{(z-m-1)^s} = \frac{e^{-\pi i s}}{(m+1-z)^s}$$

となることを使った[17].

(4.4)の両辺を s で微分して $s = 0$ を代入すると

$$\frac{\partial \xi}{\partial s}(0,z) = \frac{\partial \zeta_1}{\partial s}(0,z \mid 1) + \frac{\partial \zeta_1}{\partial s}(0,1-z \mid 1) - \pi i \zeta_1(0,1-z \mid 1).$$

ここで(3.2)，(3.5)および(4.3)を思い出し，上式を指数関数の方に乗せると次の定理が得られる．

定理 4.2 ●

$$1 - e^{2\pi i z} = e^{\pi i\left(z-\frac{1}{2}\right)}\frac{2\pi}{\Gamma(z)\Gamma(1-z)}. \tag{4.5}$$

これを整理し直せば，よく知られた相反公式

$$\sin \pi z = \frac{\pi}{\Gamma(z)\Gamma(1-z)} \tag{4.6}$$

も得られる．つまり一重の場合，(4.5)と(4.6)は同値なのだが，後述するように多重化すると各々が別物になってくる．この辺が多重化の難しさであり，面白さ(多様さ)でもある．

5. さまざまな特殊函数の多重化と多重ガンマ

重要な(4.5)の多重化からはじめよう．そのためには $\xi(s,z)$ の多重化を考える必要があるが，それは次のようにすればよい．以下，パラメータ $\omega_0, \omega_1,$

---

17) もし $e^{-\pi i s}$ ではなく $e^{\pi i s}$ としてしまうと

$\quad m+1-z = e^{\pi i}(z-m-1)$

となり，偏角が $\pi < \arg(z-m-1) < 2\pi$ となり定義域の外に行ってしまう．このように非負方向と負方向の和を両方考えるときは，いつものこのテの偏角の問題が絡んできて厄介である．

$\cdots, \omega_r$ と変数 z が

$$\arg(\omega_0) < \arg(\omega_1), \cdots, \arg(\omega_r) < \arg(\omega_0) + \pi,$$

$$\arg(\omega_0) \leqq \arg(z) \leqq \arg(\omega_0) + \pi$$

を満たすとする．このとき，ξ_{r+1} を

$$\xi_{r+1}(s, z \mid \omega_0 ; \omega_1, \cdots, \omega_r)$$

$$:= \sum_{n \in \mathbb{Z}, m_1, \cdots, m_r = 0}^{\infty} \frac{1}{(n\omega_0 + m_1\omega_1 + \cdots + m_r\omega_r + z)^s} \tag{5.1}$$

で定める．これは $\operatorname{Re} s > r+1$ で絶対収束し，導入した $\xi(s, z)$ とは

$$\xi(s, z) = \xi_1(s, z \mid 1)$$

という関係がある．また $\omega_0 = 1$ とすると，パラメータと変数に関する条件は $\operatorname{Im} \omega_1, \cdots, \operatorname{Im} \omega_r, \operatorname{Im} z > 0$ となり，

$$\xi_{r+1}(s, z \mid 1 ; \omega_1, \cdots, \omega_r)$$

$$= \sum_{m_1, \cdots, m_r = 0}^{\infty} \xi(s, m_1\omega_1 + \cdots + m_r\omega_r + z)$$

$$= e^{-\frac{\pi}{2}is} \frac{(2\pi)^s}{\Gamma(s)} \sum_{m_1, \cdots, m_r = 0}^{\infty} \sum_{n=1}^{\infty} n^{s-1} e^{2\pi in(m_1\omega_1 + \cdots + m_r\omega_r + z)}$$

$$= e^{-\frac{\pi}{2}is} \frac{(2\pi)^s}{\Gamma(s)} \sum_{n=1}^{\infty} \frac{n^{s-1} e^{2\pi inz}}{(1 - e^{2\pi in\omega_1}) \cdots (1 - e^{2\pi in\omega_r})} \tag{5.2}$$

を得る．この表示から $\xi(s, z)$ のときとまったく同様に解析接続，および特殊値の計算が

$$\xi_{r+1}(-N, z \mid 1 ; \omega_1, \cdots, \omega_r) = 0, \tag{5.3}$$

$$\frac{\partial \xi_{r+1}}{\partial s}(0, z \mid 1 ; \omega_1, \cdots, \omega_r) = \sum_{n=1}^{\infty} \sum_{m_1, \cdots, m_r = 0}^{\infty} \frac{e^{2\pi in(m_1\omega_1 + \cdots + m_r\omega_r + z)}}{n}$$

$$= -\log \prod_{m_1, \cdots, m_r = 0}^{\infty} (1 - e^{2\pi i(m_1\omega_1 + \cdots + m_r\omega_r + z)}) \tag{5.4}$$

のようにできる．他方，n に関する和を非負方向と負方向に分けると，こちらも先程と同様にして，

$$\xi_{r+1}(s, z \mid 1 ; \omega_1, \cdots, \omega_r)$$

$$= \sum_{m_1, \cdots, m_r = 0}^{\infty} \xi(s, m_1\omega_1 + \cdots + m_r\omega_r + z)$$

$$
= \sum_{m_1, \cdots, m_r = 0}^{\infty} \{ \zeta_1(s, m_1\omega_1 + \cdots + m_r\omega_r + z \mid 1)
$$

$$
+ e^{-\pi i s} \zeta_1(s, 1 - (m_1\omega_1 + \cdots + m_r\omega_r + z) \mid 1) \}
$$

$$
= \zeta_{r+1}(s, z \mid 1, \omega_1, \cdots, \omega_r) + e^{-\pi i s} \zeta_{r+1}(s, 1 - z \mid 1, -\omega_1, \cdots, -\omega_r) \tag{5.5}
$$

となる．そこでこの両辺を s で微分して $s = 0$ とすると，(3.4), (3.5)および (5.5)より，次のフリードマン-ルイセナース[3]による(4.5)の多重化を得る[18]．

定理 5.1 ●

$$
\frac{e^{-(-1)^{r+1}\frac{\pi i}{(r+1)!}B_{r+1,r+1}(z \mid 1, \omega_1, \cdots, \omega_r)}}{\Gamma_{r+1}(z \mid 1, \omega_1, \cdots, \omega_r)\Gamma_{r+1}(1-z \mid 1, -\omega_1, \cdots, -\omega_r)}
$$

$$
= \prod_{m_1, \cdots, m_r = 0}^{\infty} (1 - e^{2\pi i(m_1\omega_1 + \cdots + m_r\omega_r + z)}). \tag{5.6}
$$

この公式から特に，

$$
\prod_{m_1, \cdots, m_r = 0}^{\infty} (1 - e^{2\pi i(m_1\omega_1 + \cdots + m_r\omega_r + z)})
$$

という形の無限積で表示される函数はすべて多重ガンマ $\Gamma_{r+1}(z \mid 1, \omega_1, \cdots, \omega_r)$ （と多重ベルヌーイ多項式）を用いて表示されることがわかる．

たとえば，τ を ${\rm Im}\,\tau > 0$ とすると，デデキントのエータ函数

$$
\eta(\tau) := e^{\frac{\pi i \tau}{12}} \prod_{n=1}^{\infty} (1 - e^{2\pi i n \tau})
$$

は二重ガンマ函数を用いて

$$
\eta(\tau) = e^{\pi i \frac{B_2}{2!}\tau} \frac{e^{-\pi i \frac{B_{2,2}(\tau \mid 1, \tau)}{2!}}}{\Gamma_2(\tau \mid 1, \tau)\Gamma_2(1-\tau \mid 1, -\tau)}
$$

---

18) ただし，[3]ではリプシッツの公式を使っていないため，証明が非常に複雑である．

と書ける[19].

またテータ函数[20]

$$\theta(z \mid \tau) := \prod_{n=0}^{\infty} (1 - e^{2\pi i(n\tau + z)})(1 - e^{2\pi i((n+1)\tau - z)}) \tag{5.7}$$

は

$$\theta(z \mid \tau) = \frac{e^{-\pi i B_{2,2}(z \mid 1, \tau)}}{\Gamma_2(z \mid 1, \tau)\Gamma_2(1-z \mid 1, -\tau)\Gamma_2(1+\tau-z \mid 1, \tau)\Gamma_2(z-\tau \mid 1, -\tau)}$$

と書ける(バーンズ[1]，新谷[8])[21].

二重ガンマの例ばかり挙げたので，もっと多重の例も挙げておこう．ρ を，τ とは別の，$\operatorname{Im} \rho > 0$ となる複素パラメータとする．ここで例として挙げるのは楕円ガンマ函数

$$\theta_2(z \mid \tau, \rho) := \prod_{m,n=0}^{\infty} \frac{1 - e^{2\pi i((m+1)\tau + (n+1)\rho - z)}}{1 - e^{2\pi i(m\tau + n\rho + z)}} \tag{5.8}$$

である[22]．この名称のゆえんは，これが

$$\theta_2(z+1 \mid \tau, \rho) = \theta_2(z \mid \tau, \rho)$$

$$\theta_2(z+\tau \mid \tau, \rho) = \theta(z \mid \rho)\theta_2(z \mid \tau, \rho)$$

$$\theta_2(z+\rho \mid \tau, \rho) = \theta(z \mid \tau)\theta_2(z \mid \tau, \rho)$$

---

19) ここではベルヌーイ数 $B_2 = B_2(1) = \dfrac{1}{6}$ を用いて $\dfrac{1}{12}$ を敢えてこう書いた．なぜこのように書いたのかというとエータ函数のこの項は

$$-\pi i \zeta_2(0, -1 \mid \tau, -1) = \frac{\pi i}{2} B_{2,2}(0 \mid 1, \tau) = \frac{\pi i}{4} + \frac{\pi i}{12}\left(\tau + \frac{1}{\tau}\right)$$

の τ の1次の項と解釈されるべきだからである．

20) 本来のヤコビのテータ函数はこれにさらに $\prod_{n=1}^{\infty}(1 - e^{2\pi i n\tau})$ 等の因子を掛けたものであるが，本質的な因子はこれであり，後ろの楕円ガンマ函数に触れる都合もあって，この形で導入した．

21) ただし，この証明は定理 5.1 とあわせて，多重ベルヌーイ多項式の公式

$$B_{2,2}(z \mid 1, \tau) = B_{2,2}(1+\tau-z \mid 1, \tau)$$

を用いる．

22) 本稿の文脈では「二重テータ函数」(この名称は成川淳による[6])と呼ぶ方がしっくりくるし，多重ガンマとの混同も避けるために，よく使われる $\Gamma(z \mid \tau, \rho)$ ではなく $\theta_2(z \mid \tau, \rho)$ という表記を用いることにする．

という差分方程式を満たし，ガンマ函数の楕円類似[23]とみなせるからである．これは三重ガンマ函数を用いて(5.9)のように書ける：

$$\theta_2(z \mid \tau, \rho) = e^{2\pi i \frac{B_{3,3}(z \mid 1, \tau, \rho)}{3!}}$$

$$\cdot \frac{\Gamma_3(z \mid 1, \tau, \rho)\,\Gamma_3(1-z \mid 1, -\tau, -\rho)}{\Gamma_3(1+\tau+\rho-z \mid 1, \tau, \rho)\,\Gamma_3(z-\tau-\rho \mid 1, -\tau, -\rho)}. \tag{5.9}$$

以上は(4.5)の多重化の話だったが，ここで(4.6)の多重化について述べよう．こちらは「多重三角函数」と呼ばれているもので，多重ガンマを用いて

$$S_r(z \mid \omega_1, \cdots, \omega_r) := \frac{\Gamma_r(\omega_1 + \cdots + \omega_r - z \mid \omega_1, \cdots, \omega_r)^{(-1)^r}}{\Gamma_r(z \mid \omega_1, \cdots, \omega_r)} \tag{5.10}$$

で定義される．満たす差分関係式は

$$\frac{S_r(z \mid \omega_1, \cdots, \omega_r)}{S_r(z+\omega_k \mid \omega_1, \cdots, \omega_r)} = S_{r-1}(z \mid \omega_1, \cdots, \widehat{\omega_k}, \cdots, \omega_r)$$

であり，(3.2)より

$$S_1(a \mid \omega_1) = 2\sin\left(\frac{\pi z}{\omega_1}\right)$$

となるので，たしかに「多重三角函数」である．

一重のときは自明であったが，(4.6)の多重化である(5.10)と，(4.5)の多重化である(5.6)も互いに読み替えが可能である．二重の場合のみ触れておくと，

$$F(s, z \mid \omega_1, \omega_2) := \zeta_2(s, z \mid \omega_1, \omega_2) - \zeta_2(s, z-\omega_1-\omega_2 \mid -\omega_1, -\omega_2)$$

と置いて，これを二通りに表示して，sで微分して$s=0$とすればよい．実際，二重三角函数側の表示は

$$0 < \arg\omega_1 < \arg\omega_2 < z < \pi, \qquad \mathrm{Im}(z-\omega_1-\omega_2) < 0$$

と仮定して

$$F(s, z \mid \omega_1, \omega_2) = \zeta_2(s, z \mid \omega_1, \omega_2) - e^{\pi i s}\zeta_2(s, \omega_1+\omega_2-z \mid \omega_1, \omega_2)$$

として，無限積側の表示は

$$F(s, z \mid \omega_1, \omega_2) = \{\zeta_2(s, z \mid \omega_1, \omega_2) + \zeta_2(s, z-\omega_1 \mid -\omega_1, \omega_2)\}$$

---

[23] q類似をさらにもう一段パラメータ変形したもの．

$$-\{\zeta_2(s, z-\omega_1 \mid -\omega_1, \omega_2) + \zeta_2(s, z-\omega_1-\omega_2 \mid -\omega_1, -\omega_2)\}$$

$$= \xi_2(s, z \mid \omega_1 \,;\, \omega_2) - \xi_2(s, z-\omega_1 \mid \omega_2 \,;\, -\omega_1)$$

$$= \omega_1^{-s} \xi_2\left(s, \frac{z}{\omega_1} \;\middle|\; 1 \,;\, \frac{\omega_2}{\omega_1}\right) - \omega_2^{-s} \xi_2\left(s, \frac{z-\omega_1}{\omega_2} \;\middle|\; 1 \,;\, -\frac{\omega_1}{\omega_2}\right)$$

とする．この二つの表示式を s で微分して $s=0$ とし，指数函数の方に乗せると新谷卓郎[7]による次の公式を得る：

定理 5. 2 ●

$$S_2(z \mid \omega_1, \omega_2) = e^{\pi i \frac{B_{2,2}(z \mid \omega_1, \omega_2)}{2!}} \prod_{n=0}^{\infty} \frac{1 - e^{2\pi i \left(-n\frac{\omega_1}{\omega_2} + \frac{z-\omega_1}{\omega_2}\right)}}{1 - e^{2\pi i \left(n\frac{\omega_2}{\omega_1} + \frac{z}{\omega_1}\right)}}. \tag{5.11}$$

これの多重化も成川淳により得られている[5]．

参考文献

[1] E. W. Barnes: "The Genesis of the Double Gamma Functions", *Proc. London Math. Soc.* s1-31 (1899), 358-381.

[2] E. W. Barnes: "On the theory of the multiple gamma function", *Trans. Cambridge Philos. Soc.* 19 (1904), 374-425.

[3] E. Friedman and S. Ruijsenaars: "Shintani-Barnes zeta and gamma functions", *Advances in Math.* 187 (2) (2004), 362-395.

[4] 黒川信重：『現代三角関数論』，岩波書店，2013.

[5] A. Narukawa: "The modular properties and the integral representations of the multiple elliptic gamma functions", *Advances in Math.* 189 (2) (2004), 247-267.

[6] 成川淳：「多重化展覧会」．
http://www.ac.cyberhome.ne.jp/~narukawa/multiple.pdf

[7] T. Shintani: "On a Kronecker limit formula for real quadratic fields", *J. Fac. Sci. Univ. Tokyo Section* IA 24 (1977), 167-199.

[8] T. Shintani: "A proof of the classical Kronecker limit formula", *Tokyo J. Math.* 3 (1980), 191-199.

第4部
超幾何関数

オイラーとガウスの超幾何

原岡喜重［城西大学数理・データサイエンスセンター／熊本大学名誉教授］

I. 超幾何級数

数列 $\{a_n\}_{n=0}^{\infty}$ があると，

$$a_0 + a_1 x + a_2 x^2 + a_3 x^3 + \cdots = \sum_{n=0}^{\infty} a_n x^n$$

という「無限次多項式」を作ることができます．これをべき級数といいます．
べき級数は関数を表す重要な手段で，たとえば三角関数 $\sin x$ は

$$\sin x = x - \frac{x^3}{3!} + \frac{x^5}{5!} - \frac{x^7}{7!} + \cdots$$

のようにべき級数で表すことができます（これを $\sin x$ のテイラー展開といいます）．$|x|$ が十分小さければ，x の高次の項は非常に小さくなるので，$\sin x$ が x とか $x - \dfrac{x^3}{3!}$ とか $x - \dfrac{x^3}{3!} + \dfrac{x^5}{5!}$ といった多項式で近似できることがわかり，これを用いると高校の教科書の巻末に載っているような三角関数表を作ることもできます．

逆に考えると，うまい数列 $\{a_n\}$ を持ってくれば，それを用いたべき級数として新しい有用な関数が作れるかもしれません．たとえば非常に単純な数列 $\{1, 1, 1, \cdots\}$ からは

$$1 + x + x^2 + x^3 + \cdots$$

というべき級数が作れます．これを**幾何級数**といいます．幾何級数を等比数列の和と見ると，$|x| < 1$ であれば収束して

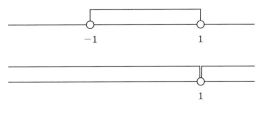

図1

$$1+x+x^2+x^3+\cdots = \frac{1}{1-x}$$

となりますね．これはよく見ると奇妙な等式です．左辺は $-1<x<1$ の範囲に限って意味を持つのに，右辺は $x=1$ 以外のすべての実数で意味を持ちます．つまり定義域が異なっています(図1)．

この現象は，本来広い範囲で定義されていた関数を級数で表した場合，その定義域が狭く限られる場合があるということと理解できます．さてそうすると，うまい数列を持ってきてべき級数を作り，その定義域を広げてべき級数が表している関数の本来の姿をつかまえる，という手順によって，新しい有用な関数が手に入れられるだろうということになります．超幾何関数は，このような流れで舞台に登場してきたものではないかと思われます．

超幾何数列という名前の数列が考えられていました．

$a,\ a(a+b),\ a(a+b)(a+2b),\ \cdots$

という数列です．これをもとに，幾何級数を少し複雑にしたものとして

$$1+\frac{\alpha\beta}{\gamma\cdot 1}x+\frac{\alpha(\alpha+1)\beta(\beta+1)}{\gamma(\gamma+1)\cdot 1\cdot 2}x^2+\frac{\alpha(\alpha+1)(\alpha+2)\beta(\beta+1)(\beta+2)}{\gamma(\gamma+1)(\gamma+2)\cdot 1\cdot 2\cdot 3}x^3+\cdots$$

$$=\sum_{n=0}^{\infty}\frac{\alpha(\alpha+1)\cdots(\alpha+n-1)}{\gamma(\gamma+1)\cdots(\gamma+n-1)}\frac{\beta(\beta+1)\cdots(\beta+n-1)}{n!}x^n$$

という級数が考案されました．α,β,γ はパラメーターです．これを**超幾何級数**といいます．超幾何級数は，$F(\alpha,\beta,\gamma;x)$ という記号で表されます．この超幾何級数を初めにきちんと研究したのは，オイラーです．

2. オイラーと超幾何級数

オイラーは数学史上の巨星です. オイラーは無限級数をはじめとして無限を自在に操り, 数々の驚くべき発見をしました. たとえば階乗 $n!$ は自然数 n に対してしか定義できませんが, 彼はこれを連続変数の関数にまで拡張するため, 次のように無限を利用しました.

$$(x-1)! = \frac{1 \cdot 2 \cdots (x-1) x (x+1) \cdots (x+n)}{x(x+1) \cdots (x+n)}$$

$$= \frac{n! \, n^x}{x(x+1) \cdots (x+n)} \frac{n+1}{n} \frac{n+2}{n} \cdots \frac{n+x}{n}$$

$$= \lim_{n \to \infty} \frac{n! \, n^x}{x(x+1) \cdots (x+n)}.$$

こうすると x は自然数である必要がなくなります. これをガンマ関数と呼び, 現代では $\Gamma(x)$ と書きます. ガンマ関数のもっとも基本的な性質は, 階乗 $(n-1)!$ について成り立つことから期待される, 次の公式です.

(1) $\Gamma(\alpha+1) = \alpha \Gamma(\alpha)$.

さて超幾何級数は幾何級数の拡張でしたが, その中間に当たるものがあります. それは関数 $(1-x)^{-\alpha}$ のテイラー展開で,

$$(1-x)^{-\alpha} = \sum_{n=0}^{\infty} \frac{\alpha(\alpha+1) \cdots (\alpha+n-1)}{n!} x^n$$

という形をしています. これと超幾何級数を比べたときの差にあたる

$$\frac{\beta(\beta+1) \cdots (\beta+n-1)}{\gamma(\gamma+1) \cdots (\gamma+n-1)}$$

は, ガンマ関数を用いて表されます. つまりガンマ関数の性質 (1) を繰り返し使うことで,

$$\frac{\beta(\beta+1) \cdots (\beta+n-1)}{\gamma(\gamma+1) \cdots (\gamma+n-1)} = \frac{\Gamma(\beta+n)}{\Gamma(\beta)} \cdot \frac{\Gamma(\gamma)}{\Gamma(\gamma+n)}$$

と書けるので, 超幾何級数は

$$F(\alpha, \beta, \gamma; x) = \frac{\Gamma(\gamma)}{\Gamma(\beta)} \sum_{n=0}^{\infty} \frac{\Gamma(\beta+n)}{\Gamma(\gamma+n)} \frac{\alpha(\alpha+1) \cdots (\alpha+n-1)}{n!} x^n$$

と表されます．オイラーは，ガンマ関数のほかにベータ関数

$$B(\alpha, \beta) = \int_0^1 t^{\alpha-1}(1-t)^{\beta-1}\,dt$$

を見つけていて，このベータ関数とガンマ関数の間に

$$B(\alpha, \beta) = \frac{\Gamma(\alpha)\Gamma(\beta)}{\Gamma(\alpha+\beta)}$$

というきれいな関係が成り立つことを見出していました．これらを用いると，超幾何級数を見事に変身させることができます．

(2) $\quad F(\alpha, \beta, \gamma; x)$

$$= \frac{\Gamma(\gamma)}{\Gamma(\beta)\Gamma(\gamma-\beta)} \sum_{n=0}^{\infty} B(\beta+n, \gamma-\beta) \frac{\alpha(\alpha+1)\cdots(\alpha+n-1)}{n!} x^n$$

$$= \frac{\Gamma(\gamma)}{\Gamma(\beta)\Gamma(\gamma-\beta)} \sum_{n=0}^{\infty} \int_0^1 t^{\beta+n-1}(1-t)^{\gamma-\beta-1}\,dt \frac{\alpha(\alpha+1)\cdots(\alpha+n-1)}{n!} x^n$$

$$= \frac{\Gamma(\gamma)}{\Gamma(\beta)\Gamma(\gamma-\beta)} \int_0^1 t^{\beta-1}(1-t)^{\gamma-\beta-1} \sum_{n=0}^{\infty} \frac{\alpha(\alpha+1)\cdots(\alpha+n-1)}{n!} (xt)^n\,dt$$

$$= \frac{\Gamma(\gamma)}{\Gamma(\beta)\Gamma(\gamma-\beta)} \int_0^1 t^{\beta-1}(1-t)^{\gamma-\beta-1}(1-xt)^{-\alpha}\,dt.$$

この最後の辺を，超幾何級数の**オイラー積分表示**と呼びます[1]．

この積分表示は，超幾何級数の定義域が広げられることを見せてくれます．積分の端点における収束性を気にしなくてよいように，$\beta > 0$，$\gamma-\beta > 0$ を仮定しておきましょう．するとオイラー積分表示は，$(1-xt)^{-\alpha}$ が t について区間 $[0,1]$ で連続であれば収束します．t の関数 $(1-xt)^{-\alpha}$ が連続でなくなるのは $xt = 1$ となる点なので，そのときの t の値 $1/x$ が区間 $[0,1]$ に入っていなければよいということから，

$$\frac{1}{x} < 0, \qquad \frac{1}{x} > 1$$

という条件が得られ，したがってこの不等式の解である $x < 1$ にまで超幾何級数の定義域が拡張されることがわかります．このように，オイラー積分表

1）積分表示のこの導出の仕方は，オイラーの後のクンマーによるもののようです．

示によって，超幾何級数の定義域が $(-1, 1)$ から $(-\infty, 1)$ にまで広げられることになります．

またオイラーは超幾何級数のみたす微分方程式を見出しました．$F(\alpha, \beta, \gamma; x) = y$ とおきましょう．λ をパラメーターとしたとき，

$$\frac{d}{dx}(x^\lambda y) = \sum_{n=0}^{\infty} \frac{\alpha(\alpha+1)\cdots(\alpha+n-1)}{\gamma(\gamma+1)\cdots(\gamma+n-1)} \frac{\beta(\beta+1)\cdots(\beta+n-1)(\lambda+n)}{n!} x^{\lambda+n-1}$$

となります．これを用いると，

$$\frac{d}{dx}\left(x^{\beta-\alpha+1}\frac{d}{dx}(x^\alpha y)\right) = x^{\beta-\gamma}\frac{d}{dx}\left(x^\gamma \frac{d}{dx}y\right)$$

が成り立つことが示せます．これを書き換えて，$y = F(\alpha, \beta, \gamma; x)$ のみたす微分方程式

(3) $\quad x(1-x)y'' + (\gamma - (\alpha+\beta+1)x)y' - \alpha\beta y = 0$

が得られます．これを**超幾何微分方程式**と呼びます．

オイラーのあと，19 世紀の終わり頃に完成した複素領域における常微分方程式の一般論を適用すると，微分方程式 (3) の任意の解は $\mathbb{C}\backslash\{0, 1\}$ 上の正則関数となることがわかります．オイラーの求めた微分方程式のおかげで，超幾何級数はその定義域を $\mathbb{C}\backslash\{0, 1\}$ にまで広げられることがわかったのです．この広げられた定義域を持つ関数を，もはや級数ではないので，**超幾何関数**と呼びましょう．

定義域がこのように広がったことの意味を考えてみましょう．我々自身が超幾何関数となって，その定義域を歩き回ってみます．定義域を移動するにつれて，関数である我々の値が変化すると考えるのです．

まず $(-\infty, 1)$ で定義されているときは，我々は直線上の $x < 1$ の部分を行ったり来たりするだけで，$x = 1$ を通ることができないので，向こう側の $x > 1$ の範囲へ行くことはできませんでした．ところが定義域が $\mathbb{C}\backslash\{0, 1\}$ になると，平面上で $x = 0, 1$ 以外はどこでも通って行けるのですから，堂々と $x > 1$ へも行くことができます．あるいは $x = 1$ をぐるっと 1 周まわってくることもできます(図2，次ページ)．このとき移動につれて関数である我々の値は連続的に変化していきますが，出発点に戻ってきたときに，その値がもとの値と一致しなければならない理由はありません．

202

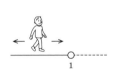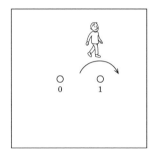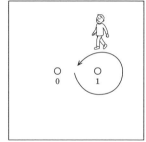

図 2

　一般に，ある点から出発していろいろ旅し，出発点に戻ってきたときには，旅で成長したせいかその値はもとの値とは異なるものになります．このような関数は多価関数と呼ばれるので，我々超幾何関数は多価関数です．はじめは定義域に含まれていた $x=0$ が定義域から除かれているわけも，多価関数であることから説明できます．$x=1$ を回って旅してきたあとで，$x=0$ は特異点(定義域の外の点)に変化したのです．

　では旅から戻ってきたときの値はどのように変化するのでしょうか．これは我々が超幾何微分方程式(3)をみたすことから，詳しく調べることができます．(3)が2階の微分方程式なので，我々のほかにもう一人，つまり二人目として我々の定数倍とはなっていない解 $y_2(x)$ を連れてきます．すると我々は旅のあとでは，

$$c_1 F(\alpha,\beta,\gamma;x)+c_2 y_2(x)$$

という関数に姿を変えます．ここで c_1, c_2 は定数です．こうして我々の多価性は，定数 c_1, c_2 で記述されることになります．超幾何微分方程式についてはいろいろと特別な事情があって，c_1, c_2 の決まり方が具体的にわかるため，我々の多価性は完全につかまえられています．

3. ガウスと超幾何関数

　オイラーの後に現れたやはり数学の巨星ガウスも，超幾何関数の潜在能力を見抜いて，多くの研究を残しています．彼はまず特殊関数としての性質を

調べました．これはオイラーの路線の継承といえるでしょう．

たとえばガウスは，超幾何級数 $F(\alpha, \beta, \gamma\,;\,x)$ のパラメーター α, β, γ を整数だけずらした級数たちの間に，関係があることに気づきました．次のような関係式です．

$$(\beta - \alpha)F(\alpha, \beta, \gamma\,;\,x) + \alpha F(\alpha + 1, \beta, \gamma\,;\,x) - \beta F(\alpha, \beta + 1, \gamma\,;\,x) = 0,$$

$$\gamma(1 - x)F(\alpha, \beta, \gamma\,;\,x) - \gamma F(\alpha - 1, \beta, \gamma\,;\,x) + (\gamma - \beta)xF(\alpha, \beta, \gamma + 1\,;\,x) = 0.$$

こういった関係式を，**隣接関係式**と呼びます．現代風に解釈すれば，パラメーター α, β, γ は特異点における特性指数を記述する量で，整数ずらした場合に特性指数も整数ずれるだけなので，局所的には多価関数としての多価性が変わらない，さらに超幾何関数のみたす微分方程式(3)が rigid，すなわち局所挙動で大域挙動が決定されるという特別な性質を持つことから，大域的な多価性も変化しない，したがってパラメーターを整数ずらした級数の間には有理関数を係数とする線形関係式が成立する，それが隣接関係式であるととらえられます．ガウスがこのようなことを見抜いていたかどうかはわかりませんが，少なくともこのガウスの仕事のおかげで，我々はこのような事情を認識するようになったと言えるでしょう．

あるいはガウスは，超幾何関数と初等関数の関係をいくつも見出しています．ガウスの論文からいくつか引用すると，

$$\log(1 + t) = tF(1, 1, 2\,;\,-t), \qquad t = \sin t \cos t\,F\!\left(1, 1, \frac{3}{2}\,;\,\sin^2 t\right)$$

などが挙げられています．

これらの研究は，超幾何級数に対して形式代数的な操作をほどこすことで得られるものです．しかしガウスは，超幾何関数の内包するより深い広がりに気づいていたようです．ガウスの生前に公表された仕事ではありませんが，彼の残した記録から読み取れる，ある深い研究を紹介して，私の稿を終えることにしましょう．

算術幾何平均というものがあります．a, b を正の数とし，数列 $\{a_n\}, \{b_n\}$ を

$$a_0 = a, \qquad\qquad b_0 = b,$$

$$a_n = \frac{a_{n-1} + b_{n-1}}{2}, \qquad b_n = \sqrt{a_{n-1}b_{n-1}} \qquad (n > 0)$$

204

で定義します. この2つの数列は, 同一の極限に収束することが証明できます. その共通の極限を $M(a, b)$ と書き, a, b の**算術幾何平均**と呼びます. ガウスは数値計算によって, ある算術幾何平均とレムニスケートと呼ばれる曲線の弧長に関係があることを見抜き, その関係を一般化して

$$(4) \quad \frac{1}{M(a, b)} = \frac{2}{\pi} \int_0^{\frac{\pi}{2}} \frac{d\varphi}{\sqrt{a^2 \cos^2 \varphi + b^2 \sin^2 \varphi}}$$

という表示を見つけ出しました.

ところで初期値 a, b を正の数としている限りは, 平方根 b_n は常に正の実数と取ることができるので, $M(a, b)$ が一意的に定まります. しかし a, b を一般に複素数とすると, 各 n に対して平方根 b_n の取り方は2通りあり, その結果無数の $M(a, b)$ が得られることになってしまいます. (各ステップで平方根をあるルールに従ってうまく取ると, 実際に無数の $M(a, b)$ が得られることが示せます.) ガウスはこの多価性をきちんととらえました.

τ を上半平面 $\mathbb{H} = \{\tau \in \mathbb{C} \, ; \, \mathrm{Im}\, \tau > 0\}$ の点とし, 2つの関数

$$p(\tau) = 1 + 2 \sum_{n=1}^{\infty} (e^{\pi i \tau})^{n^2}, \quad q(\tau) = 1 + 2 \sum_{n=1}^{\infty} (-1)^n (e^{\pi i \tau})^{n^2}$$

を導入します. $a = 1$ として $M(1, u)$ を考えましょう. まずガウスは, $q(\tau)^2 / p(\tau)^2 = u$ となる $\tau \in \mathbb{H}$ があれば, $M(1, u)$ は

$$M(1, u) = \frac{1}{p(\tau)^2}$$

で与えられることを示します. そのような τ の存在についてですが,

$$\frac{q(\tau)^2}{p(\tau)^2} = k'(\tau)$$

とおくと, $k'(\tau)^2$ は図3(次ページ)の斜線の領域において $0, 1$ 以外のすべての複素数値を1回だけ取ることが示されます. この領域は,

$$\Gamma(2) = \left\{ \begin{pmatrix} a & b \\ c & d \end{pmatrix} \in \mathrm{SL}(2, \mathbb{Z}) \, ; \, \begin{pmatrix} a & b \\ c & d \end{pmatrix} \equiv \begin{pmatrix} 1 & 0 \\ 0 & 1 \end{pmatrix} \pmod{2} \right\}$$

という群の基本領域と呼ばれるものです. そして関数 $k'(\tau)^2$ は, この群 $\Gamma(2)$ に関する保型関数になっています. つまり

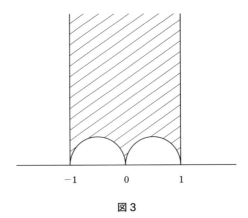

図 3

$$k'\left(\frac{a\tau+b}{c\tau+c}\right)^2 = k'(\tau)^2, \quad \forall \begin{pmatrix} a & b \\ c & d \end{pmatrix} \in \Gamma(2)$$

が成り立ちます.

これらのことから, $k'(\tau) = u$ となる $\tau \in \mathbb{H}$ を見つけることができ, そのとき

$$M(1,u) = \frac{1}{p\left(\frac{a\tau+b}{c\tau+c}\right)^2}, \quad \begin{pmatrix} a & b \\ c & d \end{pmatrix} \in \Gamma(2)$$

により無数の($\Gamma(2)$ の分だけの) $M(1,u)$ の値が得られることがわかりました.

さらに(4)の積分に変数変換を行い, その上でオイラーの積分表示(2)を用いると,

$$\frac{1}{M(1,k')} = \frac{2}{\pi}\int_0^1 \frac{dx}{\sqrt{(1-x^2)(1-k^2x^2)}} = F\left(\frac{1}{2},\frac{1}{2},1;k^2\right)$$

が得られます. ただし k は $k'^2 = 1-k^2$ により定めます. こうして算術幾何平均の多価性が, 超幾何関数の多価性で記述されることがわかりました. 一方 $p(\tau)$ 等の解析によって, $k'(\tau) = k'$ となる τ が

$$\tau = \frac{iM(1,k')}{M(1,k)}$$

で与えられることもわかります. この右辺を超幾何関数で表せば,

$$\tau = \frac{iF\left(\frac{1}{2}, \frac{1}{2}, 1; 1-k^2\right)}{F\left(\frac{1}{2}, \frac{1}{2}, 1; k^2\right)}$$

となります．つまり保型関数の逆関数が，超幾何関数の比で表されるのです．保型関数は整数論に関わる重要な対象で，現代数学における先鋭的な研究対象です．そして保型関数と超幾何関数の関わりは，その後シュヴァルツ，ポアンカレといった人々により整備され，お互いを高め合い深め合って，今でも多くの重要な研究の源流となっています．

　複素数を変数とする複素関数の理論は，ガウスのあとに活躍した，コーシー，リーマンといった人たちが完成させました．そこで初めて超幾何関数は複素変数で考えられること，そうすることでその本質である多価性をとらえられることがわかってきたのですが，ガウスはそのような枠組みがない状態でも，超幾何関数の多価性を正しくとらえ，その多価性が算術幾何平均や保型関数と関わることを見抜いていたのです．

＊　　　＊　　　＊

　ここで少しばかり雑談を．

　数学は非常に普遍的な学問なので，もしほかの星に生命があって文明ができていたとしたら，そこにはきっと数学があるでしょう．その星の数学は我々の数学とは違っているでしょうが，いくつかの普遍性の高い概念は共通していると思われます．たとえば自然数はその星の数学にもあると考えられ，すると素数もあるはずです．では超幾何級数（超幾何関数，超幾何微分方程式）はどうでしょうか？

　超幾何級数は，幾何級数の拡張としては少し人工的な感じがします．しかし数学の概念が整い，対象の内在的な意味をつかまえられるようになってくると，超幾何関数は2つとはない特別な存在であることが明らかになりました．たとえば超幾何微分方程式は，多項式係数の線形常微分方程式で，求積できないものの中で最も簡単なものです．あるいはオイラー積分表示は，平

面上の自明でない点の配置のうち最も簡単な 4 点の配置を記述するものです．そのような特別なものだからこそ，保型関数などと結びついて，数学を豊かなものにしているのです．

　ほかの星の数の体系は実数ではなく p 進数かもしれないし，微分はなくて代わりに q 差分が幅をきかせているかもしれません．しかしそれでも，p 進超幾何関数とか，q-超幾何関数がきっと見つかっているでしょう．

確率・統計に登場する超幾何

井上潔司 [成蹊大学経済学部] ＋ 竹村彰通 [滋賀大学学長]

I. はじめに

　超幾何関数は多くの初等関数や特殊関数を含む重要な関数であり，数学を
はじめとする諸分野に多く登場している．当然，確率・統計にも密接に関わ
っており，重要な道具となっているにもかかわらず，あまり馴染みがないよ
うに思われる．そこで，本稿では，初等確率論における基本的な組合せ問題
を中心に取り上げ，超幾何関数が主要な働きをすることを示す．特に，壺の
モデルから始め，超幾何関数が離散分布論において，確率母関数という形で
自然に現れることを例を通して述べていきたい．

　なお，本稿で主に扱う超幾何関数は，次のべき級数で表されるガウスの超
幾何関数である（文献 [3]）．

$$F(a, b; c; x) = {}_2F_1(a, b; c; x)$$

$$= \sum_{n=0}^{\infty} \frac{(a)_n (b)_n}{(c)_n} \frac{x^n}{n!}, \quad (|x| < 1).$$

ここで，$(a)_n$ は，Pochhammer's symbol

$$(a)_n = \begin{cases} a(a+1)\cdots(a+n-1), & (n \geq 1) \\ 1, & (n = 0) \end{cases}$$

である．今後，a, b, c は実定数，x は実変数を仮定して進める．

2. 壺のモデル

ここでは，「壺から玉」を取り出すモデルを考える（文献[5]）．3種類のランダム抽出方法を考察することを第一歩としたい．

2.1 ●非復元抽出

壺の中に w 個の白玉と r 個の赤玉が入っている．この壺の中からランダムに1個の玉を取り出す．ただし，取り出された玉は壺の中に戻さない．このような抽出を n 回繰り返すとき，取り出された白玉の数を確率変数 X とする．X の分布は超幾何分布としてよく知られ，その確率関数は

$$P(X=x) = \frac{\binom{n}{x}\binom{w+r-n}{w-x}}{\binom{w+r}{w}},$$

$$\max\{0, n-r\} \leqq x \leqq \min\{n, w+r\}$$

で与えられる．超幾何分布と超幾何関数との関係を調べるには，確率母関数を用いるのがよい．そこで，確率母関数を次のように定義する．

$$G(z) = E(z^X) = \sum_x P(X=x)z^x. \tag{1}$$

このとき，超幾何分布の確率母関数は，ガウスの超幾何関数を用いて

$$G(z) = \frac{F(-n, -w; -n+1+r; z)}{F(-n, -w; -n+1+r; 1)}$$

と，表すことができる．

さて，超幾何分布の平均と分散を求めてみる．ここでは，確率母関数の利用を考える．定義より，$G(z) = E(z^X)$ であるから，k 次階乗モーメントは，確率母関数を z について k 回微分して，$z=1$ とおくことで得られる．すなわち，

$$\frac{d^k}{dz^k}G(z)\bigg|_{z=1} = \frac{d^k}{dz^k}E(z^X)\bigg|_{z=1} = E(X(X-1)\cdots(X-k+1)).$$

さらに，超幾何関数に関する導関数の公式

210

$$\frac{d^k}{dz^k}F(a,b\,;c\,;z) = \frac{(a)_k(b)_k}{(c)_k}F(a+k,b+k\,;c+k\,;z)$$

および，

$$F(a,b\,;c\,;1) = \frac{\Gamma(c)\Gamma(c-a-b)}{\Gamma(c-a)\Gamma(c-b)}$$

に着目すると，

$$E[X] = \frac{nw}{w+r}, \qquad V[X] = \frac{nwr(w+r-n)}{(w+r)^2(w+r-1)}$$

を得る．

　もちろん，確率関数に基づき，導出することも可能であるが，その計算はやや複雑なものとなる．そこで，確率母関数を利用すると，微分演算に置き換わり，その扱いが容易になることが見て取れる．

2.2●Polya の壺

　壺の中に w 個の白玉と r 個の赤玉が入っている．この壺の中からランダムに 1 個の玉を取り出す．この玉は壺の中に返されるが，このとき同時に，取り出された玉の色と同じ色の玉を c 個（$c > 0$）壺に追加する．このような抽出を n 回繰り返すとき，取り出された白玉の数を確率変数 X とする．X の分布は Polya-Eggenberger 分布と呼ばれ，その確率関数は

$$P(X = x) = \frac{\dbinom{n}{x}\dbinom{-n-\dfrac{w+r}{c}}{-x-\dfrac{w}{c}}}{\dbinom{-\dfrac{w+r}{c}}{-\dfrac{w}{c}}}, \qquad (0 \leqq x \leqq n)$$

で与えられる．この分布の特徴は，超幾何分布と違い，白玉，赤玉のいずれかが現れることにより，それぞれの玉が現れる確率は増大する傾向を持っていることである．このような性質から，例えば，伝染病の発生等による伝播現象をモデリングできる．

　確率母関数は

$$G(z) = \frac{F\left(-n, \dfrac{w}{c} \, ; \, -n+1-\dfrac{r}{c} \, ; \, z\right)}{F\left(-n, \dfrac{w}{c} \, ; \, -n+1-\dfrac{r}{c} \, ; \, 1\right)}$$

で表される．確率母関数 $G(z)$ を微分することで，超幾何分布の場合と同様に平均と分散を導出することができる．

$$E[X] = \frac{nw}{w+r}, \qquad V[X] = \frac{nwr(w+r+nc)}{(w+r)^2(w+r+c)}.$$

2.3●復元抽出

壺の中に w 個の白玉と r 個の赤玉が入っている．この壺の中からランダムに 1 個の玉を取り出し，壺の中に戻す．このような抽出を n 回繰り返すとき，取り出された白玉の数を確率変数 X とする．もちろん，この場合，壺の中から，白玉，赤玉が取り出される確率はそれぞれ，変化しないので，X の分布は二項分布となる．その確率関数，確率母関数は，それぞれ，

$$P(X = x) = \binom{n}{x} \frac{w^x r^{n-x}}{(w+r)^n}, \qquad (0 \leqq x \leqq n),$$

$$G(z) = \left(\frac{wz+r}{w+r}\right)^n$$

である．ところが，確率母関数は超幾何関数を用いて，次のように表すことができる．

$$G(z) = \frac{{}_1F_0\left(-n \, ; \, ; \, -\dfrac{wz}{r}\right)}{{}_1F_0\left(-n \, ; \, ; \, -\dfrac{w}{r}\right)}.$$

ここで，空白はパラメータがないことを表す(また，${}_1F_0(a \, ; \, ; \, x)$ の定義は文献 [3], [5] を参照)．

3 種類の壺のモデルから派生する確率分布をそれぞれ導出したが，これらを確率母関数という観点から見直せば，超幾何関数が姿を変えていたにすぎないことに気がつく．

3. 分割表との関係

2 節の(i)で取り上げた壺からの非復元抽出は，分割表としても考えることができる．いま w 人の男子学生と r 人の女子学生を考え，学生の総数を $N = w + r$ とおく．これらの N 人の学生を自宅か下宿かで分類して数えたときに，自宅生が n 人いたとする．ここで男子の自宅生の人数を $X = X_{11}$ とする．同様に女子の自宅生の人数を X_{12}，男子の下宿生の人数を X_{21}，女子の下宿生の人数を X_{22} と表すと，4 通りの組み合わせの頻度（人数）は以下のような表にまとめられる．このように 2 つの特性によって頻度を分類した表を（2×2 の）分割表と呼ぶ．

	男子	女子	計
自宅生	X_{11}	X_{12}	n
下宿生	X_{21}	X_{22}	$N-n$
計	w	r	N

壺からの非復元抽出の設定では，壺の中に白と赤と区別できる 2 種類の玉がはいっていたと考えたが，これをさらにさかのぼって，最初の段階では区別のつかない $N = w + r$ 個の玉があり，この壺からランダムに w 個を非復元抽出して「男子学生」というラベルをつけ，残りの r 個に「女子学生」というラベルをつけて壺に戻したと考えよう．その後で（男女のラベルを無視して）ランダムに n 個の玉を非復元抽出して「自宅生」というラベルをつけ残りの $N-n$ 個に「下宿生」というラベルをつける．こうすると男子かつ自宅生の人数 X が超幾何分布をしていることがわかる．このように考えると，ラベルづけの順序を逆にして，先に自宅・下宿というラベル，後から男子・女子というラベル，をつけても分布が同じとなることがわかる．すなわち超幾何分布は 2 種類の特性について対称性を持っている．

さて 2 回目のラベルづけにおいては，1 回目のラベルを無視して壺からランダムに抽出しているから，2 つの特性は独立にラベルづけされている．これは上の例では性別と自宅・下宿という 2 つの特性が独立に定まること，あるいは男子でも女子でも自宅生となる確率が等しいこと，に対応している．

このことを分割表の独立性のモデルと呼ぶ. 分割表の独立性の統計的検定のために超幾何分布を用いるものは「Fisher の正確検定」と呼ばれている(文献[1]の4章).

以上の定式化で, 壺の中の玉にラベルの種類が2以上の複数の特性のラベルをつけると考えると, より一般の分割表を考察することができる. 例えば N 個の玉に I 種類の色と J 種類の模様を, それぞれ決められた個数独立につけると考える. 色 i 模様 j がつけられた玉の個数を X_{ij} とすると, 以下の $I \times J$ 分割表が得られる.

色＼模様	1	$\cdots$	J	計
1	X_{11}	$\cdots$	X_{1J}	$X_{1\cdot}$
$\vdots$	$\vdots$		$\vdots$	$\vdots$
I	X_{I1}	$\cdots$	X_{IJ}	$X_{I\cdot}$
計	$X_{\cdot 1}$	$\cdots$	$X_{\cdot J}$	N

ただし $X_{i\cdot} = \sum_{j=1}^{J} X_{ij}$ は行和, $X_{\cdot j} = \sum_{i=1}^{I} X_{ij}$ は列和を表し, これらは所与とする. 2種類のラベルのつけ方が独立とすると, $X_{ij},\ i = 1, \cdots, I,\ j = 1, \cdots, J$ の同時分布は

$$p(x_{11}, \cdots, x_{IJ}) = P(X_{11} = x_{11}, \cdots, X_{IJ} = x_{IJ})$$

$$= \frac{\prod_{i=1}^{I} X_{i\cdot}! \prod_{j=1}^{J} X_{\cdot j}!}{N! \prod_{i,j} x_{ij}!}$$

と表される. この分布は多項超幾何分布と呼ばれることが多い(文献[2]).

多項超幾何分布に関しても(1)と同様に多変数の確率母関数

$$G(z_{11}, \cdots, z_{IJ}) = \sum_{x_{ij} \in \mathcal{F}} \prod_{i,j} z_{ij}^{x_{ij}} p(x_{11}, \cdots, x_{IJ})$$

を考えることができる. ここで和は行和, 列和が固定された非負整数表の全体

$$\mathcal{F} = \left\{ (x_{11}, \cdots, x_{IJ}) \,\middle|\, x_{ij} \in \{0, 1, \cdots\}, \sum_{j=1}^{J} x_{ij} = X_{i\cdot}, \sum_{i=1}^{I} x_{ij} = X_{\cdot j} \right\}$$

をわたる．$G(z_{11}, \cdots, z_{IJ})$ は，A 超幾何方程式と呼ばれる微分方程式を満たし，A 超幾何関数と呼ばれて最近詳しい研究が行われている（文献[1]の6章）．

また z_{ij} がすべて正とすると

$$\bar{p}(x_{11}, \cdots, x_{IJ}) = \frac{\prod_{i,j} z_{ij}^{x_{ij}} p(x_{11}, \cdots, x_{IJ})}{G(z_{11}, \cdots, z_{IJ})}$$

を確率関数として用いることができる．この分布は一般多項超幾何分布とよばれることが多い（文献[2]）．この分布は上の 2×2 の例においては，男子と女子で自宅生となる確率が異なるモデルを表しており，仮説検定の設定では対立仮説を表すモデルである．

4. その他の例

確率母関数を通して問題を考察すれば，超幾何関数が自然に登場する例が，壺のモデル以外にも多くある．よく知られている古典的な問題を通して，最後にいくつか触れてみたい．

4.1●バナッハのマッチ箱の問題（文献[4]）

ある数学者がいつも1つのマッチ箱を右のポケットに，また1つのマッチ箱を左のポケットに持っているとする．彼はマッチが必要なときにランダムに（確率 $\frac{1}{2}$ で）ポケットを選び，マッチを使用する．最初それぞれの箱には n 本のマッチが入っていたとする．一方の箱が空になったとき，もう一方の箱に X 本のマッチが残っている確率は

$$P(X = x) = \binom{2n-x}{n} \frac{1}{2^{2n-x}}, \quad (x = 0, 1, \cdots, n)$$

であるので，その確率母関数は

$$G(z) = \binom{2n}{n} 2^{-2n} F(-n, 1 ; -2n ; 2z)$$

と表すことができる．

215

4.2●Narayana 分布（文献[6]）

二次元正方格子上において原点 $O = (0,0)$ から出発し，水平移動：(i,j) $\to (i+1,j)$ および，垂直移動：$(i,j) \to (i,j+1)$ によって，遠回りすることなく点 $A = (n,n)$ まで到達することを考える．このとき，対角線 OA を越えることなく到達するような経路（Dyck 経路という）の総数は，カタラン数に等しく，

$$C_n = \frac{1}{n+1}\binom{2n}{n}$$

で与えられる．さらに，水平移動から垂直移動へと x 回進路を変更し，点 A に到達する経路の総数は，Narayana 数と呼ばれ，

$$N_{n,x} = \frac{1}{n}\binom{n}{x}\binom{n}{x-1}, \qquad (x = 1,2,\cdots,n)$$

と表される．当然，

$$\sum_{x=1}^{n} N_{n,x} = \frac{1}{n+1}\binom{2n}{n} = C_n$$

という関係式を満たしている．このとき，進路変更回数 X の確率関数は

$$P(X = x) = \frac{N_{n,x}}{C_n}$$

$$= \frac{(n-1)!(n!)^2(n+1)!}{(x-1)!x!(n-x)!(n-x+1)!(2n)!}, \qquad (x = 1,\cdots,n)$$

であるので，その確率母関数は

$$G(z) = \frac{zn!(n+1)!}{(2n)!}F(-n,1-n\,;2\,;z)$$

と表すことができる．

　この節の最後の例として，待ち時間問題を与えたい．

4.3●破産の問題（文献[4]）

ある賭博者が，毎回確率 q で1（万円）儲けたり，確率 p で1（万円）損した

りするゲームに参加する．ただし，破産(所持金がゼロ)すれば，その時点でゲームは終了するものとする．彼の最初の所持金が a（万円)であるとき，ゲームが終了するまでの時間を T とする．T の確率母関数は

$$G(z) = E(z^T) = \left(\frac{1-\sqrt{1-4pqz^2}}{2qz}\right)^a$$

$$= (pz)^a F\left(\frac{1}{2}(a+1), \frac{1}{2}a \; ; \; a+1 \; ; \; 4pqz^2\right)$$

と表すことができる．

　確率・統計に隣接する諸分野を眺めていて，思いがけないところで超幾何関数に出会うことがよくある．各分野でさまざまに一般化されており，すでに「言語」として振る舞っている様子がうかがえる．特に組合せ論では，指数母関数を用いることが多く，そのときにも超幾何関数が重要な道具となっている．また，今回触れることができなかったが，超幾何関数は，数式処理言語を用いての，シンボリックな解析および，数値計算が十分可能であることも述べておく．

参考文献

［1］JST CREST 日比チーム編，『グレブナー道場』，共立出版(2011).

［2］広津千尋，『離散データ解析』，教育出版(1982).

［3］森口繁一，一松信，宇田川銈久，『岩波 数学公式III，特殊函数』，岩波書店(1987).

［4］Feller, W. *An Introduction to Probability Theory and Its Applications*, Vol. I, 3rd ed., Wiley, New York (1968).

［5］Johnson, N. L., Kotz, S. and Balakrishnan, N. (1997). *Discrete Multivariate Distributions*, 3rd ed. Wiley, New York (2005).

［6］Stanley, R. P. *Enumerative Combinatorics*: *Vol. 2*, Cambridge University Press (1999).

代数方程式と超幾何関数

加藤満生 ［琉球大学名誉教授］

I. 序

複素数 a と非負整数 k に対し，$a, a+1, \cdots, a+k-1$ からなる k 項の積を (a, k) と記す：

$$(a, k) = \begin{cases} 1 & k = 0 \\ a(a+1)\cdots(a+k-1) & k \geqq 1. \end{cases}$$

特に $(1, k) = k!$ が成り立つ．また，$2k$ 項の積

$$(a, 2k) = a(a+1)(a+2)\cdots(a+2k-2)(a+2k-1)$$

は積の順を入れ替えて

$$\{a(a+2)(a+4)\cdots(a+2k-2)\}$$

と

$$\{(a+1)(a+3)(a+5)\cdots(a+2k-1)\}$$

の二つに分けると，各々は

$$2^k\left\{\frac{a}{2}\left(\frac{a}{2}+1\right)\left(\frac{a}{2}+2\right)\cdots\left(\frac{a}{2}+k-1\right)\right\}$$

と

$$2^k\left\{\left(\frac{a+1}{2}\right)\left(\frac{a+1}{2}+1\right)\left(\frac{a+1}{2}+2\right)\cdots\left(\frac{a+1}{2}+k-1\right)\right\}$$

に等しい．したがって

$$(a, 2k) = 2^{2k}\left(\frac{a}{2}, k\right)\left(\frac{a+1}{2}, k\right)$$

を得る．同様に正整数 m に対し，

$$(a, mk) = m^{mk}\left(\frac{a}{m}, k\right)\left(\frac{a+1}{m}, k\right)\cdots\left(\frac{a+m-1}{m}, k\right) \tag{1.1}$$

を得る．特に

$$(mk)! = (1, mk) = m^{mk}\left(\frac{1}{m}, k\right)\cdots\left(\frac{m-1}{m}, k\right)\cdot k!$$

となる．

二項級数 $(1+x)^a$ は，複素数 a と $|x| < 1$ をみたす複素数 x に対し，

$$(1+x)^a = \sum_{k=0}^{\infty}\binom{a}{k}x^k = \sum_{k=0}^{\infty}\frac{a(a-1)(a-2)\cdots(a-k+1)}{k!}x^k$$

と定義されるが，a, x を $-a, -x$ で置き換えると

$$(1-x)^{-a} = \sum_{k=0}^{\infty}\frac{(-a)(-a-1)(-a-2)\cdots(-a-k+1)}{k!}(-x)^k$$

$$= \sum_{k=0}^{\infty}\frac{a(a+1)(a+2)\cdots(a+k-1)}{k!}x^k$$

$$= \sum_{k=0}^{\infty}\frac{(a, k)}{k!}x^k$$

となる．この二項級数 $\sum_{k=0}^{\infty}\frac{(a, k)}{k!}x^k$ の拡張として定義される関数

$$F(a, b; c; x) = \sum_{k=0}^{\infty}\frac{(a, k)(b, k)}{(c, k)k!}x^k$$

を Gauss の超幾何関数という．分母が 0 になるのを避けるため，c は 0 以下の整数値をとらないものとする．また，$b = c\,(\neq 0)$ のときは分母分子約分されて $F(a, b; b; x) = (1-x)^{-a}$ となる．超幾何関数の収束半径は一般に 1 に等しい．

三項からなる方程式 $Y^n + c_p Y^p - c_n = 0\,(1 \leqq p < n)$ を三項代数方程式という．以下 $c_n \neq 0$ を仮定した上で $Y = c_n^{1/n}y,\ c_p = c_n^{(n-p)/n}x$ により

$$y^n + xy^p - 1 = 0 \tag{1.2}$$

と "正規化" した方程式を考える．

本稿では三項代数方程式 (1.2) の解を超幾何関数（またはさらに一般化された超幾何関数）で表すことを目標とするが，その方法自体は n, p によらず共

通しているので，次の例1の証明を目標とする．

例1 ● $y^3 + xy - 1 = 0$ の一つの解は

$$y = F\left(-\frac{1}{6}, \frac{1}{3}; \frac{2}{3}; -\frac{4}{27}x^3\right) - \frac{1}{3}xF\left(\frac{1}{6}, \frac{2}{3}; \frac{4}{3}; -\frac{4}{27}x^3\right)$$

とかける．

2. 一般二項級数

前節では二項級数の一般化として超幾何関数を導入したが，この節ではこれとは別の一般化を導入する．二項級数 $(1-x)^{-a} = \sum\limits_{k=0}^{\infty} \frac{(a,k)}{k!}x^k$ の係数 $\frac{(a,k)}{k!}$ を

$$c_k(a,s) = \begin{cases} 1 & k=0 \\ \dfrac{a(a+1+ks, k-1)}{k!} & k \geq 1 \end{cases} \tag{2.1}$$

と（$s=0$ のときもとの係数 $\dfrac{(a,k)}{k!}$ に戻るという意味で）一般化し，

$$\psi(a,s,x) = \sum_{k=0}^{\infty} c_k(a,s)x^k \tag{2.2}$$

を一般二項級数とよぶ．定義より

$$\psi(a,0,x) = (1-x)^{-a}, \quad \psi(0,s,x) = 1$$

となる．本稿では簡単のため s は実数とする．この級数は多項式になることもあるが，そうならない限りその収束半径は $\dfrac{|s|^s}{|s+1|^{s+1}}$ である．

$k \geq 2$ のとき $c_k(a,s)$ と $c_k(a-1,s)$ は

$$\frac{(a+1+ks, k-2)}{k!}$$

を共通因子にもち，それに注意して計算すれば

$$c_k(a,s) - c_k(a-1,s) = c_{k-1}(a+s,s), \quad k \geq 1 \tag{2.3}$$

は容易にわかる．

命題 1 ●

$$\psi(a,s,x) - \psi(a-1,s,x) = x\psi(a+s,s,x), \tag{2.4}$$

$$\psi(a+b,s,x) = \psi(a,s,x)\psi(b,s,x). \tag{2.5}$$

証明●(2.4)式の左辺における x^k $(k \geq 1)$ の係数は $c_k(a,s) - c_k(a-1,s)$,右辺のそれは $c_{k-1}(a+s,s)$ だが(2.3)式よりこれらは等しい.また両辺の定数項(x^0 の係数)は 0 でやはり等しい.したがって(2.4)式は成立する.

(2.5)式の左辺における x^k $(k \geq 0)$ の係数は $c_k(a+b,s)$,右辺のそれは $\sum_{i+j=k} c_i(a,s)c_j(b,s)$.したがって(2.5)式は次と同値:

$$c_k(a+b,s) - \sum_{i+j=k} c_i(a,s)c_j(b,s) = 0.$$

この式の左辺を $d_k(a,b,s)$ とおき,$d_k(a,b,s) = 0$ を k に関する帰納法で示す.$d_0(a,b,s) = 0$ は明らか.以下 $d_k(a,b,s)$ をパラメーター b,s を含む不定元 a の(高々)k 次多項式とみる.$k \geq 1$ に対し,(2.3)より

$$d_k(a,b,s) - d_k(a-1,b,s) = d_{k-1}(a+s,b,s)$$

が成り立つ.帰納法の仮定より $d_{k-1}(a+s,b,s) = 0$ なので

$$d_k(a,b,s) - d_k(a-1,b,s) = 0$$

を得る.これより $d_k(a,b,s) = c$(定数)を得る.一方 $d_k(0,b,s) = 0$ より $c = 0$,したがって $d_k(a,b,s) = 0$ を得る. □

(2.5)式より次式が成り立つ:

$$\psi(na,s,x) = \psi(a,s,x)^n, \qquad n \in \mathbb{Z}. \tag{2.6}$$

三項代数方程式(1.2)に関し次の定理を得る.

定理 2 ● 正整数 p,q と $n = p+q$,および $|x| < \dfrac{n}{(p^p q^q)^{1/n}}$ をみたす複素数 x に対し,

$$y = \psi\left(-\frac{1}{n}, -\frac{p}{n}, x\right)$$

は方程式(1.2)の一つの解になっている.

証明●以下 $s = -\dfrac{p}{n}$ とおく．(2.4)式において $a = 0$ とおくと

$$1 - \phi(-1, s, x) = x\phi\left(-\frac{p}{n}, s, x\right)$$

を得る．(2.6)式より，これは

$$1 - \phi\left(-\frac{1}{n}, s, x\right)^n = x\phi\left(-\frac{1}{n}, s, x\right)^p$$

ともかける．したがって $y = \phi\left(-\dfrac{1}{n}, s, x\right)$ は方程式(1.2)の解になっている．$\phi\left(-\dfrac{1}{n}, s, x\right)$ の収束半径 $\dfrac{|s|^s}{|s+1|^{s+1}}$ は今の場合 $\dfrac{n}{(p^p q^q)^{1/n}}$ に等しい． $\qquad\square$

3. 一般二項級数と超幾何関数

一般二項級数は無限級数(2.2)で定義されたが，その一部分の和

$$\psi_{j,n}(a, s, x) = \sum_{l=0}^{\infty} c_{j+nl}(a, s) x^{j+nl}$$

を考える．ここに j, n は正整数で，$0 \le j < n$ とする．定義より $\phi(a, s, x) = \sum_{j=0}^{n-1} \psi_{j,n}(a, s, x)$ である．

1 節の例 1 を示すため $\phi\left(-\dfrac{1}{3}, -\dfrac{1}{3}, x\right)$ を考える．以下 $a = s = -\dfrac{1}{3}$ とする．

$$\phi(a, s, x) = \sum_{j=0}^{2} \psi_{j,3}(a, s, x)$$

であるが，まず

$$\psi_{2,3}(a, s, x) = \sum_{l=0}^{\infty} c_{2+3l}(a, s) x^{2+3l} = 0$$

を示す．各係数 $c_{2+3l}(a, s)$ は

$$c_{2+3l}(a, s) = \frac{a \cdot (a+1+s(2+3l), 3l+1)}{(2+3l)!}$$

で与えられるが，その分子は

$$a \cdot (a+1+s(2+3l), 3l+1) = a \cdot \left(-\frac{1}{3}+1-\frac{1}{3}(2+3l), 3l+1\right)$$

222

$$= a \cdot (-l, 3l+1)$$
$$= a \cdot (-l) \cdot (-l+1) \cdots (-1) \cdot 0 \cdot 1 \cdot 2 \cdots (2l)$$
$$= 0$$

より 0 となる．これで $\phi_{2,3}(a,s,x) = 0$ が示された．

次に $\phi_{0,3}(a,s,x) = \sum\limits_{l=0}^{\infty} c_{3l}(a,s)x^{3l}$ の各係数 $c_{3l}(a,s)$ を考える．$l \geqq 1$ のとき

$$c_{3l}(a,s) = \frac{a(a+1+3ls, 3l-1)}{(3l)!}$$

$$= \frac{a(a+1-l, 3l-1)}{(3l)!}$$

$$= \frac{1}{(3l)!}a(a+1-l)(a+2-l)\cdots(a+2l-1)$$

$$= \frac{1}{(3l)!}\{a(a+1-l)(a+2-l)\cdots(a-1)\}\{a(a+1)\cdots(a+2l-1)\}$$

$$= \frac{1}{(3l)!}\{(-1)^l(-a)(-a-1+l)\cdots(-a+1)\}(a,2l)$$

$$= \frac{\{(-1)^l(-a)(-a+1)\cdots(-a+l-1)\}\{(a,2l)\}}{(3l)!}$$

$$= \frac{(-1)^l\{(-a,l)\}\{(a,2l)\}}{(3l)!}$$

$$= \frac{\{(-a,l)\}\{(a/2,l)(a/2+1/2,l)\}}{(1/3,l)(2/3,l)l!}\left(-\frac{4}{27}\right)^l.$$

ここで最後の等号は(1.1)式より導かれる．したがって

$$\phi_{3,0}(a,s,x) = 1 + \sum_{l=1}^{\infty} \frac{(1/3,l)(-1/6,l)(1/3,l)}{(1/3,l)(2/3,l)l!}\left(\frac{4}{27}\right)^l x^{3l}$$

$$= 1 + \sum_{l=1}^{\infty} \frac{(-1/6,l)(1/3,l)}{(2/3,l)l!}\left(-\frac{4}{27}x^3\right)^l$$

$$= F\left(-\frac{1}{6},\frac{1}{3};\frac{2}{3};-\frac{4}{27}x^3\right)$$

を得る．同様の計算で，

$$\psi_{3,1}(a, s, x) = -\frac{1}{3} x F\left(\frac{1}{6}, \frac{2}{3}; \frac{4}{3}; -\frac{4}{27} x^3\right)$$

を得る．以上まとめると

$$\phi\left(-\frac{1}{3}, -\frac{1}{3}, x\right) = F\left(-\frac{1}{6}, \frac{1}{3}; \frac{2}{3}; -\frac{4}{27} x^3\right) - \frac{1}{3} x F\left(\frac{1}{6}, \frac{2}{3}; \frac{4}{3}; -\frac{4}{27} x^3\right)$$

(3.1)

を得る．定理 2 より $y = \phi\left(-\frac{1}{3}, -\frac{1}{3}, x\right)$ は $y^3 + xy - 1 = 0$ の解なので 1 節例 1 に述べたことは証明された．

4. 補注

(1)●定理 2 の補注．ε_n を 1 の原始 n 乗根，つまり n 乗して初めて 1 になる複素数とする．このとき $|x| < \dfrac{n}{(p^p q^q)^{1/n}}$ をみたす複素数 x に対し，n 次方程式 (1.2) の n 個の解は

$$\varepsilon_n^j \phi\left(-\frac{1}{n}, -\frac{p}{n}, \varepsilon_n^{pj} x\right), \quad 0 \le j \le n-1$$

で与えられる．

(2)●式 (3.1) の右辺にある関数

$$F\left(-\frac{1}{6}, \frac{1}{3}; \frac{2}{3}; -\frac{4}{27} x^3\right)$$

と

$$x F\left(\frac{1}{6}, \frac{2}{3}; \frac{4}{3}; -\frac{4}{27} x^3\right)$$

は $z = -\dfrac{4}{27} x^3$ を独立変数とする同一の 2 階線形常微分方程式（超幾何微分方程式）をみたす．したがって $\phi\left(-\dfrac{1}{3}, -\dfrac{1}{3}, x\right)$ もこの超幾何微分方程式の解となる．

(3)●a を一般の複素数，p, q を互いに素な正整数，$n = p+q$ とすると，$\phi\left(a, -\dfrac{p}{n}, x\right)$ は

$$z = \frac{(-p)^p q^q}{n^n} x^n$$

を独立変数とする一般超幾何微分方程式とよばれる n 階常微分方程式の解となる($a = -\dfrac{1}{n}$ のときは $n-1$ 階常微分方程式の解となる). この微分方程式の解の一つで，一般超幾何関数とよばれ，Gauss の超幾何関数の一般化になっているような関数がある.

リーマンの論文に登場する超幾何関数

寺田俊明 [素浪人]

0. はじめに

オイラー(L. Euler)は,関数とは解析的式である,と述べている.ディリクレ(P. G. Dirichlet)が写像の概念を導入した後も学会の主流は変わらず,関数とは四則演算や微分・積分などを使って表示された式だった.2つの関数が等しいとはあらゆる点で同じ値をとることを意味し,その証明は両者の式が変形で一致することに頼っていた.関数論の基礎を確立したコーシー(A. L. Cauchy)でさえ,研究の途中までは,式で定義される複素関数が微分・積分可能なのは自明と考えていたので,自分の理論を適用できる関数の種類を曖昧にしていた.そんなときにリーマンは,1851年の学位論文[1]

    複素一変数関数の一般論の基礎

で,正則とは複素微分ができることだとして,式から離れて正則性を始めて厳密に定義し,さらに,リーマン面の概念を導入して複素解析に新しい風を吹き込んだ.

これから紹介するリーマンの1857年の論文[2]

    ガウス(C. F. Gauss)の級数 $F(\alpha, \beta, \gamma, x)$ で表示できる
    関数の理論への貢献

226

は，[1]での思想の１つの具体化ともいえる.

それまでは超幾何関数の定義も研究手段も，局所的には級数に，大域的には微分方程式に基づいていたので，何らかの命題を証明するためには膨大な計算を要するのが常だった. しかし，２つの関数の同等性を示すのに必ずしもあらゆる点での値の一致は必要ない，という一致の定理にヒントを得たリーマンは，式ではなく，特異点の位置と種類により定義したP関数の一意性を証明することにより，超幾何関数に関する種々の命題を式の計算ではなく，ほとんど定義そのものから導き出してまとめ上げることに成功した. しかもそれだけにとどまらず，超幾何関数から抜け出して，多項式を係数とする一般な線形微分方程式の研究に新しい発展の道をも提供したのである.

I. P 関数の定義

a, b, c をリーマン球 $\mathbb{P}$ 上の異なる３点とし，$\alpha, \alpha', \beta, \beta', \gamma, \gamma'$ を，フックス(I. L. Fuchs)の関係式

$$\alpha + \alpha' + \beta + \beta' + \gamma + \gamma' = 1$$

を満たし，かつそれらの差

$$\alpha - \alpha', \quad \beta - \beta', \quad \gamma - \gamma'$$

がいずれも整数でない複素数[1] とする. このとき，下の３条件を満たす関数 $P(x)$ を，点 a, b, c での指数を α, α'；$\cdots$；γ, γ' とする P 関数と呼び，

$$P \left\{ \begin{matrix} a & b & c & \\ \alpha & \beta & \gamma & x \\ \alpha' & \beta' & \gamma' & \end{matrix} \right\}$$

と表す.

1^0　$P(x)$ は $\mathbb{P} \backslash \{a, b, c\}$ のあらゆる曲線に沿って正則に解析接続できる.

2^0　３つの分枝の間には常に定数係数の線形関係式が成り立つ.

---

1) どれかが整数の場合，対数関数を必要とすることがあり，３条件を満たす関数が存在するとは限らない.

3^0　点 a, b, c の近傍で $\mathrm{P}(x)$ はそれぞれ次の形をしている.

$$c_\alpha \mathrm{P}_\alpha + c_{\alpha'} \mathrm{P}_{\alpha'}, \qquad c_\beta \mathrm{P}_\beta + c_{\beta'} \mathrm{P}_{\beta'}, \qquad c_\gamma \mathrm{P}_\gamma + c_{\gamma'} \mathrm{P}_{\gamma'}$$

ただし, 次の各関数はそれぞれ点 a, b, c で 0 をとらず, 正則である ($b = \infty$ なら $x - b$ を $1/x$ とする).

$$\begin{aligned}
&\mathrm{P}_\alpha (x-a)^{-\alpha}, \qquad \mathrm{P}_{\alpha'} (x-a)^{-\alpha'}, \\
&\mathrm{P}_\beta (x-b)^{-\beta}, \qquad \mathrm{P}_{\beta'} (x-b)^{-\beta'}, \\
&\mathrm{P}_\gamma (x-c)^{-\gamma}, \qquad \mathrm{P}_{\gamma'} (x-c)^{-\gamma'}.
\end{aligned} \qquad (*)$$

上の各関数は定数倍の自由度を持っているので, P 関数は, むしろ関数要素の生成する複素 2 次元ベクトル空間と解釈すべきだが, そのことをあいまいにしても混乱が生じないので, 習慣に従って単に「関数」と呼ぶ.

2. 定義より自明な帰結

(2.1)　指数を要素とする行列中の縦の列も, 各列の 2 行目と 3 行目の要素も自由に入れ替えられる. したがって, 1 つの P 関数は 48 通りの異なる表現を持つ.

(2.2)　a, b, c を a', b', c' に写す分数 1 次変換により, x が x' に写るとすると,

$$\mathrm{P} \left\{ \begin{matrix} a & b & c & \\ \alpha & \beta & \gamma & x \\ \alpha' & \beta' & \gamma' & \end{matrix} \right\} = \mathrm{P} \left\{ \begin{matrix} a' & b' & c' & \\ \alpha & \beta & \gamma & x' \\ \alpha' & \beta' & \gamma' & \end{matrix} \right\}$$

を得る. ここで

$$\mathrm{P} \left\{ \begin{matrix} 0 & \infty & 1 & \\ \alpha & \beta & \gamma & x \\ \alpha' & \beta' & \gamma' & \end{matrix} \right\} = \mathrm{P} \left\{ \begin{matrix} \alpha & \beta & \gamma & \\ \alpha' & \beta' & \gamma' & x \end{matrix} \right\}$$

と表すことにすると, さらに

$$x^\delta (1-x)^\varepsilon \mathrm{P} \left\{ \begin{matrix} \alpha & \beta & \gamma & \\ \alpha' & \beta' & \gamma' & x \end{matrix} \right\} = \mathrm{P} \left\{ \begin{matrix} \alpha+\delta & \beta-\delta-\varepsilon & \gamma+\varepsilon & \\ \alpha'+\delta & \beta'-\delta-\varepsilon & \gamma'+\varepsilon & x \end{matrix} \right\}$$

も得られる. この変換によると, 指数の差が P 関数の本質的な部分なので,

後の議論の簡略化のために，

$$\mathrm{P}\{\alpha-\alpha', \beta-\beta', \gamma-\gamma', x\}$$

で上の形の P 関数の集合を表すことにする．

3. 接続公式とモノドロミー

a_0, b_0, c_0 を点 a, b, c の十分小さな近傍の定点とし，a_0 と b_0, c_0 を結ぶ定曲線を l_b, l_c とすると，条件 2^0 により 2 次正則行列 S, T が存在して，

$$(\mathrm{P}_\alpha, \mathrm{P}_{\alpha'}) = (\mathrm{P}_\beta, \mathrm{P}_{\beta'})S = (\mathrm{P}_\gamma, \mathrm{P}_{\gamma'})T$$

が成立する．ただし S と T は l_b, l_c に依存する．これは各点で独立に定義された関数要素間の関係を決めるもので，接続公式という．

また，a_0 を始点として，それぞれ，a を 1 周する曲線と，曲線 l_b, l_c に沿って点 b_0, c_0 まで進み b, c を 1 周してもと来た道を戻る曲線とに沿って $(\mathrm{P}_\alpha, \mathrm{P}_{\alpha'})$ を解析接続すると，それぞれ

$$(\mathrm{P}_\alpha, \mathrm{P}_{\alpha'})A, \quad (\mathrm{P}_\alpha, \mathrm{P}_{\alpha'})S^{-1}BS, \quad (\mathrm{P}_\alpha, \mathrm{P}_{\alpha'})T^{-1}CT$$

と線形変換される．ただし，

$$A = \begin{pmatrix} e^{2\pi i\alpha} & 0 \\ 0 & e^{2\pi i\alpha'} \end{pmatrix}, \quad B = \begin{pmatrix} e^{2\pi i\beta} & 0 \\ 0 & e^{2\pi i\beta'} \end{pmatrix}, \quad C = \begin{pmatrix} e^{2\pi i\gamma} & 0 \\ 0 & e^{2\pi i\gamma'} \end{pmatrix}.$$

行列 $A, S^{-1}BS, T^{-1}CT$ をモノドロミー行列，それらで生成される群をモノドロミー群と呼ぶ．具体的な行列の形を計算する方法[2] も示されている．以下に概要のみを述べる．

S, T は合計 8 個の未定定数を含む．

$$AS^{-1}BST^{-1}CT = 単位行列[3]$$

は 4 式をもつが，フックスの関係式により 1 つは消去される．(*) の関数すべての a, b, c での値をそれぞれ特定の値に指定しておくと 6 個の式がでるが，P 関数を定数倍しても S, T は不変なので 1 つが消去される．よって，残った

2）計算がかなり複雑で，結果論だが，積分表示を使うと容易に導き出されるので，詳細は省く．

3）実は，l_b, l_c を巧く決めておかないと正しくない．

8 式が S, T に含まれる 8 個の定数を決めるが，それによると，S, T は $e^{2\pi i\alpha}$，$\cdots, e^{2\pi i\gamma'}$ のみに依存することが分かる．

(3.1)　以上のことにより，同じ特異点と指数をもつ P 関数の一意性が示される．

実際，もし P^1 と P が同じ指数をもつならば，(∗)での正則関数の a, b, c での値をそれぞれ特定の値に決めておくと，S, T が両者で等しくなり，

$$\begin{pmatrix} \mathrm{P}_\alpha & \mathrm{P}_{\alpha'} \\ \mathrm{P}^1_\alpha & \mathrm{P}^1_{\alpha'} \end{pmatrix} = \begin{pmatrix} \mathrm{P}_\beta & \mathrm{P}_{\beta'} \\ \mathrm{P}^1_\beta & \mathrm{P}^1_{\beta'} \end{pmatrix} S = \begin{pmatrix} \mathrm{P}_\gamma & \mathrm{P}_{\gamma'} \\ \mathrm{P}^1_\gamma & \mathrm{P}^1_{\gamma'} \end{pmatrix} T$$

が成立する．よって

$$\begin{vmatrix} \mathrm{P}_\alpha & \mathrm{P}_{\alpha'} \\ \mathrm{P}^1_\alpha & \mathrm{P}^1_{\alpha'} \end{vmatrix} (x-a)^{-\alpha-\alpha'}(x-b)^{-\beta-\beta'}(x-c)^{-\gamma-\gamma'}$$

は定数で，フックスの関係式と $x = \infty$ での値により，0 となる．ただし $b = \infty$ なら $(x-b)$ を除いておく．

したがって $\dfrac{\mathrm{P}_\alpha}{\mathrm{P}^1_\alpha} = \dfrac{\mathrm{P}_{\alpha'}}{\mathrm{P}^1_{\alpha'}}$ となるので，それを $q(x)$ とおく．同様に，$\dfrac{\mathrm{P}_\beta}{\mathrm{P}^1_\beta} = \dfrac{\mathrm{P}_{\beta'}}{\mathrm{P}^1_{\beta'}}$ であり，$\mathrm{P}_\alpha, \mathrm{P}_{\alpha'}$ が $\mathrm{P}_\beta, \mathrm{P}_{\beta'}$ の 1 次結合であることと，その係数が指数のみに依存することにより，$\dfrac{\mathrm{P}_\beta}{\mathrm{P}_{\beta'}} = q(x)$ も成立する．点 c の近傍でも同じように考えると $\dfrac{\mathrm{P}_\gamma}{\mathrm{P}_{\gamma'}} = q(x)$ も成立し，結局 $q(x)$ は，a, b, c で 0 とならない有理関数となる．

また，

$$\left(\mathrm{P}_\alpha \frac{d\mathrm{P}_{\alpha'}}{dx} - \mathrm{P}_{\alpha'}\frac{d\mathrm{P}_\alpha}{dx}\right)(x-a)^{-\alpha-\alpha'+1}(x-b)^{-\beta-\beta'+1}(x-c)^{-\gamma-\gamma'+1}$$

はいたるところ正則なので定数値 d をとる．$d = 0$ なら $\dfrac{\mathrm{P}_\alpha}{\mathrm{P}_{\alpha'}}$ が定数で，$\alpha = \alpha'$ となってしまうので $d \neq 0$ であり，したがって $\mathrm{P}_\alpha(x-a)^{-\alpha}$ と $\mathrm{P}_{\alpha'}(x-a)^{\alpha'}$ が a, b, c 以外で同時に 0 となることはない．よって $q(x)$ は 0 をとらず定数となり，P^1 は P の定数倍となる．これによって一意性が証明された．

(3.2)　同様な方法によって，指数が互いに整数しか違わない 3 つの P 関数の間には多項式係数の線形関係式が成り立つことが以下のようにして分かる．

230

その係数は，次数が計算できるので，未定係数法によって決定できる[4]．

P(x), P$^1(x)$, P$^2(x)$ を指数が整数だけ違う異なる P 関数とする．P $= c_\alpha$P$_\alpha$ $+ c_{\alpha'}$P$_{\alpha'}$ を P(x) の任意の分枝とするとき，

$$\text{P}^1 = c_\alpha \text{P}^1_{\alpha_1} + c_{\alpha'} \text{P}^1_{\alpha'_1}, \qquad \text{P}^2 = c_\alpha \text{P}^2_{\alpha_2} + c_{\alpha'} \text{P}^2_{\alpha'_2}$$

とすると，明らかに，

$$\begin{vmatrix} \text{P} & \text{P}_\alpha & \text{P}_{\alpha'} \\ \text{P}^1 & \text{P}^1_{\alpha_1} & \text{P}^1_{\alpha'_1} \\ \text{P}^2 & \text{P}^2_{\alpha_2} & \text{P}^2_{\alpha'_2} \end{vmatrix} (x-a)^{-2(\alpha+\alpha')} (x-b)^{-2(\beta+\beta')} (x-c)^{-2(\gamma+\gamma')} = 0$$

($b = \infty$ なら $(x-b)$ の項を省く）が成り立つ．第 1 列について余因子展開すると，P, P^1, P^2 の係数は，対応する指数の差が整数なので，(3.1) の証明を使うと恒等的に 0 ではなく，たかだか a, b, c のみに極を持つ有理関数となる．これを随伴関係式という．P 関数の 1 次と 2 次の導関数も指数が整数だけ異なる P 関数なので，この直接の応用として，次のことが言える．

(3.3)　P 関数は多項式を係数とする二階同次線形常微分方程式を満たす．係数は具体的に決まり，特に

$$\text{P} \left\{ \begin{matrix} 0 & \beta & 0 \\ \alpha' & \beta' & \gamma' \end{matrix} \quad x \right\}$$

の場合，ガウスの級数 $F(\beta, \beta', 1-\alpha', x)$ を解とするオイラーの超幾何微分方程式である．あらゆる P 関数はこの形に変形できるので，これで P 関数の存在も示された．

4. 級数と積分による表示

2, 3 節での結論は，P 関数の概念には達していなかったものの，計算によってすでに知られていた．このことはアインシュタイン（A. Einstein）を強く想起させる．数学的に見ると特殊相対性理論とほとんど同等の理論をすでにローレンツ（H. A. Lorentz）が完成していたが，アインシュタインは，ローレ

4）計算はそんなに簡単ではない．リーマンは計算の達人でもあった．

ンツの結果の一部を公理としてしまった．そのために，理論全体の見通しが良くなって時間・空間概念に革命をもたらし，一般相対性理論へと進む道を拓いた．リーマンも，いわば，それまでの成果を定義の中に込めてしまったのである．

当時は，積分論が不十分だったので積分表示はあまり使われず，超幾何関数の研究には，局所的な理論の展開にも，物理学や天文学への応用[5]のための数値計算にも級数が使われ，大域的な理解のためには微分方程式やその級数解などが，多用されていた．そのため，収束の能率を良くするにも，異なる級数間の対応をつけるためにも，できるだけ多様な級数表示が求められていた．

クンマー（E. E. Kummer）はそれに応えて，計算により (2.1), (2.2) の結果を出し，それによって 24 種類の級数表示を得た．それらは

$$x, \ 1-x, \ \frac{1}{x}, \ \frac{x-1}{x}, \ \frac{1}{1-x}, \ \frac{x}{x-1}$$

のいずれかの冪級数と $x, (1-x)$ の複素数冪との積であり，その中の 4 つずつが同じ関数，たとえば P_α を表す．また，それらの関係を表す接続公式も得た．

さらに，指数が特別な場合は 1 次分数式のみでなく，$\sqrt{x}$ や $\sqrt[3]{x}$ への変換も可能なため，もっと多くの級数表示が得られる．クンマーはすべての場合を整理してまとめ上げようとし，$\sqrt{x}$ に変換できる場合には成功したが，$\sqrt[3]{x}$ の場合は計算があまりにも複雑なため，途中であきらめてしまった．なお，$\sqrt{x}$ の場合はルジャンドルの球関数を含む．それは円周上の関数に対する三角関数と似た役割を球面上の関数に対して果たす．

リーマンはクンマーと同じ結果を P 関数の定義と簡単な計算で出している．(2.1) による P 関数の 48 通りの表示から出発して，(2.2), (3.3) によって超幾何級数と結びつけて 48 通りの級数を得たが，2 つずつが一致するので，24 通りとなる．

指数が特別な場合についても最終的な結果を得ている．$\sqrt{x}$ に変換できる

5）リーマン自身も論文中に，目的の 1 つが応用である，と明記している．

場合にはクンマーと同じ結果を出し，彼が放棄した $\sqrt[3]{x}$ の場合についても分かり易く整理しているが，現在ではそれほど重要とは思われていないので，結論のみを簡単に述べる．

指数が特別な場合，以下の変換(A), (B)が可能である．

$$
\mathrm{P}\left\{\begin{array}{ccc}
0 & \infty & 1 \\
0 & \beta & \gamma \\
\dfrac{1}{2} & \beta' & \gamma'
\end{array}\ x\right\}
=
\mathrm{P}\left\{\begin{array}{ccc}
-1 & \infty & 1 \\
\gamma & 2\beta & \gamma \\
\gamma' & 2\beta' & \gamma'
\end{array}\ \sqrt{x}\right\}
=
\mathrm{P}\left\{\begin{array}{cccc}
0 & \infty & 1 & \\
\gamma & 2\beta & \gamma & \dfrac{1+\sqrt{x}}{2} \\
\gamma' & 2\beta' & \gamma' &
\end{array}\right\}
$$

$$\text{(A)}$$

$$
\mathrm{P}\left\{\begin{array}{ccc}
0 & \infty & 1 \\
0 & 0 & \gamma \\
\dfrac{1}{3} & \dfrac{1}{3} & \gamma'
\end{array}\ x\right\}
=
\mathrm{P}\left\{\begin{array}{ccc}
1 & \rho & \rho^2 \\
\gamma & \gamma & \gamma \\
\gamma' & \gamma' & \gamma'
\end{array}\ \sqrt[3]{x}\right\}
=
\mathrm{P}\left\{\begin{array}{cccc}
0 & \infty & 1 & \\
\gamma & \gamma & \gamma & -\rho^2\dfrac{\sqrt[3]{x}-1}{\sqrt[3]{x}-\rho} \\
\gamma' & \gamma' & \gamma' &
\end{array}\right\}
$$

$$\text{(B)}$$

ただし，ρ は1の原始3乗根で，指数はフックスの関係式を満たす必要がある．

ここで(A), (B) 2つの変換を繰り返し，指数差による表示を用いると，次の関数の集合は同じと分かる．

I．$\mathrm{P}\left\{\mu, \nu, \dfrac{1}{2}, x_2\right\}$,　　$\mathrm{P}\{\mu, 2\nu, \mu, x_1\}$,　　$\mathrm{P}\{\nu, 2\mu, \nu, x_3\}$

ただし

$$
x_2 = 4x_1(1-x_1) = \frac{1}{4x_3(1-x_3)}.
$$

II．$\mathrm{P}\{\nu, \nu, \nu, x_3\}$,　　　$\mathrm{P}\left\{\nu, \dfrac{\nu}{2}, \dfrac{1}{2}, x_2\right\}$,　　　$\mathrm{P}\left\{\dfrac{\nu}{2}, 2\nu, \dfrac{\nu}{2}, x_1\right\}$,

$\mathrm{P}\left\{\dfrac{1}{3}, \nu, \dfrac{1}{3}, x_4\right\}$,　　$\mathrm{P}\left\{\dfrac{1}{3}, \dfrac{\nu}{2}, \dfrac{1}{2}, x_5\right\}$,　　$\mathrm{P}\left\{\dfrac{\nu}{2}, \dfrac{2}{3}, \dfrac{\nu}{2}, x_6\right\}$

ただし，

$$x_4(1-x_4) = \frac{[1-x_3(1-x_3)]^3}{27x_3^2(1-x_3)^2},$$

$$4x_4(1-x_4) = x_5 = \frac{1}{4x_6(1-x_6)},$$

$$4x_3(1-x_3) = x_2 = \frac{1}{4x_1(1-x_1)}.$$

Ⅲ. $P\left\{\nu, \nu, \frac{1}{2}, x_2\right\}$, $\quad P\{\nu, 2\nu, \nu, x_1\}$, $\quad P\left\{\frac{1}{4}, \nu, \frac{1}{2}, x_3\right\}$, $\quad P\left\{\frac{1}{4}, 2\nu, \frac{1}{4}, x_4\right\}$

ただし,

$$x_3 = \frac{1}{4}\left(2 - x_2 - \frac{1}{x_2}\right) = 4x_4(1-x_4),$$

$$x_2 = 4x_1(1-x_1).$$

(2.1)で見たように, $P\{\lambda, \mu, \nu\}$ は指数の置換と符号の交換により 48 種の表示を持つ. それで, Ⅰ の x_2 を含む P 関数の表示は 48 種だが, x_1, x_3 を含む関数は 24 種ずつのみである. しかし, x_2 の値 1 つに x_1, x_3 の値が 2 つずつ対応するのでやはり 48 種ずつとなる. 同様にして結局, Ⅰ, Ⅱ, Ⅲ のそれぞれに対して合計 144, 480, 240 種の表示があり, 級数表示についてはそれぞれ半分の72, 240, 120 種が得られる.

さらに, 同じ方法で下のような積分表示を一般に 48, それぞれⅠ, Ⅱ, Ⅲ の場合に 144, 480, 240 種類明示している.

$$P\left\{\begin{matrix} \alpha & \beta & \gamma \\ \alpha' & \beta' & \gamma' \end{matrix} \; x\right\}$$

$$= x^\alpha(1-x)^\gamma \int s^{-(\alpha'+\beta'+\gamma')} \times (1-s)^{-(\alpha'+\beta+\gamma)}(1-xs)^{-(\alpha+\beta'+\gamma)}ds.$$

ただし, 積分路は $0, 1, 1/x, \infty$ のいずれか 2 つを結ぶ曲線である. 上の広義積分が収束しないときはポッホハンマー (L. Pochhammer) による 2 重周回路を使って修正する. それは, 2 つの端点を 1 周する曲線で代表される基本群の元を π_1, π_2 とするとき, $\pi_1\pi_2\pi_1^{-1}\pi_2^{-1}$ で表される.

5. リーマン–ヒルベルトの問題

以上でリーマンの当面の目標

　　超幾何関数の多くの級数表示の鳥瞰図を作る

は達成されたが，後世に与えた影響からすると，もう1つの，具体的には書かれていない貢献のほうが重要である．リーマン自身が述べているように，関数を式ではなく，特異点での様子で定義するという手法は多項式係数の，特にフックス型微分方程式の解となるすべての関数に適用できる．つまり超幾何関数という特定の関数から離れて，興味ある関数を新しく作り出す手段を提供したのである．そして，それはリーマンの問題

　　コンパクトリーマン面上に有限個の特異点とその近傍での振舞いを指定
　　して微分方程式を作る

に発展し，さらに1変数に限らず，多変数の場合にも同様な問題が提起されて，いくつかの場合に解かれている[6]．

　また，ヒルベルト（D. Hilbert）は次のようなリーマン–ヒルベルトの問題[7]に発展させた．

　　与えられたモノドロミー群を持つ線形微分方程式は存在するか？

つまり，コンパクトリーマン面 $\mathbb{R}$ から有限個の点を除いた面の基本群からある線形変換群への準同型写像が与えられたとき，$\mathbb{R}$ の有理型関数を係数とし確定特異点のみをもつ常微分方程式を構成して，その基本解の任意の曲線に沿う解析接続が，対応する線形変換で表示されるようにできるか，と問う

6）E. ピカール，寺田俊明，加藤満生など．
7）1900年パリの国際数学者会議で挙げた23問題の1つ．

た．これはレールル[8]によって肯定的に解かれている．

参考文献

［1］Grundlagen für eine allgemeine Theorie der Funktionen einer veränderlichen complexen Grösse, 1851, 学位論文

［2］Beiträge zur Theorie der durch die Gauss'sche Reihe $F(\alpha, \beta, \gamma, x)$ darstellbaren Functionen, Abhandlungen der Königlichen Gesellschaft der Wisschenshaften zu Göttingen, Band 7, 1857

8）H. Röhrl, *Das Riemann-Hilbertsche Problem der Theorie der Linearen Differentialgleichungen*,（線形微分方程式のリーマン-ヒルベルト問題）Math. Ann., 133（1957）

準超幾何関数について

青本和彦 ［名古屋大学名誉教授］

I. ランダム・ウオークの母関数

任意の実数 α に対する組み合わせ数

$$\binom{\alpha}{n} = \frac{\alpha(\alpha-1)\cdots(\alpha-n+1)}{n!} \qquad (n \in \mathbb{Z}_{\geq 0})$$

は α の n 次多項式である.

いま 1 次元格子 $\mathbb{Z}$ 上を原点から出発して左右に 1 ステップだけ確率 $\frac{1}{2}$ で移動するランダム・ウオークを考える. $2m\,(m \in \mathbb{Z}_{\geq 0})$ ステップ後に原点にもどる確率 p_{2m} は

$$p_{2m} = \sum_{\nu=0}^{m} \binom{m}{\nu}^2 2^{-2m} = \binom{2m}{m} 2^{-2m}$$

で与えられ, その母関数は

$$F(x) = \sum_{m=0}^{\infty} \binom{2m}{m} 2^{-2m} x^m = (1-x)^{-\frac{1}{2}} \qquad (|x| < 1)$$

に等しい. 一方, 組み合わせ数 $\dbinom{\frac{m}{2}}{m}$ は m が偶数ならば 0 であるから, その母関数は

$$G(x) = \sum_{m=1}^{\infty} \binom{\frac{m}{2}}{m} x^m = \sum_{\mu=0}^{\infty} \binom{\mu+\frac{1}{2}}{2\mu+1} x^{2\mu+1} = \frac{x}{\sqrt{x^2+4}} \qquad (|x| < 1).$$

これら 2 個の関数の間には次の等式が成り立つ:

$$F\left(-\frac{1}{y^2}\right) = \frac{y}{\sqrt{y^2+1}} = G(2y) \qquad (\Re y > 0). \tag{1}$$

$\Re$ は実部を表す．厳密に言えば(1)の両辺は"複素平面まで解析的に延長されてその共通部分である領域：$\Re y > 0$ において等しい"という意味である．(1)は組み合わせ数 $\dbinom{2m}{m}$ と $\dbinom{\frac{m}{2}}{m}$ の対称性を表している．この対称性はこれから説明する準超幾何関数(quasi hypergeometric function)のもつ対称性のもっとも単純な例を与えている．

2. 準超幾何関数

$\alpha \in \mathbb{C}$, $\beta \in \mathbb{R}$ を任意にとる．ベキ級数

$$L(x) = \sum_{n=0}^{\infty} \binom{\alpha+\beta n}{n} x^n \tag{2}$$

は $x = 0$ の近傍で収束する正則関数であって Lambert 級数という．

$$c = (\beta-1)^{1-\beta}\beta^{-\beta}$$

とおくとき(2)の収束半径は $|c|$ で与えられる．すなわち(2)は円盤：$|x| < |c|$ で正則な関数を表す．(2)に付随して準代数方程式

$$1-v+xv^\beta = 0 \tag{3}$$

を考察する．β が正整数ならば(3)は Bring-Jerrard 型の代数方程式である．

$\alpha_1, \alpha_2 \in \mathbb{C}$ に対して(2)を拡張したベキ級数

$$F_\beta(\alpha_1, \alpha_2; x) = \sum_{n=0}^{\infty} \frac{\Gamma(\alpha_1+\beta n)}{\Gamma(\alpha_2+(\beta-1)n)} \frac{x^n}{n!} \qquad (|x| < |c|)$$

が定義される．ここで $\Gamma(\alpha)$ はガンマ関数を表す．そして

$$F_\beta(\alpha_1, \alpha_2; 0) = \frac{\Gamma(\alpha_1)}{\Gamma(\alpha_2)}.$$

特に $F_\beta(\alpha, \alpha; x) = F_\beta(\alpha; x)$ と略記する．すると Lambert 級数は $F_\beta(\alpha+1; x)$ に等しい．

以後，簡単のために $\beta > 1$ を仮定する．この場合には $0 < c < 1$ である．(3)は $x = 0$ の近傍で x のベキ級数解をもつ：

238

$$v_0 = 1 + \sum_{n=1}^{\infty} \frac{1}{n} \binom{n\beta}{n-1} x^n \qquad (|x| < c).$$

$0 < x < c$ ならば $v_0 > 1$ である．さらに等式

$$v_0^\alpha = \beta F_\beta(\alpha; x) + (1-\beta) F_\beta(\alpha+1; x),$$
$$v_0 = \beta F_\beta(1; x) + (1-\beta) F_\beta(2; x)$$

が成り立つ．逆に

$$F_\beta(\alpha; x) = \frac{v_0^\alpha}{(1-\beta)v_0 + \beta}$$

が得られる．一方 $x=0$ の近傍で $x^{\frac{1}{\beta-1}}$ の Laurent 展開で表される (3) の解

$$v_1 = x^{\frac{1}{1-\beta}} \left(1 - \frac{1}{\beta} x^{\frac{1}{\beta-1}} + \cdots \right) \qquad (0 < x < c)$$

が得られる．$x \to 0$ のとき $v_0 \to 1$，$v_1 \to \infty$ である．これらは $0 < x < c$ において不等式 $1 < v_0 < v_1$ を満たす．そして $x < c$ かつ $x \to c$ のとき v_0, v_1 はともに $\frac{\beta}{\beta-1}$ に近づき，$x=c$ で両者は一致する．

補題 1 ● $\gamma = \alpha_1 + 1 - \alpha_2$ とおくとき $F_\beta(\alpha_1, \alpha_2; x)$ は積分表示

$$F_\beta(\alpha_1, \alpha_2; x) = \frac{1}{\Gamma(1-\gamma)} \int_0^{v_0} v^{\alpha_1-1}(1-v+v^\beta x)^{-\gamma} dv \tag{4}$$

$$= \frac{\Gamma(\gamma)}{2\pi i} \int_{\mathscr{C}} v^{\alpha_1-1}(1-v+v^\beta x)^{-\gamma} dv \tag{5}$$

をもつ．$\mathscr{C}$ は v-平面において原点を始点・終点とし v_0 を正の向きに一周するループを表す (図 1)．

以後，$F_\beta(\alpha_1, \alpha_2; x)$ を $F_0(x)$ と略記する．(4) と同様にして積分

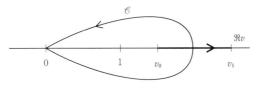

図 1

$$F_1(x) = \frac{1}{\Gamma(1-\gamma)} \int_0^{v_1} v^{\alpha_1 - 1}(1-v+v^\beta x)^{-\gamma} dv \tag{6}$$

が定義される．ただし $1-v+v^\beta x$ の分岐は $0<v<v_0$ では正値，$v>v_1$ のときには v の上半平面から解析接続したものをとる．

一方，区間 $[v_0, v_1]$ を積分域とする積分

$$W(x) = \Gamma(\gamma) \int_{v_0}^{v_1} v^{\alpha_1 - 1}(-1+v-v^\beta x)^{-\gamma} dv \tag{7}$$

を考える．$0<x<c$ ならば $1-v+v^\beta x$ は $v_0<v<v_1$ で負，$0<v<v_0$ および $v>v_1$ で正値であるから意味をもつ．このとき自明な関係

$$W(x) = e^{-\pi i \gamma} \Gamma(\gamma) \Gamma(1-\gamma)(F_1(x) - F_0(x))$$

が成り立つ．

注意1 ● $\Re\gamma \geqq 1$ のときには(4)の右辺の積分は適当な有限部分(5)をとらねばならない．積分(6), (7)についても同様である．

補題2 ● σ_0 は複素 x-平面内において $x=0$ を始点，終点とし c を正の向きに一周するループを表すものとする．$F_0(x) = F_\beta(\alpha_1, \alpha_2; x)$, $W(x)$ は σ_0 に沿って解析的に延長するとき次の Picard-Lefschetz 変換(c.f.[8])を受ける：

$$S_{\sigma_0}: \begin{cases} F_0(x) \longrightarrow S_{\sigma_0} F_0(x) = F_0(x) + \dfrac{1-e^{-2\pi i \gamma}}{2\pi i} W(x) \\ W(x) \longrightarrow S_{\sigma_0} W(x) = -e^{-2\pi i \gamma} W(x) \end{cases}$$

特に $F_0(x) = F_\beta(\alpha; x)$ の場合には S_{σ_0} は $F_0(x), F_1(x)$ の互換(transposition)を誘導する．

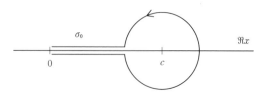

図2

補題 3 ● $x = c$ の近傍で $F_0(x), W(x)$ は $c-x$ に関するベキ級数展開をもつ：

$$F_0(x) = (c-x)^\delta\{a_0 + a_1(c-x) + \cdots\} + (\text{h.f.}), \tag{8}$$

$$W(x) = (c-x)^\delta\{a_0^* + a_1^*(c-x) + \cdots\}, \tag{9}$$

$$a_0^* = \sqrt{2\pi}\,\beta^{e_1}(\beta-1)^{e_2}\frac{\Gamma(1-\gamma)\,\Gamma(\gamma)}{\Gamma\left(\dfrac{3}{2}-\gamma\right)},$$

$$a_0 = -\frac{\tan\pi\gamma}{2\pi}a_0^*.$$

ここで (h.f.) は正則関数を意味し

$$e_1 = \alpha_1 + \beta\delta - \frac{1}{2},$$

$$e_2 = -\alpha_2 - (\beta-1)\delta + \frac{1}{2},$$

$$\delta = \frac{1}{2} - \gamma.$$

である．また

$$v_0 = \frac{\beta}{\beta-1} - \sqrt{2(c-x)} + \cdots,$$

$$v_1 = \frac{\beta}{\beta-1} + \sqrt{2(c-x)} + \cdots.$$

注意 2 ● v_0 を x, β の関数として $v_0 = v_0(\beta; x)$ と記せば，合流形

$$w = \lim_{\beta\to\infty} v_0\left(\beta; \frac{x}{\beta}\right) - 1 + \sum_{n=1}^{\infty}\frac{n^{n-2}}{(n-1)!}x^n$$

が定義される．w は x の整関数である．よく知られているように係数 n^{n-2} は n 個の頂点をもつラベル付き樹木グラフの個数に等しい．

w は関数方程式

$$w = x\,e^w$$

の原点で正則なただひとつの解である（c.f.[7]）．

3. 準超幾何関数の満たす方程式系

まず $F_\beta(\alpha_1, \alpha_2; x)$ は分数ベキの微分方程式を満たすことを説明する.

三つ組み $\lambda, \mu \in \mathbb{C}, \ \kappa > 0$ を固定する. 原点を含む $\mathbb{C}$ 内の円盤上で正則な関数 $f(x)$ に対して分数ベキ微分作用素(Erdélyi-Kober 作用素) $P_\kappa(\lambda, \mu)$ を

$$P_\kappa(\lambda, \mu) f(x) = \frac{1}{\Gamma(\mu)} \int_0^1 t^{\lambda-1} (1-t)^{\mu-1} f(t^\kappa x) dt$$

によって定義する(c.f.[1](i), [2]). $\lambda, \mu > 0$ ならば $P_\kappa(\lambda, \mu)$ は定義可能で $P_\kappa(\lambda, \mu) f(x)$ もまた正則である. そうでない場合には積分の適当な正則化を行うことによって定義の拡張が可能である.

次の性質が基本的である:

(i) 2個の三つ組み $(\lambda, \mu, \kappa), (\lambda', \mu', \kappa')$ に対して $P_\kappa(\lambda, \mu), P_{\kappa'}(\lambda', \mu')$ は互いに可換である.

(ii) $P_\kappa(\lambda, 0)$ は恒等写像 I である.
$$P_\kappa(\lambda, -m) \qquad (m = 1, 2, 3, \cdots)$$
は m 階の微分作用素である.

(iii) 1 コサイクルを定義する等式
$$P_\kappa(\lambda + \mu', \mu) \cdot P_\kappa(\lambda, \mu') = P_\kappa(\lambda, \mu') \cdot P_\kappa(\lambda + \mu', \mu) = P_\kappa(\lambda, \mu + \mu'),$$
特に
$$P_\kappa(\lambda + \mu, -\mu) \cdot P_\kappa(\lambda, \mu) = P_\kappa(\lambda, \mu) \cdot P_\kappa(\lambda + \mu, -\mu) = I$$
が成り立つ.

命題 4 ● $F(x) = F_\beta(\alpha_1, \alpha_2; x)$ は $|x| < c$ において次の分数ベキ微分方程式を満たす:

$$\frac{d}{dx} F = P_\beta(\alpha_1 + \beta, -\beta) \cdot P_{\beta-1}(\alpha_2, \beta-1) \, F. \tag{10}$$

しかも $F(x) = F_\beta(\alpha_1, \alpha_2; x)$ は(10)を満たし

$$F(0) = \frac{\Gamma(\alpha_1)}{\Gamma(\alpha_2)} \tag{11}$$

を満たすただひとつの原点で正則な解である.

　次に $F(x)$ が x, α_1, α_2 に関して微差分方程式系を満たすことを示す.
$T_{\alpha_1}, T_{\alpha_1}^{\beta_1}, T_{\alpha_2}, T_{\alpha_2}^{\beta-1}$ をそれぞれ平行移動

$$\alpha_1 \to \alpha_1 + 1, \qquad \alpha_1 \to \alpha_1 + \beta,$$

$$\alpha_2 \to \alpha_2 + 1, \qquad \alpha_2 \to \alpha_2 + \beta - 1$$

が関数に引き起こす「ずらしの作用素」を表すとする. このとき次の事実が
成り立つ.

命題 5 ●

$$\left.\begin{aligned}
T_{\alpha_1} F &= \left(\alpha_1 + \beta x \frac{d}{dx}\right) F, \\
F &= \left(\alpha_2 + (\beta - 1) x \frac{d}{dx}\right) T_{\alpha_2} F, \\
\frac{d}{dx} F &= T_{\alpha_1}^{\beta} \cdot T_{\alpha_2}^{\beta-1} F.
\end{aligned}\right\} \tag{12}$$

しかも $F(x) = F_\beta(\alpha_1, \alpha_2; x)$ は(11),(12)を満たす原点で正則なただひとつ
の解である.

4. 準モジュラー対称性

　積分表示式(4), 方程式系(10),(12)はパラメータ β に関する2種類の変換

$$\sigma : \beta \longrightarrow 1 - \beta,$$

$$\tau : \beta \longrightarrow \frac{1}{\beta}$$

に関して対称性をもつ. そのことを $\alpha_1 = \alpha_2$ の場合に最初に指摘したのは
(私の知る限り)σ については B. Sutherland, τ に関しては C. Nayak と F.
Wilczek などの統計物理学の人々であった. 井口和基氏によれば物理的には
σ は「粒子の超対称性」を, τ は「粒子とホール(hole)の交換」を表している
と言う(c.f.[5](i)).

　それゆえまたその解の集合, すなわちここで述べている準超幾何関数の仲

間にも σ, τ の変換を許している：実際，変換 σ, τ を

$$\sigma F_\beta(\alpha_1, \alpha_2 ; x) = e^{\pi i (1-\gamma)} F_{1-\beta}(1-\alpha_2, 1-\alpha_1 ; x),$$

$$\tau F_\beta(\alpha_1, \alpha_2 ; x) = \frac{1}{\beta}(-1)^{-\frac{\alpha_1}{\beta}} F_{\frac{1}{\beta}}\left(\frac{\alpha_1}{\beta}, 1-\gamma+\frac{\alpha_1}{\beta} ; -(-x)^{-\frac{1}{\beta}}\right)$$

と定義することができる．この変換において γ は不変に保たれる．σ は原点の近傍の関数を原点の近傍の関数に，τ は原点の近傍の関数を $x = \infty$ の近傍の関数に写す．同じく $\tau\sigma, \sigma\tau, \sigma\tau\sigma = \tau\sigma\tau$ および恒等写像 1 を合わせて合計 6 個の変換が得られる：

$$\tau\sigma F_\beta(\alpha_1, \alpha_2 ; x) = \frac{1}{\beta}(-x)^{-\frac{\alpha_1}{\beta}} F_{1-\frac{1}{\beta}}\left(1-\frac{\alpha_2}{\beta}, 2-\gamma-\frac{\alpha_2}{\beta} ; (-x)^{-\frac{1}{\beta}}\right),$$

$$\sigma\tau F_\beta(\alpha_1, \alpha_2 ; x) = \frac{1}{1-\beta} x^{\frac{1-\alpha_2}{\beta-1}} F_{\frac{1}{1-\beta}}\left(\frac{1-\alpha_2}{1-\beta}, 1-\gamma+\frac{1-\alpha_2}{1-\beta} ; -x^{\frac{1}{\beta-1}}\right),$$

$$\tau\sigma\tau F_\beta(\alpha_1, \alpha_2 ; x) = \frac{1}{1-\beta} x^{\frac{1-\alpha_2}{\beta-1}} F_{\frac{\beta}{\beta-1}}\left(\frac{\alpha_2-\beta}{1-\beta}, 1-\gamma+\frac{\alpha_2-\beta}{1-\beta} ; x^{\frac{1}{\beta-1}}\right).$$

特に $\alpha_1 = \alpha_2 = \alpha$ のときには $\gamma = 1$ であって $F_\beta(\alpha ; x)$ の変換則が得られる．これが上記の C. Nayak, F. Wilczek, B. Sutherland らによって得られた対称性であった．

問題の本質は，これらの変換された関数が実は原点の近くで定義された $F_\beta(\alpha_1, \alpha_2 ; x)$ から出発してすべて解析的延長によって得られることである．そのことを次の節で説明する．

5. 解析的延長とモノドロミー

点 x を 0 から正の実軸に沿って移動させ，途中 c を下半平面内に迂回し $x = +\infty$ まで到達する道を σ_- と記す．対応する v_0, v_1 の v-平面内の曲線 $S_{\sigma_-} v_0 : v_0 = v_0(x)$ は $v_0 = 1$ を出発点とし，途中 $\frac{\beta}{\beta-1}$ を $\frac{1}{4}$ 回転して迂回し $v = 0$ に到る道である．一方 v_1 の曲線 $S_{\sigma_-} v_1 : v_1 = v_1(x)$ は $v_1 = +\infty$ を出発点とし，途中 $\frac{\beta}{\beta-1}$ を $\frac{1}{4}$ 回転して迂回し $v = 0$ に到る道である．いずれも v 平面において実曲線

244

$$\Im\left(\frac{v-1}{v^\beta}\right) = 0$$

に含まれる($\Im$ は虚部を表す)．

$v_0, v_1, F_0(x) = F_\beta(\alpha_1, \alpha_2; x)$ を σ_- に沿って解析的に延長したものをそれぞれ $v_0^{(\infty)}, v_1^{(\infty)}, F_0^{(\infty)}(x)$ と記す．これは $x = \infty$ の近傍で定義されている．このとき次の事実が成り立つ：

補題6 ●

$$\tau F_\beta(\alpha_1, \alpha_2; x) = S_{\sigma_-} F_\beta(\alpha_1, \alpha_2; x) = F_0^{(\infty)}(x),$$
$$v_0^{(\infty)} = v_0^{(\infty)}(x) = e^{-\frac{\pi i}{\beta}} x^{-\frac{1}{\beta}}(1+O(x^{-\frac{1}{\beta}})),$$
$$v_1^{(\infty)} = v_1^{(\infty)}(x) = e^{\frac{\pi i}{\beta}} x^{-\frac{1}{\beta}}(1+O(x^{-\frac{1}{\beta}})).$$

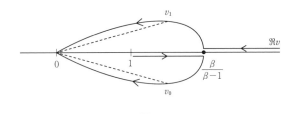

図3

定義(7)より
$$W(x) = e^{-\pi i\gamma}\Gamma(1-\gamma)\Gamma(\gamma)(F_1^{(\infty)}(x) - F_0^{(\infty)}(x))$$
であるから補題2より σ_0 によるモノドロミー変換

$$S_{\sigma_0} : \begin{cases} F_0^{(\infty)} \longrightarrow (1-e^{-2\pi i\gamma})F_0^{(\infty)} + e^{-2\pi i\gamma}F_1^{(\infty)} \\ F_1^{(\infty)} \longrightarrow F_0^{(\infty)} \\ F_\nu^{(\infty)} \longrightarrow F_\nu^{(\infty)} \qquad (\nu \ne 0, 1) \end{cases} \tag{13}$$

が得られる．また x を $+\infty$ から正軸上を負の方向に移動し，途中 c を上半面内に迂回して 0 に達する道を σ_+ と記す．σ_+, σ_- の結合を $\sigma_+ \vee \sigma_-$ で表せば

$$\sigma_0 \sim \sigma_+ \vee \sigma_- \quad (\text{ホモトープ})$$

であるから解析接続の等式

$$S_{\sigma_0} F_\beta(\alpha_1, \alpha_2; x) = S_{\sigma_+} F_0^{(\infty)}$$

が得られる．一方 $|x| \gg 1$ を満たしながら x-平面を負の向きに一周する道すなわち $\arg x$ を $\arg x - 2\pi$ まで移動する閉路を τ_0 で表す．τ_0 に沿って $F_0^{(\infty)}(x)$ を解析的に延長するときモノドロミーの変換

$$\tau_0 : v_0^{(\infty)} \longrightarrow v_1^{(\infty)} = S_{\tau_0}[v_0^{(\infty)}],$$

$$\tau_0 : F_0^{(\infty)}(x) \longrightarrow F_1^{(\infty)}(x) = S_{\tau_0}[F_0^{(\infty)}(x)] = F_0^{(\infty)}(e^{-2\pi i}x)$$

が得られる．これらを ν 回繰り返したものをそれぞれ

$$v_\nu^{(\infty)} = S_{\tau_0}^\nu[v_0^{(\infty)}], \qquad F_\nu^{(\infty)}(x) = S_{\tau_0}^\nu[F_0^{(\infty)}(x)] \qquad (\nu \in \mathbb{Z})$$

と表すとき次の等式が成り立つ：

$$F_\nu^{(\infty)}(x) = F_0^{(\infty)}(e^{-2\pi i\nu}x)$$

$$= \frac{1}{\Gamma(1-\gamma)} \int_0^{v_\nu^{(\infty)}} v^{\alpha_1-1}(1-v+v^\beta x)^{-\gamma} dv.$$

そしてモノドロミー変換

$$S_{\tau_0} : F_\nu^{(\infty)} \longrightarrow F_{\nu+1}^{(\infty)} \tag{14}$$

が得られる．

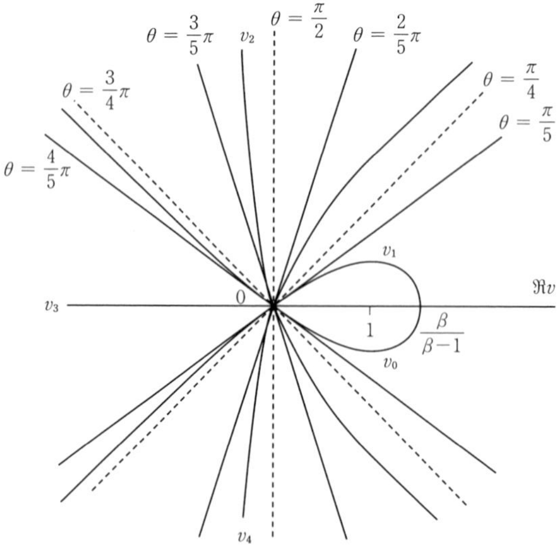

図4 曲線 $\Im\left(\dfrac{v-1}{v^5}\right) = 0$ $(\beta = 5)$ の相図．ただし $v_{5m+j} = v_j$ $(m = 0, \pm 1, \pm 2, \cdots)$.

注意 3 ●可算個の関数族 $\{F_\nu^{(\infty)}, (-\infty < \nu < \infty)\}$ は 1 次独立であって $F_\beta(\alpha_1, \alpha_2; x)$ を $x = \infty$ まで解析的に延長したすべての芽を尽くしている．したがってモノドロミー表現は (13), (14) の 2 個の無限次の行列で表現されている．

6. 一般化

準超幾何関数は超幾何関数と同じように多次元に一般化することができる．ここでは 2 個の例を示すことにする．

●例 1

$\alpha'_1, \cdots, \alpha'_r ; \alpha_1, \cdots, \alpha_s$ を $r+s$ 個の複素数，$\beta'_1, \cdots, \beta'_r ; \beta_1, \cdots, \beta_s$ を $r+s$ 個の正数の組として，条件

$$\beta'_1 + \cdots + \beta'_r = \beta_1 + \cdots + \beta_s + 1$$

を仮定する．

$$c = \beta_1^{\beta_1} \cdots \beta_r^{\beta_r} \beta_1'^{-\beta'_1} \cdots \beta_s'^{-\beta'_s} > 0,$$

$$\gamma = \alpha'_1 + \cdots + \alpha'_r - \alpha_1 - \cdots - \alpha_s + s,$$

$$\delta = -\gamma + \frac{n}{2} \qquad (n = r+s-1)$$

とおく．

命題 7 ●

$$F_{\beta'}(\alpha', \alpha; x) = \sum_{n=0}^{\infty} \frac{\prod\limits_{k=1}^{r} \Gamma(\alpha'_k + \beta'_k n)}{\prod\limits_{k=1}^{s} \Gamma(\alpha_k + \beta_k n)} \frac{x^n}{n!}$$

は $|x| < c$ で広義一様収束する正則関数である．そして

$$F_{\beta'}(\alpha', \alpha; 0) = \frac{\prod\limits_{k=1}^{r} \Gamma(\alpha'_k)}{\prod\limits_{k=1}^{s} \Gamma(\alpha_k)} \tag{15}$$

が成り立つ．

$r = s+1$, $\beta_k = \beta'_k = 1$ $(1 \leqq k \leqq r)$ のときは通常の超幾何関数である.

命題4の拡張として次が言える.

命題8 ● $F(x) = F_{\beta'}(\alpha', \alpha; x)$ は次の分数ベキ微分方程式を満たす(c.f.[1](i),(ii)):

$$\frac{d}{dx}F(x) = \prod_{k=1}^{r} P_{\beta'_k}(\alpha'_k + \beta'_k, -\beta'_k) \prod_{k=1}^{s} P_{\beta_k}(\alpha_k, \beta_k) F(x). \tag{16}$$

そして(15),(16)を満たす原点で正則な解はただひとつである.

命題5の拡張として次が言える.

命題9 ● $\alpha'_1, \cdots, \alpha'_r, \alpha_1, \cdots, \alpha_s, x$ の正則関数として $F(x)$ は次の微差分方程式系を満たす(c.f.[1](i),(ii);[4]):

$$\begin{cases} T_{\alpha'_k} F(x) = \left(\alpha'_k + \beta'_k x \dfrac{d}{dx}\right) F(x), \\[2mm] F(x) = \left(\alpha_k + \beta_k x \dfrac{d}{dx}\right) T_{\alpha_k} F(x), \\[2mm] \dfrac{d}{dx}F(x) = \prod_{k=1}^{r} T_{\alpha'_k}^{\beta'_k} \prod_{k=1}^{s} T_{\alpha_k}^{\beta_k} F(x). \end{cases} \tag{17}$$

$F(x) = F_{\beta'}(\alpha', \alpha; x)$ は(15),(17)を満たすただひとつの解である.

$F_{\beta'}(\alpha', \alpha; x)$ は(4)と類似の n 重積分表示をもち,(8),(9)が成り立つ.ただし

$$a_0^* = (-i)^{r-1}(2\pi)^{\frac{n}{2}} \frac{\Gamma(1-\gamma)\,\Gamma(\gamma)}{\Gamma(\delta+1)} \prod_{j=1}^{n} \beta_j^{\prime e_j} \quad \left(e'_j = \alpha'_j + \beta'_j \delta - \frac{1}{2}\right),$$

$$a_0 = \frac{(1-e^{-2\pi i r})}{(2\pi i)^s(e^{2\pi i \delta}-1)} a_0^*.$$

ここで $\alpha_j = 1 - \alpha'_{j+r}$, $\beta_j = -\beta'_{j+r}$ $(1 \leqq j \leqq s)$ とおいた.

3節にならって多次元の場合に $\mathbb{C}^n$ 内の原点を含むある Reinhardt 領域において正則な関数 $f(x) = f(x_1, \cdots, x_n)$ に対して Erdélyi-Kober 作用素を次のように定義する:

$$P_\kappa(\lambda, \mu) f(x_1, \cdots, x_n) = \frac{1}{\Gamma(\mu)} \int_0^1 t^\lambda (1-t)^{\mu-1} f(t^\kappa x_1, \cdots, t^\kappa x_n) dt.$$

これらの作用素を使って多変数の準超幾何関数を特徴付けることができる(c.f.[1](i)).

次の例は統計物理における分数排他統計を記述する Y.-S. Wu の方程式について井口和基氏によって Lagrange の逆変換を用いて解かれた解である(c.f.[5](ii)；[6](i),(ii)).

●例2

$n \times n$ 行列 $(\beta'_{jk}), (\beta_{jk})$ は

$\beta'_{jk} = \beta_{jk} = -g_{jk} \qquad (j \neq k),$

$\beta'_{jj} = \beta_{jj}+1 = 1-g_{jj}$

を満たすものとする. n 変数の級数

$$F_{\beta'}(\alpha; x) = \sum_{\nu_1 \geq 0, \cdots, \nu_n \geq 0} \frac{\prod_{j=1}^n \Gamma\left(\alpha_j + \sum_{k=1}^n \beta'_{jk} \nu_k\right)}{\prod_{j=1}^n \Gamma\left(\alpha_j + \sum_{k=1}^n \beta_{jk} \nu_k\right)} \frac{x_1^{\nu_1} \cdots x_n^{\nu_n}}{\nu_1! \cdots \nu_n!}$$

は $\mathbb{C}^n$ の原点の近傍で正則関数を定義する.

n 変数 $x = (x_1, \cdots, x_n)$, n 未知関数 $v = (v_1, \cdots, v_n)$ に関する Wu の準代数方程式系は

$$v_j = 1 + x_j v_j v_1^{-g_{1j}} \cdots v_n^{-g_{nj}} \qquad (1 \leq j \leq n) \tag{18}$$

で与えられる. 原点で正則な(18)の解 v がただひとつ存在する. ここでは述べないが, $n = 1$ のときと同様に $v_1^{\alpha_1} \cdots v_n^{\alpha_n}$ と $F_\beta(\alpha; x)$ の間には簡単な関係がある. $\mathfrak{S}_m$ で m 次対称群を表すとき Wu の方程式系は半直積の群 $\mathcal{G} = \mathfrak{S}_3^n \rtimes \mathfrak{S}_n$ の対称性がある($n = 1$ の場合は $\mathcal{G} = \mathfrak{S}_3$ であった). そして $\mathcal{G}$ の各元 σ に対して準超幾何関数 $\sigma F_{\beta'}(\alpha; x)$ が定義される. それらは x 空間内で n 次元実解析的集合

$$\Im\left(\frac{v_j - 1}{v_1^{\beta_{1j}} \cdots v_n^{\beta_{nj}}}\right) = 0 \qquad (1 \leq j \leq n) \tag{19}$$

に含まれ，かつ原点を出発する適当な道に沿って解析的延長したものと一致すると思われる．筆者らは[1] (iii)において $n = 2$ の場合に詳細な検討を行って $n = 1$ の場合に4節で述べた結果の類似を得た．$n \geqq 3$ の場合は未知のように思われる．いずれにしても実解析的集合(19)の特異点の階層的構造がこの問題解決の鍵のように思われる．

注意4●上に述べた内容はおおむね筆者がおよそ14-15年前に井口和基氏との共同研究で得られた結果である．いま改めて文献[9]を見直してみると $n = 1$ の場合に限るが，肝心な部分はほとんど述べられていることに気づく．この論文はいわゆる Calogero-Sutherland モデルの発祥のもとになったものだが「可積分系とは何か？」という問いを深く投げかけてもいる．上に述べた Sutherland-Wu 方程式が可積分系である1次元 gr^{-2} ポテンシャルの Schrödinger 方程式の解と関連づけられて議論されている．筆者のように長年，解析関数の魅力にとりつかれた者にとっては B. Sutherland 氏の先見性と洞察力に改めて驚嘆を禁じ得ない．

注意5●文献[4]でもここで述べた準超幾何関数と同様な関数を扱っている．それに限らずいわゆる不確定特異点をもつ場合も扱っている．そのような関数族を著者は "G. G. function" と呼んでいる．

　準超幾何関数は一部専門家達からは "Fox-Wright 関数" と呼ばれることもあり，単葉関数の研究対象にもなっている．

参考文献

[1] K. Aomoto and K. Iguchi, (i) Methods and Appli. of Analysis, 6 (1999), 55-66; (ii) Contemporary Math., AMS, 254 (2000), 1-22; (iii) CMP, 223 (2001), 475-507.

[2] A. Erdélyi and others, *Higher Transcendental Functions*, III, MacGraw-Hill, 1953.

[3] P. Humbert and R. P. Agarwal, Bull. Sci. Math. Ser. 2, 77 (1953), 180-185.

[4] I. M. Gelfand and M. I. Graev, Russian Math. Surveys, 52: 4 (1997), 639-684.

[5] K. Iguchi, (i) Modern Physics. Lett., B 11 (1997), no. 18, 765-772; (ii) Phys.

Review B 58 (1998), no. 11, 6892–6911.

[6] K. Iguchi and K. Aomoto, (i) Modern Phys. Lett., 13 (1999), 1039–1046; (ii) Internat. Jour. Modern Phys. B, 4 (2000), 485–506.

[7] G. Polya and G. Szegö, *Problems and Theorems in Analysis*, I, Part III, Chap. 5, Problems Numbers 211–216, Springer Verlag, 1972.

[8] F. Pham, Bull. Soc. Math. Fr, 93 (1965), 333–367.

[9] B. Sutherland, "*Quantum many-body problem in one dimension: Thermodynamics*", Jour. Math. Phys., 12 (2)(1971), 251–256.

第5部
楕円関数

楕円積分と楕円函数

志賀弘典 [千葉大学名誉教授]

1. はじめに

　楕円曲線および楕円函数は，18 世紀後半から 19 世紀初頭に研究された対象であり，19 世紀の古典的代数関数論への足がかりとなった点で，大きな意義がある．その細部には，今日の数学へのアイデアを与えるものも多く隠されている．しかし，この歴史的経緯を重視すると，その学習は当時の思考法，表記法に惑わされることになり，思考枠を確定して理解するのに私は困難を感じた．この自己体験を踏まえて，本稿では，どのような仮定のもとで何が主張できるかを明確に記述するように心がけた．

2. 楕円積分とレムニスケート等分公式

2.1 ●曲線の長さと楕円積分

　(x, y)-平面上の C^1 級曲線

$$C : \begin{cases} x = x(t) \\ y = y(t), \end{cases} \quad t \in [a, b] \tag{1}$$

を考察する．

　(1)に対して，区間 $[a, b]$ の分割 Δ を $\{t_0 = a, t_1, \cdots, t_n = b\}$ で定め，C 上の点 $P_i = (x(t_i), y(t_i))$ を順につないでできる折れ線の長さを L_Δ とする．分割 Δ を細かくした折れ線の長さの極限

$$\lim_{|\Delta| \to 0} L_\Delta \qquad (|\Delta| = \min\{|t_i - t_{i-1}| : i = 1, \cdots, n\})$$

を C の長さと呼ぶ. C^1 級曲線には長さが定まり, (1) の長さ $L = L(C)$ は

$$L = \int_a^b \sqrt{x'(t)^2 + y'(t)^2}\, dt \tag{2}$$

で与えられる.

極座標表示された曲線

$$C : r = f(\theta) \qquad (\alpha \leqq \theta \leqq \beta)$$

の場合, その長さは

$$L(C) = \int_\alpha^\beta \sqrt{f(\theta)^2 + f'(\theta)^2}\, d\theta \tag{3}$$

で与えられる. 例として, 楕円 $x^2 + \dfrac{1}{2}y^2 = 1$ の第 1 象限の部分の長さ L を求める. $y = \sqrt{2 - 2x^2}$ ゆえ, $y'(x) = \dfrac{-2x}{\sqrt{2 - 2x^2}}$ によって, (2) を適用すれば

$$L = \int_0^1 \sqrt{1^2 + (y'(x))^2}\, dx = \int_0^1 \frac{\sqrt{1 - x^4}}{1 - x^2}\, dx$$

である. この積分内には x の 4 次式の平方根が現れている. 微積分の定積分計算練習でさまざまな変数変換を行うが, それらは, 結局有理関数すなわち分数関数の積分に帰着するものばかりである. ここに現れた平方根内に 4 次式を持つ被積分関数の場合は, 有理関数の積分には変換されず, 初等的な手段でこの定積分を計算することはできない.

このような積分は, 上記の由来によって楕円積分と呼ばれ, 積分内微分式 $\dfrac{\sqrt{1 - x^4}}{1 - x^2}dx$ は,

$$E : y^2 = 1 - x^4 \tag{4}$$

という方程式で表される曲線上の微分形式と見なされる. この理由から E のような曲線は楕円曲線と呼ばれる. したがって, 楕円曲線は楕円そのものではない. なお, 楕円曲線の正確な定義は文献 [1] または [3] 参照.

2.2●レムニスケート曲線とその等分公式

レムニスケート曲線 $C : \rho^2 = \cos 2\theta$ を, 第一象限部分 $-\dfrac{\pi}{4} \leqq \theta \leqq \dfrac{\pi}{4}$ で考

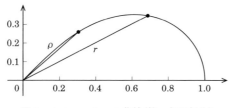

図 1 レムニスケート曲線(第一象限部分)

察する(図1).

原点から動径 ρ に応じる点までの曲線上の長さを $s(\rho)$ とすると,公式(3)によって

$$s(\rho) = \int_0^\rho \frac{d\rho}{\sqrt{1-\rho^4}}.$$

ここに再び楕円曲線(4)から生じる楕円積分が現れる.

●レムニスケート曲線の一般等分公式

原点から動径 ρ の点までのレムニスケート曲線の弧長を $s(\rho)$ とする.$r^2 = \dfrac{4\rho^2(1-\rho^4)}{(1+\rho^4)^2}$ が成り立つとき

$$s(r) = 2s(\rho) \tag{5}$$

となる.

これが1718年にイタリア人数学者ファニャーノ(Giulio Fagnano 1682–1766)によって発見されたレムニスケートの一般等分公式である.

ここに現れた楕円積分 $s(\rho) = \int_0^\rho \dfrac{d\rho}{\sqrt{1-\rho^4}}$ の値は,動径 ρ の関数として既知の関数では表示できないことが当時既に分かっていた.それにもかかわらず等分公式が現れることが,背後に大きな法則性の存在を感じさせた.オイラーやアーベルによる,この公式の真の意味の解明は,18世紀前半の単なる微積分学の世界が,近世の楕円関数論および代数幾何学へと飛躍する展開点を与えたのだった.

(5)を得る計算は以下の通り:

$$r = \frac{\sqrt{2}\,t}{\sqrt{1+t^4}} \ \text{のとき} \quad \int_0^r \frac{dr}{\sqrt{1-r^4}} = \sqrt{2}\int_0^t \frac{dt}{\sqrt{1+t^4}}, \tag{a}$$

また,

$$t = \frac{\sqrt{2}\,\rho}{\sqrt{1-\rho^4}} \ \text{のとき} \quad \int_0^t \frac{dt}{\sqrt{1+t^4}} = \sqrt{2}\int_0^\rho \frac{d\rho}{\sqrt{1-\rho^4}}. \tag{b}$$

実際,$r = \dfrac{\sqrt{2}\,t}{\sqrt{1+t^4}}$ から $dr = \sqrt{2}\dfrac{1-t^4}{1+t^4}\dfrac{1}{\sqrt{1+t^4}}dt$ および $\sqrt{1-r^4} = \dfrac{1-t^4}{1+t^4}$ が

得られ $\dfrac{dr}{\sqrt{1-r^4}} = \dfrac{\sqrt{2}\,dt}{\sqrt{1+t^4}}$ となり(a)を得る.(b)も同様.

(a)(b)を合成すれば容易に,$r^2 = \dfrac{4\rho^2(1-\rho^4)}{(1+\rho^4)^2}$ のとき

$$\int_0^r \frac{dr}{\sqrt{1-r^4}} = 2\int_0^\rho \frac{d\rho}{\sqrt{1-\rho^4}}$$

が成り立つことが導かれる.

2.3●フェルマーの無限降下法とファニャーノの公式

フェルマーは,一般フェルマー予想とは別に以下の事実を個別に考察し,その証明法(フェルマーの無限降下法と呼ばれる)の概略も述べていた.

●$n = 4$ の場合のフェルマーの定理

$$X^4 + Y^2 = V^4$$

は自然数の解を持たない.したがって,$X^4 + Z^4 = V^4$ も自然数解を持たない.

その証明法は,もし解があれば,そこからより小さな新しい自然数解ができ,これは無限に続けることはできない,という一種の背理法であるが,その操作は,上記のファニャーノの等分点の構成と同じ計算である.詳細は[2]別章Cを参照.つまり,ファニャーノはフェルマーが数論的に行っていた操作を,まったく別の観点から解析的に再発見していたと言うことができる.

3. 楕円函数とワイエルストラス $\wp$ 函数

本節では，複素平面 $\mathbb{C}$ における格子 $\varLambda = \varLambda(\omega_1, \omega_2) = \mathbb{Z}\omega_1 + \mathbb{Z}\omega_2$ を固定して考える．ここで，ω_1, ω_2 は $\mathrm{Re}(\omega_1/\omega_2) > 0$ となる 0 でない複素数である．なお，ここでの証明を含む詳細は，文献[1]を参照．

$\mathbb{C}$ の 2 点 z_1, z_2 に対し $z_1 \sim z_2 \Longleftrightarrow z_1 - z_2 \in \varLambda(\omega_1, \omega_2)$ によって同値関係 $\sim$ を定める．z の定める同値類を $[z]$ で表す．同値類集合 $\{[z] : z \in \mathbb{C}\} = T(\omega_1, \omega_2) = \mathbb{C}/\sim$ は，$0, \omega_1, \omega_1 + \omega_2, \omega_2, 0$ を順に結んで得られる平行四辺形の対辺どうしを貼り合わせたトーラスである．

ワイエルストラス $\wp$ 函数を

$$\wp(z) = \frac{1}{z^2} + \sum_{\omega \in \varLambda - \{0\}} \left(\frac{1}{(z-\omega)^2} - \frac{1}{\omega^2} \right) \tag{6}$$

で定義する．

$\mathbb{C}$ における有理型関数 $f(z)$ が $\varLambda$ の任意の元 ω に対して $f(z+\omega) = f(z)$ となるとき $f(z)$ は（$\varLambda$ に関する）2重周期関数である，あるいは，（$\varLambda$ に関する）楕円函数である，という．

● $\wp$ 函数の基本的性質

(I) $\wp$ の周期性と $\wp'$ の零点

(i) $\wp(z)$ は $\mathbb{C}$ における 2 重周期関数である，すなわち

$$\wp(z+\omega) = \wp(z) \qquad (\omega \in \varLambda).$$

(ii) $\wp(z)$ は $z = \omega \in \varLambda$ で 2 位の極を持ち，偶関数．(i)によって $\wp(z)$ は $T(\omega_1, \omega_2)$ 上の関数であるが一つの値を 2 度ずつとる（このことを $\wp(z)$ は 2 位の関数である，という）．

(iii) $\wp'$ は奇関数であり 3 位の関数．その零点は半格子点 $z = \omega_1/2$, $\omega_2/2$, $(\omega_1+\omega_2)/2$，さらに $z = \omega \in \varLambda$ で 3 位の極を持つ．

これは以下のように示せる．(i) $\wp$ の定義によって $\wp'(z+\omega_i) = \wp'(z)$ $(i = 1, 2)$ ゆえ $\wp(z+\omega_i) - \wp(z) = c_i$ $(c : 定数)$ となる．$z = -\omega_i/2$ とおけば $\wp$ が偶関数ゆえ $c_i = 0$ が導かれる．

258

(ii)(iii)は以下の一般的性質から導かれる.

(II) $\wp$ におけるアーベルの定理

(i) $f \neq 0$ は格子 Λ に対する2重周期有理型関数とする. このとき f は周期平行四辺形 $P_a = \{\lambda\omega_1 + \mu\omega_2 + a : 0 < \lambda < 1,\ 0 < \mu < 1\}$ において, 任意の値 α を多重度を込めて数えて同数回とる. ただし P_a の周 ∂P_a 上では, $f \neq \alpha, \infty$ とする. なお, この回数を f の<u>位数</u>と呼ぶ.

(ii) f は2重周期有理型関数. さらに, $a_1, \cdots, a_r$ は, 零点たちの Λ 同値類代表, また $b_1, \cdots, b_r$ は, 極の同値類代表とする. このとき
$$a_1 + \cdots + a_r - (b_1 + \cdots + b_r) \in \Lambda,$$
ただし, 零点 $z = a$ が重複していればその回数だけ a を繰り返す. 極についても同様.

(III) 楕円函数体の構造

格子 Λ に関する任意の2重周期関数 $f(z)$ は, 適当な有理関数 $P(X)$, $Q(X)$ を用いて
$$f(z) = P(\wp(z)) + \wp'(z)Q(\wp(z))$$
と表示される.

4. 楕円曲線と楕円函数

4.1 ● 楕円曲線の加法

本節では, 複素数の空間で, 2次曲線や楕円曲線を考察し, 楕円曲線と楕円函数との関係を明示したい. a, b が実数の場合に(複素空間での)楕円曲線 $E : y^2 = x^3 + ax + b,\ \Delta = 4a^3 + 27b^2 \neq 0$ を考えると, 右辺が実根のみを有するとき, その実平面でのグラフは図2(次ページ)のような概形になる. 右側の弓形部分の遠い先には, E の無限遠点 P_∞ が乗っている. 正確な P_∞ の定義には複素射影平面の設定が必要だが, ここでは省略し, 概念的な説明に留める.

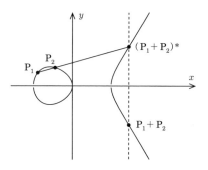

図 2　楕円曲線 E 上の 2 点 P_1, P_2 の和

● **楕円曲線の加法演算**

楕円曲線 $E: y^2 = x^3 + ax + b$, $\Delta = 4a^3 + 27b^2 \neq 0$ 上の 2 点 $P_1(x_1, y_1)$, $P_2(x_2, y_2)$ の加法 $P_3(x_3, y_3) = P_1 + P_2 = P_2 + P_1$ を以下で定める.

(i)　　$P_1 + P_2 = P_1$ ($P_1 = P_\infty$ のとき),
(ii)　　$P_1 + P_2 = P_\infty$ ($x_1 = x_2$, $y_1 = -y_2$ のとき),
(iii)　　その他の場合:

$$x_3 = \begin{cases} -x_1 - x_2 + \left(\dfrac{y_2 - y_1}{x_2 - x_1}\right)^2 & (P_2 \neq \pm P_1) \\ -2x_1 + \dfrac{(3x_1^2 + b)^2}{4y_1^2} & (P_1 = P_2 \neq P_\infty), \end{cases} \tag{7}$$

$$y_3 = \begin{cases} -\dfrac{y_2 - y_1}{x_2 - x_1} x_3 - \dfrac{y_1 x_2 - y_2 x_1}{x_2 - x_1} & (P_2 \neq \pm P_1) \\ -y_1 - (x_3 - x_1) \dfrac{3x_1^2 + b}{2y_1} & (P_2 = P_1 \neq P_\infty). \end{cases}$$

注意 4.1 ● (1)　上記の定義は, 図 2 のように, 2 点 P_1, P_2 を結ぶ直線と, 楕円曲線 E との第 3 の交点の x 軸に関する対称点を P_3 とする幾何学的操作を数式化したものである. これによって楕円曲線は, P_∞ を単位元とする加法群

の構造を持つ. この加法が結合法則を満たすかどうかは自明ではないが, 後の議論(注意 4.2)から自然に導かれる.

(2) 楕円曲線 E が $\mathbb{Q}$ 係数 a, b で与えられているとき, P_1, P_2 がともに有理点(すなわち, x 座標, y 座標がともに有理数の点, あるいは P_∞)であれば, $P_1 + P_2$ もまた有理点である. この場合楕円曲線 E 上の有理点全体がアーベル群の構造を持つ. これを E のモーデル-ヴェイユ群と呼び $E(\mathbb{Q})$ で表す. E から $E(\mathbb{Q})$ の構造を定める問題は, 今日まだ未解決である.

4.2 ● $\wp$ 函数による楕円曲線の一意化

実数空間で考えた単位円 $C : x^2 + y^2 = 1$ は助変数表示 $x = \dfrac{1-t^2}{1+t^2}$, $y = \dfrac{2t}{1+t^2}$ を用いれば, 変数 t によって円周上の点が定まる. また, $t = \infty$ は自然に $(x, y) = (-1, 0)$ に対応している. この表示は, x, y, t が複素数でもそのまま通用し, したがって, 複素数で考えた単位円 C は, この表示を通してリーマン球面すなわち複素球面 $\mathbb{C} \cup \{\infty\}$ と同一視される. これを, 複素 2 次曲線 C の一意化という. 楕円曲線の一意化はどうなるかを論じる.

再び, $\mathbb{C}$ における格子 $\Lambda = \Lambda(\omega_1, \omega_2)$ を定め, ワイエルストラス $\wp$ 関数を考察する.

● $\wp$ 関数の幾何学的性質

(A) $\wp(z), \wp'(z)$ の代数関係

以下のように, $\wp(z)$ と $\wp'(z)$ の間には代数関係がある.

(i)
$$\wp'(z)^2 = 4\wp(z)^3 - g_2 \wp(z) - g_3, \tag{8}$$
ここで
$$g_2 = 60 \sum_{\omega \in \Lambda - \{0\}} \frac{1}{\omega^4}, \qquad g_3 = 140 \sum_{\omega \in \Lambda - \{0\}} \frac{1}{\omega^6}.$$

(ii)
$$\wp'(z)^2 = 4(\wp(z) - e_1)(\wp(z) - e_2)(\wp(z) - e_3), \tag{9}$$
ここで

261

$$e_1 = \wp\left(\frac{\omega_1}{2}\right), \quad e_2 = \wp\left(\frac{\omega_2}{2}\right), \quad e_3 = \wp\left(-\frac{\omega_1+\omega_2}{2}\right).$$

(B)　楕円曲線の $\wp, \wp'$ による一意化

g_2, g_3 を (A)(i) で与えられた定数とする．このとき，複素代数曲線

$$E: y^2 = 4x^3 - g_2 x - g_3 \quad (g_2^3 - 27g_3^2 \neq 0) \tag{10}$$

が得られる．写像 $\Phi\colon T(\omega_1, \omega_2) \to \mathbb{C}^2$

$$\Phi\colon [z] \mapsto (\wp(z), \wp'(z))$$

は，$T(\omega_1, \omega_2)$ と E との間の全単射を与える．このとき，$\Phi([0])$ は E の無限遠点として自然に定まる．

(C)　楕円曲線におけるアーベルの定理

複素曲線 (10) 上の 3 点 $(x_1, y_1) = (\wp(u), \wp'(u))$, $(x_2, y_2) = (\wp(v), \wp'(v))$ および $(x_3, y_3) = (\wp(-u-v), \wp'(-u-v))$ は同一直線上にある．ただし，$x_1 \neq x_2$ とする．

これは以下のように示される．2 点 $(x_1, y_1), (x_2, y_2)$ を通る直線 $L\colon y - px - q = 0$ をとる．(x_3, y_3) が L 上にあることを示す．$f(z) = \wp'(z) - p\wp(z) - q$ は 3 位の 2 重周期関数で，極は $z \in \Lambda$ のみ．$f(z)$ は周期平行四辺形内に 3 個の零点 a_1, a_2, a_3 を持つが，$z = u, v$ はそのうちの 2 個である．性質 3.1 (II) によって $a_1 + a_2 + a_3 - 0 - 0 - 0 \equiv 0 \pmod{\Lambda}$ である．すなわち $-a_1 - a_2 = -x_1 - x_2 = x_3$ は $f(z)$ の零点．よって $(x_3, y_3) \in L$. □

(D)　$\wp(z)$ に関する加法公式

以下が成り立つ．

$$\begin{cases} \wp(u+v) = -\wp(u) - \wp(v) + \dfrac{1}{4}\left(\dfrac{\wp'(v) - \wp'(u)}{\wp(v) - \wp(u)}\right)^2, \\[2mm] \wp(2z) = -2\wp(z) + \dfrac{1}{4}\left(\dfrac{\wp''(z)}{\wp'(z)}\right)^2. \end{cases} \tag{11}$$

注意 4.2 ●上記の加法公式(11)は $\tilde{x} = \wp(z)$, $\tilde{y} = \wp'(z)$ としてスケール変換 $y = 4\tilde{y}$, $x = 4\tilde{x}$ を行えば，小節 4.1 の加法(7)と一致する．したがって，その定義は複素トーラス $T(\Lambda) = \mathbb{C}/\Lambda$ の自然な加法構造を一意化 Φ: $T(\Lambda) \to E$ を通じて，楕円曲線上に移したものにほかならない．よって，注意 4.1 で述べた加法の結合法則がこの加法公式で保証される．（パスカルの定理による幾何学的な見方は[2]p.110 以下参照.）

4.3●楕円曲線の 2 通りの表示の相互変換

格子 $\Lambda = \mathbb{Z}\omega_1 + \mathbb{Z}\omega_2$ に関する楕円函数を考え，$\tau = \frac{\omega_2}{\omega_1}$ とおき，$\mathrm{Im}(\tau) > 0$ を仮定しておく．$T(\omega_1, \omega_2)$ を実現した楕円曲線(10)は，関係(9)によって，

$$y^2 = 4(x - e_1)(x - e_2)(x - e_3),$$

と表示される．この表示は，変換

$$x = e_1 - (e_1 - e_3)x_1, \qquad y = 2(e_3 - e_1)^{3/2}y_1$$

によって

$$y_1^2 = x_1(x_1 - 1)(x_1 - \lambda), \qquad \lambda = \frac{e_1 - e_2}{e_1 - e_3} \tag{12}$$

の形に変形して考えることができる．さらに，古典的な楕円曲線の表示

$$Y^2 = (1 - X^2)(1 - \kappa^2 X^2)$$

は，変換

$$\begin{cases} X = \dfrac{(1+\kappa)x_1 - 2}{(1+\kappa)x_1 - 2\kappa}, \\[2mm] Y = \dfrac{(1+\kappa)^{3/2}}{2\sqrt{2}\,(1-\kappa)^{3/2}}y_1 \end{cases} \tag{13}$$

によって

$$y_1^2 = x_1(x_1 - 1)(x_1 - \lambda), \qquad \lambda = \frac{4\kappa}{(1+\kappa)^2}$$

と同一視できる．この変換で X-平面の線分 $[-1, 1]$ は x_1-平面の線分 $[1, \infty]$ に対応する．

5. レムニスケートの全長と楕円曲線の周期

$$t = \int_0^s \frac{dx}{\sqrt{1-x^2}} = \sin^{-1} s \quad (0 \leq s < 1)$$

すなわち $s = \sin t$ であったことと類似して

$$u = \int_0^v \frac{dx}{\sqrt{(1-x^2)(1-\kappa^2 x^2)}} = \mathrm{sn}^{-1}(v)$$

によって $v = \mathrm{sn}(u)$ を考えることができる．この函数を"ヤコビのエスエヌ函数"と呼び習わすが，一般の κ, v に対しては，その定義は平方根や複素数が介在するのであまり明瞭ではない．したがって，以下では簡単のため $\kappa = i$ で考えることにする．このとき

$$u = \int_0^v \frac{dx}{\sqrt{1-x^4}}$$

となり，関係 $v = \mathrm{sn}(u)$ は，$0 \leq v \leq 1$ では動径 v に対するレムニスケートの弧長 u であった．今

$$\omega = \int_0^1 \frac{dx}{\sqrt{1-x^4}}$$

とおく．すると，u がレムニスケートの全長 4ω を経過すると動径は $v = 0$ に戻って来ることが分かる(図3)．すなわち，$v = \mathrm{sn}(u)$ は 4ω という周期を持つ周期関数である．さらに，変数 u が虚数になったときの挙動を知るために，楕円曲線(4)の位相的性質を考察する．この図形は，x-複素平面上 $x = \pm 1, \pm i$ の 4 点で $y = 0$ となり，ほかの点では y は符号違いの二つの値を持ち，二葉に広がっている．線分 $\overline{1, i}, \overline{-1, -i}$ それぞれに切り込みを入れ

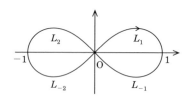

図3 レムニスケート曲線全体

て，上下に切り分けそれぞれを，1階，2階と呼ぶことにする．$x=0$ に対応する 1 階および 2 階の点を，それぞれ O_1, O_2 で表しておく．

1階，2階それぞれは，図 5 のように（位相的）球面に切り込み部分の穴二つの開いた図形と考えられる．

さらに，穴の部分を引き出すと図 6 のようになる．

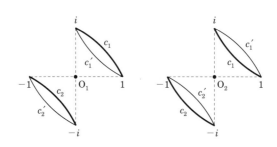

図 4　1 階部分（左）と 2 階部分（右）

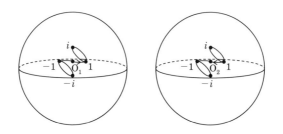

図 5　1 階部分と 2 階部分の位相的変形

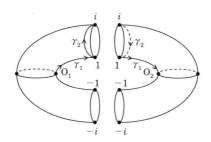

図 6　1 階部分と 2 階部分の位相的変形の続き

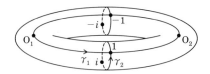

図 7 楕円曲線 $y^2 = 1-x^4$ とその上のサイクル

最後に切り口部分をもとどおりに接合すると，図 7 のように見えてくる．

今，楕円曲線 (4) 上 x が $O_1 \to 1 \to O_2 \to -1 \to O_1$ というサイクル γ_1 を辿ると，γ_1 は図 4, 5, 6, 7 を順に追って図 7 のトーラスの浮き輪上に現れ，対応する楕円積分 u は 0 から 4ω まで変化する．同様に，x が $O_1 \to 1 \to i \to O_1$ というサイクル γ_2 を辿ると，$O_1 \to 1 \to O_2 \to i \to O_1$ と辿ったとも解釈でき，$x = ix'$ と変数変換して

$$\int_0^i \frac{dx}{\sqrt{1-x^4}} = \int_0^1 \frac{d(ix')}{\sqrt{1-x'^4}} = i\omega$$

であるから

$$\int_{\gamma_2} \frac{dx}{\sqrt{1-x^4}} = 2(1+i)\omega$$

を得る．これは $v = \mathrm{sn}(u)$ が 4ω のほかに $2(1+i)\omega$ という周期を持っていることを示す．すなわち，エスエヌ函数 $\mathrm{sn}(u)$ は 2 重周期 $4\omega, 2(1+i)\omega$ を有する楕円函数である．この楕円函数は，3 節の性質 (III) を考慮すれば，$\omega_1 = 4\omega$，$\omega_2 = 2(1+i)\omega$ に関する $\wp(u), \wp'(u)$ を用いて表示されるはずである．実際，一般の κ から出発しても以下が得られる．

定理 5.1 ●([4] 第十章 p. 125 参照)

$$\mathrm{sn}(u) = -\frac{2(\wp(u)-e_1)}{\wp'(u)}, \quad e_1 = \wp(2\omega).$$

(ただし，e_i の定義は要注意．)

6. 古典的なヤコビの公式

ここでは，κ，λ さらに $\tau = \dfrac{\omega_2}{\omega_1} \in \mathbb{H}$（$\mathbb{H}$ は複素上半平面）を変化させて考える．突然だが以下の，$\mathbb{H}$ で定義されるヤコビ・テータ函数

$$\vartheta_{00}(\tau) = 1 + 2\tilde{q} + 2\tilde{q}^4 + \cdots + 2\tilde{q}^{n^2} + \cdots,$$

$$\vartheta_{01}(\tau) = 1 - 2\tilde{q} + 2\tilde{q}^4 + \cdots + (-1)^n 2\tilde{q}^{n^2} + \cdots,$$

$$\tilde{q} = \exp[\pi i \tau]$$

を定める．楕円曲線(12)は格子 $\Lambda = \mathbb{Z}\omega_1 + \mathbb{Z}\omega_2$ から楕円函数を通して得られたと考えられるが，このときパラメータ λ と $\tau = \omega_2/\omega_1$ の対応は

$$\lambda = 1 - \frac{\vartheta_{01}(\tau)^4}{\vartheta_{00}(\tau)^4}$$

で与えられる（[1]定理 5.1.4）．このとき

定理 6.1 ●（ヤコビのテータ公式）

$$\frac{1}{\pi} \int_1^\infty \frac{dx}{\sqrt{x(x-1)(x-\lambda)}} = \vartheta_{00}^2(\tau)$$

が成り立つ（[1]定理 7.1.2）．

これは，(13)を通じて[5]p.177 の定理と一致するが，上記の表記だと，左辺はガウス超幾何函数 $\left(= {}_2F_1\left(\dfrac{1}{2}, \dfrac{1}{2}, 1 ; \lambda\right)\right)$ なので，両辺の値を近似計算で求めて等号が確認しやすい．

例えば $\tau = \dfrac{4i}{5}$ に対し，$\vartheta_{00}^2(\tau) = 1.35046\cdots$，$\lambda = 0.72949\cdots$ で，これから，左辺を計算して $= {}_2F_1\left(\dfrac{1}{2}, \dfrac{1}{2}, 1 ; \lambda\right) = 1.35046\cdots$ が確かめられる．

さらに，定理 6.1 によって，ガウスの算術幾何平均定理（[1]定理 7.1.1）の簡明な証明が与えられる．

参考文献

［1］志賀弘典，『保型関数 —— 古典理論とその現代的応用』，共立出版，2017.

［2］志賀弘典，『数学の視界 改訂版』，数学書房，2018.

［3］J. H. Silverman, *The Arithmetic of Elliptic Curves*, Springer GTM, 1986.

［4］ 竹内端三，『函数論』下巻，裳華房(1926)，新版(1967)，POD 版(2015).

［5］ 梅村浩，『楕円関数論 —— 楕円曲線の解析学』，東京大学出版会(2000)，増補新装版(2020).

楕円函数と微分方程式

坂井秀隆［東京大学大学院数理科学研究科］

　楕円函数を1つ持ってきて，それが満たす常微分方程式を作るというのはよく見る話だが，たくさんある常微分方程式の中で，楕円函数で解ける方程式を特徴づけよというのは少し難しいかもしれない．関連する話題を思いつくままに，いくつか挙げてみよう．

I. 微分方程式を解く

　次の微分方程式を求積法で解こう：

$$\frac{d^2x}{dt^2} = \left(\frac{1}{2x} + \frac{1}{x+1}\right)\left(\frac{dx}{dt}\right)^2. \tag{1}$$

　両辺を dx/dt で割ると，方程式は

$$\left(\frac{dx}{dt}\right)^{-1}\frac{d^2x}{dt^2} = \left(\frac{1}{2x} + \frac{1}{x+1}\right)\frac{dx}{dt}$$

で完全微分方程式である．積分すると

$$\log\left(\frac{dx}{dt}\right) = \frac{1}{2}\log x + \log(x+1) + \widetilde{C}$$

であるから

$$\frac{dx}{dt} = C_1\sqrt{x}\,(x+1)$$

と変数分離形となる．

　方程式は

$$\int \frac{dx}{\sqrt{x}\,(x+1)} = \int C_1\,dt = C_1 t + C_2$$

となるが，左辺は $x = y^2$ と置くと積分できて $2\arctan y = C_1 t + C_2$ となる．結局，解は

$$x = \tan^2 \frac{C_1 t + C_2}{2}$$

と求まった．

というわけで，この方程式は求積可能なのであった．

求積可能とはどういうことなのかきちんと考えてみると，次のような言葉で説明できるかもしれない：

定義●有理函数から始めて，

- （a1）　四則演算，
- （a2）　導函数をとる操作，
- （b）　代数方程式を解く操作，
- （c1）　既知函数 g に対して $dx/dt = g$ の解 x をとる操作（原始函数），
- （c2）　既知函数 g に対して $dx/dt = gx$ の解 x をとる操作（$\exp\left(\int g\,dt\right)$ をとる）

を，有限回繰り返して得られる函数を**リウヴィルの操作で構成できる**という．

初等函数は，リウヴィルの操作で構成できる．ここで，初等函数とは，有理函数，指数函数，対数函数，三角函数，逆三角函数を使って，それらから四則演算，代数方程式を解く操作，函数の合成を有限回繰り返すことで得られる函数のことである．複素数値函数で考えるなら，三角函数，逆三角函数は指数函数，対数函数で書けるので，有理函数，指数函数，対数函数から始めればよい．

リウヴィルの操作は，初等函数の範囲を少し広げたものだ．ガウス積分 $\int \exp(-t^2)\,dt$（積分は原始函数の意味）などは初等函数でないことがリウヴィルによって証明されている．これもリウヴィルの操作で構成できる．

270

一般解がリウヴィルの操作によって構成されるとき，微分方程式は求積可能であると言おう．（もう少し求積可能の範囲を広げて定義することも多い．）

さて，微分方程式を少し変えて，

$$\frac{d^2x}{dt^2} = \frac{1}{2}\left(\frac{1}{x} + \frac{1}{x-1} + \frac{1}{x+1}\right)\left(\frac{dx}{dt}\right)^2 \tag{2}$$

を解いてみる．方程式(1)と同様の解法で，解は

$$x = \wp(C_1 t + C_2) \tag{3}$$

と求まる．ただし，$g_2 = 4$，$g_3 = 0$ である．

この方程式(2)は，上で定義した用語から見ると，求積可能ではない．しかし，方程式(1)と(2)は同じ仲間にしておきたい気もする．

求積可能ということを，解が指数函数や対数函数などの "知っている" 函数で表せることだと思うと，理論の，この部分を拡張するということに思いあたる．知っている函数の中に，楕円函数や超幾何函数のような特殊函数を含めよう．

これらに対応する函数のクラスとして梅村浩による古典函数の概念がある．

定義●有理函数から始めて，

(a1) 四則演算，

(a2) 導函数をとる操作，

(b) 代数方程式を解く操作，

(c1) 既知函数 g に対して $dx/dt = g$ の解 x をとる操作（原始函数），

(c2′) 既 知 函 数 g_i，$i = 0, \cdots, n-1$ に 対 し て 同 次 線 型 方 程 式 $\dfrac{d^nx}{dt^n} + g_{n-1}\dfrac{d^{n-1}x}{dt^{n-1}} + \cdots + g_0 x = 0$ の解 x をとる操作，

(c3) アーベル函数との合成をとる操作

を，有限回繰り返して得られる函数を（梅村の）**古典函数**という．

ここで，アーベル函数とは，複素トーラス上の有理型函数のことで，1次元複素トーラス上の有理型関数は楕円函数である．

方程式(2)は，一般解が古典函数で書ける方程式ということになる．

2. 楕円函数の満たす微分方程式

ところで，楕円函数は，複素数平面上の有理型2重周期函数として定義される．この定義から，楕円函数が微分方程式を満たすのはどのように示されるのかというと，正則な楕円函数は定数に限るという事実に帰着したわけである．函数の差をとったり比をとったりして，うまく極を消してやれば定数が現れる．

例えば，ワイエルシュトラスの $\wp$ 函数の満たす方程式は

$$\left(\frac{d\wp}{dt}\right)^2 = 4\wp^3 - g_2\wp - g_3 \tag{4}$$

であった．極での様子を見るために，ローラン展開したいが，2位の極よりも1位の極の方が見やすいので，積分した函数を計算する．ワイエルシュトラスの ζ 函数を

$$\zeta(t) = \frac{1}{t} + \sum_{\omega \in \Omega \setminus \{0\}} \left(\frac{1}{t-\omega} + \frac{1}{\omega} + \frac{t}{\omega^2}\right)$$

で定義すると，これは $\wp = -d\zeta/dt$ を満たす．原点におけるローラン展開は次のように計算できる：

$$\zeta(t) = \frac{1}{t} - \sum_{\omega \in \Omega \setminus \{0\}} \left(\frac{t^2}{\omega^3} + \frac{t^3}{\omega^4} + \cdots\right).$$

$\sum_{\omega \in \Omega \setminus \{0\}} 1/(-\omega)^{2k+1} = -\sum_{\omega \in \Omega \setminus \{0\}} 1/\omega^{2k+1}$ から，偶数次の項の係数は0になる．この計算から，$\wp$ 函数と導函数のローラン展開は

$$\wp(t) = \frac{1}{t^2} + 3t^2 \sum_{\omega \in \Omega \setminus \{0\}} \frac{1}{\omega^4} + 5t^4 \sum_{\omega \in \Omega \setminus \{0\}} \frac{1}{\omega^6} + \cdots,$$

$$\frac{d\wp}{dt}(t) = -\frac{2}{t^3} + 6t \sum_{\omega \in \Omega \setminus \{0\}} \frac{1}{\omega^4} + 20t^3 \sum_{\omega \in \Omega \setminus \{0\}} \frac{1}{\omega^6} + \cdots$$

となることが分かる．これらの表示を使って $(d\wp/dt)^2 - 4\wp^3 + 60 \sum_{\omega \in \Omega \setminus \{0\}} \omega^{-4}\wp$ を考えると，この函数は，周期平行4辺形内で極を持たない楕円函数であるから，定数になる．値は $-140 \sum_{\omega \in \Omega \setminus \{0\}} \omega^{-6}$ となり，方程式が得られた．ただし

$$g_2 = 60 \sum_{\omega \in \Omega \setminus \{0\}} \frac{1}{\omega^4}, \quad g_3 = 140 \sum_{\omega \in \Omega \setminus \{0\}} \frac{1}{\omega^6}$$

である.

* * *

ここで，微分方程式の効用を1つ見ておこう．曲線

$$a_{22}y^2x^2 + a_{21}y^2x + a_{20}y^2 + a_{12}yx^2 + a_{11}yx + a_{10}y + a_{02}x^2 + a_{01}x + a_{00} = 0 \quad (5)$$

は，ジェネリックなパラメーターに対しては楕円曲線となる．楕円函数を使って (x, y) をパラメーター付けできないだろうか.

簡単に思いつくのは，座標変換でワイエルシュトラスの標準形などに曲線を変換することだが，これもなかなか大変そうである.

天下り式だが，

$$H = (y^2, y, 1) \, A \begin{pmatrix} x^2 \\ x \\ 1 \end{pmatrix}, \quad A = \begin{pmatrix} a_{22} & a_{21} & a_{20} \\ a_{12} & a_{11} & a_{10} \\ a_{02} & a_{01} & a_{00} \end{pmatrix}$$

と置き，この双2次式をハミルトニアンに持つ正準方程式系

$$\frac{dx}{dt} = \frac{\partial H}{\partial y}, \quad \frac{dy}{dt} = -\frac{\partial H}{\partial x}$$

を考えよう．第1の式から

$$\frac{dx}{dt} = 2(a_{22}x^2 + a_{21}x + a_{20})y + a_{12}x^2 + a_{11}x + a_{10}$$

が得られるが，この式から y を x と dx/dt で書くことができる．式(5)に代入して，x と dx/dt の関係式を求めると

$$\left(\frac{dx}{dt}\right)^2 = (a_{12}x^2 + a_{11}x + a_{10})^2 - (a_{22}x^2 + a_{21}x + a_{20})(a_{02}x^2 + a_{01}x + a_{00})$$

が得られる．この式は，簡単な変換で，ヤコビの sn 函数の満たす微分方程式

$$\left(\frac{d}{dt} \operatorname{sn} t\right)^2 = (1 - \operatorname{sn}^2 t)(1 - k^2 \operatorname{sn}^2 t)$$

と一致させることができる．これを使って，x を sn 函数で，y を sn 函数と

273

その導函数で表すことができる.

3. 可積分系と楕円函数

方程式(2)の特徴を見てみよう. 解(3)は, 特異点として $t = -C_2/C_1$ に極を持つが, その位置は方程式だけからは決定されず, 積分定数に依って動く. このように, その位置が方程式だけからは決定されず, 積分定数に依って動く特異点を動く特異点と呼ぶ. 方程式によっては, 動く分岐点を持つ場合がある.

例えば, $2xdx/dt = 1$ という方程式の一般解は $x = \sqrt{t - C}$ という形に書けるから, $t = C$ は動く分岐点である.

常微分方程式の一般解の動く特異点が極のみであるという性質を, パンルヴェ性と呼ぶ.

このパンルヴェ性を, 解ける方程式を見つけるための指針として利用したのがコワレフスカヤである.(パンルヴェ性という用語は, コワレフスカヤの結果の後の, 2階正規形代数的微分方程式の分類理論におけるパンルヴェの結果によるものなので, 当時はなかったわけだが.)

ただし, この場合の"解く"は, 最初に見た求積法の考え方とは少しだけ違う. 古典力学の問題などでは, 保存量を見つけて, 解の軌道を特定するという解法がよくとられる. 2体問題で, 太陽の周りを, 地球が楕円軌道を描くという話は, このような解法の典型的な例である.

保存量が見つかれば, 解の軌道は, その等位集合に含まれてしまうため, 十分な保存量が見つかれば軌道が特定できる.(必ずしも, 解軌道が1次元に制限されている必要はない. 例えば, $2n$ 連立のハミルトン系では, n 個の独立で包合系をなす保存量があれば, アーノルド–リウヴィルの定理より, 解の軌道が定性的に記述できている.) このように, 十分な数の保存量を持つ微分方程式系を可積分系と呼ぼう. 対して, 求積可能な系の方は, 区別するために, 可解と呼ぶ.

可積分系においても, 解が簡単に記述できる場合は, 楕円函数を使って書けることが多い.(その場合には, 古典函数による拡張した意味での求積可

能にもなるわけである．）　これは，ハミルトン系の場合，軌道が有界であれ
ば，アーノルド-リウヴィルの定理から，等位集合がトーラスとなることに由
来する．

　コワレフスカヤのコマの話を見てみよう．もともとの問題は，重力の作用
下での剛体の固定点の周りでの運動を記述するオイラー-ポワンソの方程式
である：

$$A\frac{dx_1}{dt} = (B-C)x_2x_3 + \zeta y_2 - \eta y_3,$$

$$B\frac{dx_2}{dt} = (C-A)x_3x_1 + \xi y_3 - \zeta y_1,$$

$$C\frac{dx_3}{dt} = (A-B)x_1x_2 + \eta y_1 - \xi y_2,$$

$$\frac{dy_1}{dt} = x_3y_2 - x_2y_3,$$

$$\frac{dy_2}{dt} = x_1y_3 - x_3y_1,$$

$$\frac{dy_3}{dt} = x_2y_1 - x_1y_2,$$

ここで，$A, B, C, \xi, \eta, \zeta$ は定数とする．

　特別な場合には，この方程式系は解かれていた．

　まず，外力がなく自由運動する場合を考える．これは $\xi = \eta = \zeta = 0$ のと
きで，オイラーのコマと呼ばれる．この場合，最初の３つの方程式系は，y_k
を含まないので，x_k のみの３連立方程式と思ってよい（$k = 1, 2, 3$）．保存量
として

$$Ax_1{}^2 + Bx_2{}^2 + Cx_3{}^2, \qquad A^2x_1{}^2 + B^2x_2{}^2 + C^2x_3{}^2$$

がとれて，可積分系になる．オイラーのコマの解はヤコビの楕円函数を用い
て

$$x_1 = \alpha\,\mathrm{cn}\,\lambda t, \qquad x_2 = \beta\,\mathrm{sn}\,\lambda t, \qquad x_3 = \gamma\,\mathrm{dn}\,\lambda t$$

の形に書ける．ただし，$\alpha, \beta, \gamma, \lambda$ は適当な条件を満たす定数．

　次に，軸対称のコマの場合で，ラグランジュのコマと呼ばれる．これは，

$A = B$, $\xi = \eta = 0$ の場合である．保存量として

$$Ax_1{}^2 + Bx_2{}^2 + Cx_3{}^2 + 2\zeta y_3, \qquad Ax_1 y_1 + Bx_2 y_2 + Cx_3 y_3,$$

$$y_1^2 + y_2^2 + y_3^2, \qquad x_3$$

がとれる．この場合も，解は楕円函数で記述できるが，詳しい計算は参考文献の[3]を参照してください．

さて，コワレフスカヤは方程式系のパンルヴェ性を仮定して，$A = B = 2C$，$\eta = \zeta = 0$ というパラメータの条件を特定した．これをコワレフスカヤのコマと呼ぶ．

この場合もやはり，保存量として

$$Ax_1^2 + Bx_2^2 + Cx_3^2 + 2\xi y_1, \qquad Ax_1 y_1 + Bx_2 y_2 + Cx_3 y_3,$$

$$y_1^2 + y_2^2 + y_3^2, \qquad (x_1^2 - x_2^2 - \xi y_1)^2 + (2x_1 x_2 - \xi y_2)^2$$

がとれる．ただし，この場合には楕円函数で解が書けるわけではない．解は，2変数のリーマン θ 函数を使って記述される．これも詳しくは[3]を参照してください．

4. 楕円函数の拡張

最初の問題に戻って，方程式(2)を拡張してみよう．パラメーターを入れて，

$$\frac{d^2 x}{dt^2} = \frac{1}{2}\left(\frac{1}{x} + \frac{1}{x-1} + \frac{1}{x-\alpha}\right)\left(\frac{dx}{dt}\right)^2$$

$$+ x(x-1)(x-\alpha)\left\{\beta + \frac{\gamma}{x^2} + \frac{\delta}{(x-1)^2} + \frac{\varepsilon}{(x-\alpha)^2}\right\}$$

を考えても，楕円函数で一般解が構成できる．（挑戦してみてください．）

前の節で見たのは，楕円函数の多変数化だったが，微分方程式については非自励化も考えることができる：

$$\frac{d^2 x}{dt^2} = \frac{1}{2}\left(\frac{1}{x} + \frac{1}{x-1} + \frac{1}{x-t}\right)\left(\frac{dx}{dt}\right)^2 - \left(\frac{1}{t} + \frac{1}{t-1} + \frac{1}{x-t}\right)\frac{dx}{dt}$$

$$+ \frac{x(x-1)(x-t)}{2t^2(t-1)^2}\left\{\alpha - \frac{\beta t}{x^2} + \frac{\gamma(t-1)}{(x-1)^2} - \frac{(\delta-1)t(t-1)}{(x-t)^2}\right\}.$$

これは，第6パンルヴェ方程式と呼ばれる方程式で，現在さかんに研究されている．非自励化は，どのようにとってもいいように思われるかもしれないが，パンルヴェ性を満たすという条件を課すとほぼ決まってしまう．

パンルヴェ方程式は，パンルヴェ性のような完全に数学的な要請から得られたものであったにもかかわらず，統計物理学における相関函数の記述などにも現れ，また，線型微分方程式の変形理論とも関係している．

パンルヴェ方程式の解は，θ 函数の一般化ととらえることのできる τ 函数と呼ばれる函数で記述できるが，この函数がどのような函数なのかが私の現在の興味の中心である．

参考文献

[1] 大貫義郎，吉田春夫：『力学』(岩波書店 岩波講座 現代の物理学，1994)

[2] 坂井秀隆：『常微分方程式』(東京大学出版会，2015)

[3] 戸田盛和：『波動と非線形問題30講』(朝倉書店 物理学30講シリーズ，1995)

[4] 岡本和夫：『パンルヴェ方程式』(岩波書店，2009)

弾性曲線と楕円函数

松谷茂樹 ［金沢大学大学院自然科学研究科］

1. はじめに

　楕円函数の起源といえばレムニスケートが挙げられることが多いように思います．レムニスケートとは，$(\xi^2+\eta^2)^2 = \xi^2-\eta^2$ で定まる代数曲線であり，その弧長がレムニスケート積分という楕円積分で得られます．このレムニスケート積分における代数構造に関わるファニャーノの結果をオイラーが受け取った 1754 年 12 月 23 日を，ヤコビは楕円函数の誕生日と呼びました[12]．楕円積分という超越性の中に存在する代数性が，楕円函数論の最も重要な性質であり，その原点がその日にあると考えたからだと推測しています．

　しかし，ヴェイユは，1738 年のオイラーによる弾性曲線のルジャンドル関係式(3)の発見を基に，1754 年のオイラーを「彼はまた応用数学の問題との関連で，いわゆる「弾性曲線」の研究でそのような積分に出会っていた」[12, p. 185]と描写しました．そればかりではなく，実は，オイラーは弾性曲線の研究を通して，1744 年には一般の楕円積分を取り扱い，楕円積分のさまざまな特徴を数値計算を通して得ていました．

　高次種数の超楕円曲線への弾性曲線の一般化や，3 次元空間内の弾性曲線の楕円函数表示など，楕円函数と弾性曲線に関わる興味深い話題はたくさんありますが，本稿では，オイラーの得た弾性曲線のスケッチを通して，その弾性曲線と楕円函数の密でかつ豊かな関係を現代的な視点から紹介したいと思います．

2. 弾性曲線，レムニスケート

弾性曲線の始まりはヤコブ・ベルヌーイにあります[1, 11]．ヤコブ・ベルヌーイは 1691 年に懸垂曲線を拡張して，平面上に置かれた理想的な細い弾性棒の形状の数学的表現という問題を提起しました．理想的な細い弾性棒とは，太さがゼロの極限の弾性力を伴った伸縮しない棒のことです．ヤコブはそれを elastica（エラスティカ，弾性曲線）と呼びました．ダ・ヴィンチも建築資材でもある梁の荷重に対する形状としてスケッチを描いています．

そして 1694 年 6 月には，ヤコブ・ベルヌーイは弾性曲線にかかる力のモーメントが曲率半径 R に比例することを発見し，それに従って長方形弾性曲線と呼ばれる形状（次ページ図 1 左側）の楕円積分による記述に成功しました[1, 2, 11]．それはライプニッツが提唱したパラセントリック等時曲線（図 1 右側）との対応を通して得られました[1]．弧長を s とし，その形状を $(X(s)$, $Y(s))$ とすると，X に対する s と Y は

$$s = \int^X \frac{dX}{\sqrt{1-X^4}}, \qquad Y = \int^X \frac{X^2 dX}{\sqrt{1-X^4}} \tag{1}$$

となります．第 1 式の s の積分が，冒頭で述べたレムニスケート積分と呼ばれるものです．

ヤコブは積分 (1) は代数的な曲線と関係づけられると考え，$(\xi^2+\eta^2)^2 = \xi^2-\eta^2$ とする曲線を得，1694 年 9 月に公開した論文でレムニスケートと名づけました[2][2, p. 105]．長方形弾性曲線とレムニスケートの関係は現代的には

$$\xi + \sqrt{-1}\,\eta - \int^s \left(\frac{dX}{ds} + \sqrt{1}\,\frac{dY}{ds} \right)^{3/2} ds$$

となります[7]．つまり，(1) の積分は，弾性曲線の考察の中で得られ，その構造を研究する中でトイ模型として導入されたレムニスケートの積分として

1）その計算途中に曲線 $y^2 = x^3-x$ が現れるのは興味深いものです[2]．
2）ヨハン・ベルヌーイも懸垂曲線の微分方程式との関係を通してレムニスケートを得，1694 年 10 月に公開しています[2, p. 104]．

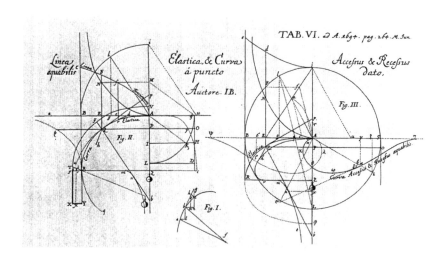

図 1 ヤコブ・ベルヌーイのスケッチ[3]

広まったと推測されます．

3. オイラーとダニエル・ベルヌーイの弾性曲線

これらの発見の後，ダニエル・ベルヌーイはオイラーに「弾性曲線の形状は汎関数 $\delta[Z] := \frac{1}{2}\int\frac{1}{R^2}ds$ を最小にしたものとして実現される」ことを示しました[11]．ダニエルの発見を受けてオイラーは変分法を整備し，また，彼の楕円積分論を構築し，一般的な弾性曲線の形状が

$$s = \int^X \frac{a^2 dX}{\sqrt{a^4-(\alpha+\beta X+\gamma X^2)^2}}, \quad Y = \int^X \frac{(\alpha+\beta X+\gamma X^2)dX}{\sqrt{a^4-(\alpha+\beta X+\gamma X^2)^2}} \quad (2)$$

と定まることを1744年に出版した著書『方法』[5]の付録で示しました．ここで，a, α, β, γ は境界条件に依存したパラメータです．オイラーはこれらの楕円積分を数値的に解き，弾性曲線の形状を同定，分類しました．それが図2（次ページ）です．これにより弾性曲線の問題を楕円積分により完全に解決したのです．

そこには冒頭でヴェイユも触れたと述べた，1738年に発見した長方形弾性

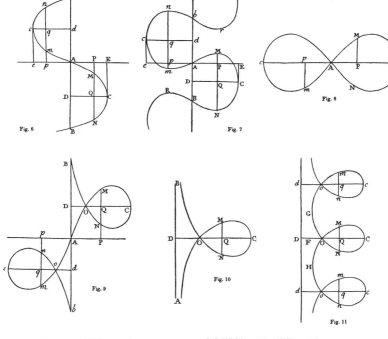

図2 オイラーのスケッチ[5]（横軸が X, 縦軸が Y）

曲線（図1左側）に関する関係式

$$[高さ] \times [長さ] = \frac{\pi}{4} \tag{3}$$

も示されています[3].

これらの内容を以下では現代的な楕円函数論の視点から眺めたいと思います．

4. 弾性曲線の方程式

複素平面への線分 $(0, L)$ $(L > 0)$ の等長はめ込み $Z\colon (0, L) \to \mathbb{C}$ を考えま

---

3) 右辺の 4 は 4^2 と思われる．

す. s をこの弧長とします. また, $Z(s) = X(s) + iY(s)$ とします. Z が等長であるとは $|\partial_s Z| = 1$ のことです. ただし $\partial_s := d/ds$ とします. このとき, 接線ベクトルは $\partial_s Z = \mathrm{e}^{\sqrt{-1}\phi}$ と書けます. ϕ は接角で, 実数値であることが重要です. 法線ベクトルは $\sqrt{-1}\partial_s Z$ と書けるので, いわゆるフレネ–セレ関係式は

$$\partial_s(\partial_s Z) = \sqrt{-1}\, k \partial_s Z \tag{4}$$

と書けます. $k := \partial_s \phi$ は曲率です. (曲率半径 R により $k = 1/R$ です.)

ダニエル・ベルヌーイが発見したのは

$$\mathcal{E}[Z] = \frac{1}{2} \int_{(0,L)} k^2(s)\, ds = \frac{1}{2} \int_{(0,L)} d\phi * d\phi \tag{5}$$

を最小にしたものが実現される弾性曲線の形状であるということです. $*$ はホッジの星作用素です. (5)は U(1) をターゲット群空間とする調和写像です. 最古の調和写像と思われます.

弾性曲線は境界条件に依存します. ここでは, 境界条件は適切に与えられているとして, ダニエルに従って, 解析的な等長はめ込みの中で(5)の極値を計算しましょう. 微小変化 $Z_\varepsilon(s_\varepsilon) = Z(s) + \sqrt{-1}\varepsilon(s)\partial_s Z$ を考えます. しかしこれは, 等長性を満たしません. そこで, $\partial_s Z_\varepsilon = (1 - \varepsilon k(s) + \sqrt{-1}\partial_s \varepsilon)\partial_s Z$ より, 計量の変化分も

$$ds_\varepsilon^2 = d\overline{Z_\varepsilon}\, dZ_\varepsilon = (1 - 2\varepsilon k + O(\varepsilon^2))ds^2$$

と評価しておきます. それらの効果を踏まえると, 変形された曲率 $-\sqrt{-1}\partial_{s_\varepsilon} \log \partial_{s_\varepsilon} Z_\varepsilon$ は

$$k_\varepsilon = k + (k^2 + \partial_s^2)\varepsilon + O(\varepsilon^2)$$

と与えられます. これらより

$$k_\varepsilon^2 \, ds_\varepsilon = (k^2 + (k^3 + 2k\partial_s^2)\varepsilon + O(\varepsilon^2))ds$$

となります. ラグランジュの未定乗数を a として, 等長はめ込みでのエネルギーの汎関数微分は

$$\frac{\delta\left(2\mathcal{E}_\varepsilon - a \int_{(0,L)} ds_\varepsilon\right)}{\delta\varepsilon(s)} = k^3 + 2\partial_s^2 k + ak \tag{6}$$

となるので, 最小点の方程式として

$$ak+\frac{1}{2}k^3+\partial_s^2 k=0 \tag{7}$$

を得ます．これが弾性曲線の形状を決める方程式です．現在では静 MKdV 方程式と呼ばれています．

5. 弾性曲線と楕円曲線

ここからは，(7)の解，エネルギーの極値を与える Z のみを考えます．(7) に $\partial_s k$ を掛けて積分とすると，積分定数 b により

$$(\partial_s k)^2+\frac{1}{4}k^4+ak^2+b=0 \tag{8}$$

を得ます．(8)から，ヤコビの楕円函数 sn, cn, dn を使うと弾性曲線の形状が得られます．

ここでは楕円函数と弾性曲線の関係をより明確に見るために，ワイエルシュトラスの楕円函数[10]との対応を眺めましょう．そのために[6]，

$$x(s):=\frac{\sqrt{-1}}{4}\partial_s k-\frac{1}{8}k^2-\frac{1}{12}a, \qquad y(s):=\frac{1}{2}\partial_s x \tag{9}$$

とする変換を導入します．この x は一見とても人工的に見えますが，その本質は等角写像のシュワルツ微分 $\{Z,s\}$ であり，k と x の関係は可積分方程式の理論で知られているミウラ変換でもあります．これらを使うと方程式(8) は，

$$\frac{\hat{y}^2}{4}=y^2=(x-e_1)(x-e_2)(x-e_3) \tag{10}$$

となります．ただし $e_1=\frac{1}{6}a,\ e_2=-\frac{1}{12}a+\frac{1}{4}\sqrt{b},\ e_3=-\frac{1}{12}a-\frac{1}{4}\sqrt{b},\ a^2-b=16$ としています．(a,b は e_1,e_2,e_3 により $a=2(e_2+e_3-2e_1),\ b=-(e_2-e_3)^2$ と表現されています．）これらにより弾性曲線に関わる楕円曲線 $E=\{(x,y)\in\mathbb{C}^2\mid(10)\}\cup\{\infty\}$ が定まるのです．

第1種不完全楕円積分は

$$u=\int_\infty^x du, \qquad du=\frac{dx}{2y} \tag{11}$$

となりますし，その2重周期 $(2\omega', 2\omega'')$ は

$$\omega' := \int_\infty^{(e_1, 0)} du, \qquad \omega'' := \int_\infty^{(e_3, 0)} du$$

となります．他方，完全第2種積分は

$$\eta' = -\int_\infty^{(e_1, 0)} x du, \qquad \eta'' = -\int_\infty^{(e_3, 0)} x du \tag{12}$$

です．テータ級数としてワイエルシュトラスの σ 関数

$$\sigma(u) = \frac{2\omega'}{2\pi\sqrt{-1}} e^{\frac{\eta' u^2}{2\omega'}} \frac{\theta_1(u/\omega')}{\theta_1'(0)} \tag{13}$$

を用意します．ただし $\tau = \omega''/\omega'$ で

$$\theta_1(v) = \sqrt{-1} \sum_{n=-\infty}^{\infty} e^{\sqrt{-1}\pi(\tau(n-1/2)^2 + (2n-1)(v+1))}$$

としています．σ 関数を使うと ζ 函数と $\wp$ 函数が

$$\zeta(u) = \frac{d}{du} \log \sigma(u), \qquad \wp(u) = -\frac{d^2}{du^2} \log \sigma(u)$$

と定義されます．$\wp$ 函数は二重周期を持つ楕円函数ですが，ζ 函数は楕円函数ではありません．ζ 函数はテータ級数である σ 函数の擬周期性

$$\sigma(u + 2\omega' n + 2\omega'' m) = (-1)^{n+m+nm} e^{(2n\eta' + 2m\eta'')(u + n\omega' + m\omega'')} \sigma(u)$$

の性質を継承して，擬周期性を持ちます．第2種不完全積分により

$$\zeta(u) = -\int_\infty^{(x, y)} x du = -\int_\infty^{(x, y)} \frac{x dx}{2y}$$

とも書かれます．ワイエルシュトラスの楕円函数論では $(\wp(u), \partial_u \wp(u)/2)$ と，楕円曲線 E の座標 (x, y) とが $u = \int_\infty^{(x, y)} du$ を通して同一視されます．

6. 楕円 ζ 函数と弾性曲線

適当な $u_0 \in \mathbb{C}$ により $x(s) = \wp(s + u_0)$ とします．(9)を少し計算すると $\sqrt{-1}\, k = \dfrac{\wp_u(s + u_0)}{\wp(s + u_0) - e_1}$ となることが判り，これにより接角が

$$\phi(s) = \frac{1}{\sqrt{-1}} \log(\wp(s + u_0) - e_1) + \varphi_0 \tag{14}$$

（φ_0 は積分定数）となり，

$$\partial_s Z(s) = e^{\sqrt{-1}\phi} = \sqrt{-1}\left(\wp(s+u_0)-e_1\right)$$

となります[6]．最終的に，弾性曲線の形状は楕円 ζ 函数と積分定数 Z_0 とにより

$$Z(s) = \sqrt{-1}\left(-\zeta(s+u_0)-e_1 s\right)+Z_0 \tag{15}$$

と書けます．また，実値性のために Z の実部は楕円函数（楕円曲線上の有理函数）となり，

$$X(s) = \frac{1}{4}k(s+u_0) = \frac{\wp_u(s+u_0)}{4\sqrt{-1}\left(\wp(s+u_0)-e_1\right)}$$

に一致します．これにより (2) が得られます．

7. オイラーの弾性曲線と楕円函数論

ワイエルシュトラスの楕円函数の知見を使ってオイラーの結果である図 2 を眺めると以下が判ります．

(A) X は弧長 s について周期的であること．

(B) その周期を ω とすると，これらは $2\omega'$ と $2\omega''$ の整数係数の線形和で書かれること．

(C) $X(s)$ は楕円積分 (2) の逆関数であるので，$X(s)$ は弧長 s を変数とする楕円函数であること．

(D) 第 1 種楕円積分の積分値である弧長は実 1 次元のユークリッド空間の元であり，和が定義されること．

- 弧長の和が楕円曲線の加法性であること．
- この和の由来は経路の和（弧と弧の連結）であること．（アーベル函数の和の本質は線積分の和に帰着することを示唆している．）
- 弾性曲線の適当な始点からの ω の n 等分点や m/n 倍等の点は図示され，幾何学的（建材としての実用的）意味を持つこと．
- $X(s_1+s_2)$ を $X(s_1), X(s_2)$ で表現することが楕円函数の加法定理

であること.

(E) ω に対して Y 方向は擬周期性を示すこと.

- $e_1 s$ によるシフトがあるものの,これは σ 函数の擬周期性由来のものであること.(擬周期性は $\eta - e_1\omega$ で与えられ,テータ級数が持つ性質である周期性と擬周期性を Z は示している.)
- $\{Z = (X, Y)\} \to \{X\}$ は被覆になっていること.

(F) 図 2 は楕円曲線のモデュライの特徴の一部を表現していること.

- 図 2 の Fig. 10 で周期 $\omega = \infty$ となること.
- 指数を $\frac{1}{2\pi}(\phi(s+\omega) - \phi(s))$ と定義すると,図 2 の Fig. 6, 7, 8, 9 では指数 0 に対して Fig. 10, Fig. 11 は指数が 1 となっていること.
- Fig. 6, 7, 8, 9 から Fig. 10, Fig. 11 への遷移は連続的に変化可能であることが予想できること.(弾性曲線のモデュライは実 1 次元で上半平面内の $(\sqrt{-1}\,\mathbb{R}_{>0}) \cup \left(\sqrt{-1}\,\mathbb{R}_{>0} + \frac{1}{2}\right)$ となり,$\tau = \sqrt{-1}\,\infty$ で連結している.)

(G) $\partial_s Z$ は楕円曲線 E の分岐点 $(e_1, 0)$ を中心とする単位円上の楕円函数 $\partial_s Z = x - e_1 = \mathrm{e}^{\sqrt{-1}\phi}$ の振る舞いを示していること.($(x - e_1)$ によりヤコビの楕円函数と結びつく.)

(H) 弾性曲線 Z は第 1 種積分と第 2 種積分の対称性を示していること.

- (3) について:レムニスケートの場合 $\omega'' = \sqrt{-1}\,\omega'$, $\eta'' = -\sqrt{-1}\,\eta'$ であることと,高さ $= \eta'$, 長さ $= \omega'$ に注意すると (3) がルジャンドル関係式

$$\omega''\eta' - \omega'\eta'' = \frac{\pi}{2}\sqrt{-1}$$

を意味していること.

第 1 種微分 du と第 2 種微分 xdu は楕円曲線の代数的ド・ラムコホモロジーの基底である.ガロアが見抜きその最後の手紙に残したように [9],ルジャンドル関係式は代数曲線のヤコビ多様体の

シンプレクティック構造を決める.

弾性曲線はこれらの対称性を表している.

- Fig. 8 は，代数的な 8 の字曲線であるレムニスケートとはまった
く異なる超越的な 8 の字曲線であり，第 1 種積分と第 2 種積分の
対称性 $\eta = \omega e_1$ を示すこと．（この対称性の意味はまだ明確には
解明されていない.）

(I)　これらの特徴のいくつかはヤコブ・ベルヌーイの図 1 にすでに存在
していること.

8. あとがき

オイラーの弾性曲線のスケッチを現代の知識をもって眺めると，その深さ
と豊かさに驚愕します．ダ・ヴィンチの絵画の価値が時代が変わっても下が
らないのと同じ感動です．「どれだけ新しいかを競う」のとはまったく異な
る尺度の感動です.

今回割愛しましたが，オイラーの弾性曲線は分岐現象や境界値問題とも関
連し，また生命の起源である DNA の形状とも関わります．物理的意味や幾
何学的意味を重ねるとその深みと豊かさはさらに増します．それは，諸科学
に影響を与える楕円函数の深みと豊かさの起源でもあり，「用の美」に通じる
ものでもあると考えています [8].

参考文献

[1] S. Alassi, Jacob Bernoulli's analyses of the Funicularia problem, *British J. History of Math.* **35** (2020), 137-161.

[2] H. J. M. Bos, *Lectures in the History of Mathematics*, AMS, 1993.

[3] Jacob Bernoulli, *Curvatura laminae elasticae*, Acta Eruditorum (June 1694), 262-280.

[4] C. Houzel,「楕円関数と Abel 関数」, デュドネ編, 山下純一他訳,『数学史 II』, 岩波書店, 1985 年.

[5] L. Euler, Methodus Inveniendi Lineas Curvas Maximi Minimive Proprietate

Gaudentes, 1744. *Leonhardi Euleri Opera Omnia* Ser. I vol. 14.

[6] S. Matsutani, Euler's Elastica and Beyond, *J. Geom. Symm. Phys.* **17**(2010), 45-86.

[7] 松谷茂樹,「Euler-Bernoulli の弾性曲線(elastica)とその一般化——楕円関数の萌芽から Abel 関数論の再構築へ」, 日本数学会予稿集, 2017 年 9 月.

[8] 松谷茂樹,「ことばとしての数学——楕円関数の源流としての弾性曲線論から学ぶこと」,『数学通信』**24**(2020), 16-30.

[9] 高瀬正仁訳,『アーベル／ガロア楕円関数論』, 朝倉書店, 1998 年.

[10] 竹内端三,『楕円函数論』, 岩波全書, 1936 年.

[11] C. Truesdell, The influence of elasticity on analysis: the classic heritage, *Bull. Amer. Math. Soc.* **9**(1983), 293-310.

[12] A. ヴェイユ, 足立恒雄・三宅克哉訳,『数論——歴史からのアプローチ』, 日本評論社, 1987 年.

q と楕円函数

渋川元樹 ［神戸大学大学院理学研究科］

I. はじめに

　楕円函数は 19 世紀のガウスにはじまる 200 年以上の長い歴史を有する古典的題材である[1]．同様にいわゆる q あるいは q 類似(q-analogue)，([1]，[4])と呼ばれる一連の研究対象も，ガウスによる q 二項定理(たとえば[2]「9書かれなかった楕円函数論」参照[2])やガウス和の符号決定(平方剰余の相互法則第 4 証明)等，その起源をほぼ同じくしている[3]．

　ガウスに象徴されるように，19 世紀前半の楕円函数論の創成期において両者は密接な関連をみた．しかし，19 世紀に一応の "完成" をみた楕円函数に対し，q はその後も(何度かの "停滞期" を経ながらも)さまざまな発展を遂げ，現在に至る．むしろ q は，今となってはあまりに多くの変奏，拡張，一般化

---

1)「楕円積分」まで含めるならばベルヌーイ，オイラー，ファニャノら 18 世紀まで遡れるが，ここではその逆函数である楕円函数に恐らく最初に注目したガウスをはじまりとする．

2)[2]では「このような式はガウスが円周等分論に関する論文「或る特種の級数の総和」(1808 年)(4 ページ参照)の中で既に用いている」と書かれているが，「このような式」(ロジャーズ多項式あるいは連続 q エルミート多項式の特殊値公式)であって，「この式」(q 二項定理)そのものではないことに注意しておく．私はこの文言に 10 年近くミスリードされていた．

3) こちらもアルキメデス，あるいはフェルマーのジャクソン積分(q 積分)やオイラーの五角数定理，分割数の研究等を挙げれば 19 世紀以前にまで遡れるが，本稿では楕円函数との関連も鑑みてガウス，あるいは 19 世紀以後としておく．

がなされてしまったがゆえに，楕円函数との関連が顧みられることの方が稀になってしまった感さえある．楕円函数サイドも恐らく「古典」としてあまりにもはやく完成してその扱いが「慣習化」しまったがゆえに，現代的な q の発展を踏まえた見直しはほとんど膾炙していないように思われる．

そこで本稿では原点回帰(?)の試みとして，普通の楕円函数本では見かけない q と楕円函数のあれこれ，特にラマヌジャンの ${}_1\psi_1$ 和公式とクロネッカーの公式，およびベイリーの ${}_6\psi_6$ 和公式とワイエルシュトラスの恒等式の紹介をする．

以下読み進めてもらえればわかると思うが，本稿において諸々の証明をする際に「左辺と右辺の差，あるいは比を取って，極が消えていることを確認してリュービルの定理を使う」という楕円函数論お決まりの手法を敢えて一切取っていない．よく知られているように楕円函数もしくはテータ函数は二重周期性等の非常に強い制約があり，関係式がわかってしまえば，その証明自体はお決まりの手法によって，ほとんどの場合は個別に証明できてしまう．だがそのように個別に扱ってしまうと，当然のことながら楕円函数の膨大な諸公式を逐次証明しなければならない．本稿を通じて，ラマヌジャンの和公式(3.1)やベイリーの和公式(4.1)といった q における有名な公式から，多くの楕円函数やテータ函数の公式がかなり見通しよく扱える様を堪能していただきたい[4]．

2. 登場人物紹介

記号の確認も兼ねて，本稿の登場人物達をここにまとめておく．以下，τ を虚部 $\mathrm{Im}\,\tau$ が正の複素数とし，$q := e^{2\pi\sqrt{-1}\tau}$ と定める(楕円ノーム)．τ の虚部が正なので $|q| < 1$ であることに注意せよ．

まずは楕円函数サイドから．ヤコビのテータ函数をフーリエ展開

4）解説動画も参照．
https://www.youtube.com/watch?v=njvWlr8TsLg

$$\theta_1(z, \tau) := \sum_{n=-\infty}^{\infty} q^{\frac{1}{2}\left(n-\frac{1}{2}\right)^2} e^{2\pi\sqrt{-1}\left(n-\frac{1}{2}\right)\left(z-\frac{1}{2}\right)},$$

$$\theta_2(z, \tau) := \sum_{n=-\infty}^{\infty} q^{\frac{1}{2}\left(n-\frac{1}{2}\right)^2} e^{2\pi\sqrt{-1}\left(n-\frac{1}{2}\right)z},$$

$$\theta_3(z, \tau) := \sum_{n=-\infty}^{\infty} q^{\frac{1}{2}n^2} e^{2\pi\sqrt{-1}nz},$$

$$\theta_4(z, \tau) := \sum_{n=-\infty}^{\infty} q^{\frac{1}{2}n^2} e^{2\pi\sqrt{-1}n\left(z-\frac{1}{2}\right)}$$

で定める. 定義から $\theta_1(z)$ は奇函数, 残りの 3 つは偶函数である. このテータ函数の零値($z=0$ における値)を用いて, 楕円モジュラス k, 楕円ラムダ函数 λ, 楕円周期 K をそれぞれ

$$k = k(\tau) := \frac{\theta_2(0, \tau)^2}{\theta_3(0, \tau)^2}, \qquad \lambda = \lambda(\tau) := k(\tau)^2 = \frac{\theta_2(0, \tau)^4}{\theta_3(0, \tau)^4},$$

$$K = K(\tau) := \frac{\pi}{2}\theta_3(0, \tau)^2$$

で定め, ヤコビの楕円函数 sn, cn, dn を

$$\mathrm{sn}(2Kz, k) := \frac{\theta_3(0, \tau)}{\theta_2(0, \tau)} \frac{\theta_1(z, \tau)}{\theta_4(z, \tau)},$$

$$\mathrm{cn}(2Kz, k) := \frac{\theta_4(0, \tau)}{\theta_2(0, \tau)} \frac{\theta_2(z, \tau)}{\theta_4(z, \tau)},$$

$$\mathrm{dn}(2Kz, k) := \frac{\theta_4(0, \tau)}{\theta_3(0, \tau)} \frac{\theta_3(z, \tau)}{\theta_4(z, \tau)}$$

により導入する[5]. 有名なのはこの 3 つだが, 実際には以下の cs, ds, ns の方がいろいろと使い勝手が良い.

$$g_{0,1}(z, \tau) := 2K\mathrm{cs}(2Kz, k) := 2K\frac{\mathrm{cn}(2Kz, k)}{\mathrm{sn}(2Kz, k)},$$

---

5) sn, cn, dn は厳密には k ではなく $\lambda = k^2$ によるので, 本来ならば "$\mathrm{sn}(2Kz, \lambda)$" と書きたいところだが, 慣習でこう書く.

$$g_{1,1}(z,\tau) := 2K\,\mathrm{ds}(2Kz, k) := 2K\frac{\mathrm{dn}(2Kz, k)}{\mathrm{sn}(2Kz, k)},$$

$$g_{1,0}(z,\tau) := 2K\,\mathrm{ns}(2Kz, k) := 2K\frac{1}{\mathrm{sn}(2Kz, k)}.$$

これらは $\mathbb{C}$ 上有理型かつ二重周期函数[6]であり，周期格子（基本周期）はそれぞれ順に

$$\mathbb{Z}+2\mathbb{Z}\tau, \qquad 2\mathbb{Z}+2\mathbb{Z}\tau, \qquad 2\mathbb{Z}+\mathbb{Z}\tau$$

であり[7]，かつ $\mathbb{Z}+\mathbb{Z}\tau$ 上で一位の極を持つ楕円函数を定める．

　ちなみに普通の楕円函数本は慣習的にこれらのデータを $K(\tau)$ と $K'(\tau)$ $:= K\left(-\dfrac{1}{\tau}\right)$ により記述することが多い[8]．しかし三角函数でも πz を変数とするのが自然であるように，楕円函数でも変数を πz の楕円類似にあたる $2K(\tau)z$ に取っておいて，$\tau = \sqrt{-1}\,\dfrac{K'(\tau)}{K(\tau)}$ を認めて[9]，τ で記述してしまう方が都合が良いことに注意しておく[10]．

　以上はヤコビの楕円函数関連の諸定義だったが，ワイエルシュトラスのペー函数についても述べておく．こちらは無限級数

$$\wp(z,\tau) := \frac{1}{z^2} + \sum_{\substack{m,n\in\mathbb{Z}\\ m^2+n^2\neq 0}} \left\{\frac{1}{(m+n\tau+z)^2} - \frac{1}{(m+n\tau)^2}\right\}$$

により定義する．よく知られているように $\mathbb{C}\setminus\mathbb{Z}+\mathbb{Z}\tau$ 上で広義一様に絶対収束して，周期格子が $\mathbb{Z}+\mathbb{Z}\tau$ かつその上で二位の極を持つ楕円函数を定める．この $\wp(z,\tau)$ と先のヤコビの楕円函数 $g_{i,j}(z,\tau)$ との関係を述べるのが本稿の後半の主題であるワイエルシュトラスの恒等式なのだが，その際に $\wp(z,\tau)$ $-\wp(w,\tau)$ のフーリエ展開[11]が必要になるのでそれをここで述べておく：

6）一次元複素トーラス（あるいは楕円曲線上）の有理型函数．つまり楕円函数．

7）実は単に二重周期であるだけでなく $g_{i,j}(z+m+n\tau) = (-1)^{im+jn}g_{i,j}(z)$ が成立する．

8）老婆心ながら，$K'(\tau)$ は $K(\tau)$ の微分ではないことに注意せよ．

9）これはモジュライ k（あるいは周期 $2K$）から格子へのシュワルツ写像もしくはテータ函数の反転公式より従う結果で，楕円函数論の肝心要でもある．

10）たとえば以下のペー函数との関係を論じるときにも対応が見やすい．

11）厳密には(2.1)を等比級数の和公式で展開したものが通常のフーリエ展開であるが，等比級数の和公式で展開していない分，この表示の方が収束性が良く，$x \to qx$ での周期性も見やすい．

$$\wp(z,\tau) - \wp(w,\tau) = 4\pi^2 \sum_{n=-\infty}^{\infty} \left\{ \frac{xq^n}{(1-xq^n)^2} - \frac{yq^n}{(1-yq^n)^2} \right\}. \tag{2.1}$$

ここで $x := e^{2\pi\sqrt{-1}z}$, $y := e^{2\pi\sqrt{-1}w}$ とおいた. これは $\pi\cot(\pi z)$ の部分分数展開

$$\pi\cot(\pi z) = \pi\sqrt{-1} + \frac{2\pi\sqrt{-1}}{e^{2\pi\sqrt{-1}z}-1} = \frac{1}{z} + \sum_{m=1}^{\infty}\left(\frac{1}{z+m} + \frac{1}{z-m}\right)$$

を z で微分して得られる和公式

$$4\pi^2 \frac{e^{2\pi\sqrt{-1}z}}{(1-e^{2\pi\sqrt{-1}z})^2} = \sum_{m=-\infty}^{\infty} \frac{1}{(z+m)^2}$$

から得られる.

　最後に退化極限(三角極限)について注意しておくと, $\tau \to \sqrt{-1}\infty$ という極限を取ることで,

$$q \to 0, \qquad 2K \to \pi, \qquad 2K\mathrm{cs}(2Kz,k) \to \pi\cot(\pi z),$$

$$2K\mathrm{ds}(2Kz,k), 2K\mathrm{ns}(2Kz,k) \to \pi\csc(\pi z),$$

$$\wp(z,\tau) \to (\pi\csc(\pi z))^2 - \frac{\pi^2}{3}$$

のように, 楕円函数ならびにそれに付随する種々の量は, 対応する三角函数のそれに退化する.

　以上は楕円函数サイドの登場人物達だったが, 思いのほか"重かった"ことから, q サイドは必要最小限で軽く済ませる. まず q 無限積

$$(x\,;q)_\infty := \prod_{j=0}^{\infty}(1-xq^j)$$

を導入し, これを用いて

$$(x\,;q)_n := \frac{(x\,;q)_\infty}{(xq^n\,;q)_\infty}$$

と定める. 特に n が整数ならば

$$(x\,;q)_n = \begin{cases} (1-x)(1-xq)\cdots(1-xq^{n-1}) & (n>0) \\ 1 & (n=0) \\ \dfrac{1}{(1-xq^{-1})\cdots(1-xq^n)} & (n<0) \end{cases}$$

となることに注意せよ. 記号の煩雑さを避けるため $(x\,;q)_\infty$ や $(x\,;q)_n$ の

293

複数個の積を以下のように略記する：

$$(a_1, \cdots, a_r)_\infty := \prod_{j=1}^{r} (a_j ; q)_\infty, \qquad (a_1, \cdots, a_r)_n := \prod_{j=1}^{r} (a_j ; q)_n.$$

これらを用いて，本稿の"主役"である和 $_r\psi_r$ を導入する：

$$_r\psi_r\left(\begin{matrix} a_1, \cdots, a_r \\ b_1, \cdots, b_r \end{matrix} ; q, x \right) = \sum_{n=-\infty}^{\infty} \frac{(a_1, \cdots, a_r)_n}{(b_1, \cdots, b_r)_n} x^n.$$

ただし，$_r\psi_r$ が絶対収束するために

$$\left| \frac{b_1 \cdots b_r}{a_1 \cdots a_r} \right| < |x| < 1$$

を満たすとする.

注を2つ述べる. まず $_r\psi_r$ の下のパラメータのうちの一つを q と置いたものは，定義より負の部分の和が消え，非負部分の和だけが残る特別なものになる. これはいわゆる一般超幾何函数 $_rF_{r-1}$ の q 類似($q \uparrow 1$ の極限で $_rF_{r-1}$ に戻る変形)にあたり，

$$_r\phi_{r-1}\left(\begin{matrix} a_1, \cdots, a_r \\ b_1, \cdots, b_{r-1} \end{matrix} ; q, x \right) := {}_r\psi_r\left(\begin{matrix} a_1, \cdots, a_r \\ q, b_1, \cdots, b_{r-1} \end{matrix} ; q, x \right)$$

$$= \sum_{n=0}^{\infty} \frac{(a_1, \cdots, a_r)_n}{(q, b_1, \cdots, b_{r-1})_n} x^n$$

と書かれ，特殊函数としては $_r\psi_r$ よりも知名度が高い.

次に本稿の後ろの方に出てくる

$$_6\psi_6\left(\begin{matrix} q\sqrt{a}, -q\sqrt{a}, a_1, a_2, a_3, a_4 \\ \sqrt{a}, -\sqrt{a}, b_1, b_2, b_3, b_4 \end{matrix} ; q, x \right)$$

という形の和についての注である. これはいわゆる very-well-poised の "very" にあたる部分で，定義に戻すと

$$\sum_{n=-\infty}^{\infty} \frac{1-aq^{2n}}{1-a} \frac{(a_1, a_2, a_3, a_4)_n}{(b_1, b_2, b_3, b_4)_n} x^n$$

を書き直しているにすぎないので驚かないように.

3. ラマヌジャンの和公式とクロネッカーの公式

表題のラマヌジャンの和公式とは以下のような (無限和) = (無限積) という型の公式である:

$$
{}_1\psi_1\binom{a\;;\;q,x}{b} = \sum_{n=-\infty}^{\infty} \frac{(a\;;\;q)_n}{(b\;;\;q)_n} x^n = \frac{(ax,q/ax,q,b/a)_\infty}{(x,b/ax,b,q/a)_\infty}. \tag{3.1}
$$

ただし, 収束性のために $|b/a| < |x| < 1$ を仮定する.

先程の注で述べたように $b = q$ とすると積の部分の因子が綺麗に打ち消され

$$
\sum_{n=0}^{\infty} \frac{(a\;;\;q)_n}{(q\;;\;q)_n} x^n = \frac{(ax\;;\;q)_\infty}{(x\;;\;q)_\infty}, \quad |x| < 1 \tag{3.2}
$$

となるが, これがラマヌジャンから遡ることおよそ 100 年前にガウスやコーシーにより発見されていた q 二項定理である. この呼称は $a = q^\alpha$ として, $q \uparrow 1$ という極限を取ると通常の二項定理

$$
\sum_{n=0}^{\infty} \frac{(\alpha)_n}{n!} x^n = (1-x)^{-\alpha}
$$

に退化することに由来する.

また別の変奏して (3.1) で $x \to x/a$ と置き換えてから $b = 0$ とすると

$$
\sum_{n=-\infty}^{\infty} \frac{(a\;;\;q)_n}{a^n} x^n = \frac{(x,q/x,q)_\infty}{(x/a,q/a)_\infty}
$$

となるが, ここでさらに $a \to \infty$ とするとヤコビの三重積公式

$$
\sum_{n=-\infty}^{\infty} (-1)^n q^{\frac{1}{2}n^2} q^{-\frac{1}{2}n} x^n = (x,q/x,q)_\infty
$$

が得られ, これから先のテータ函数の無限積表示が得られる:

$$
\theta_1(z,\tau) = \sqrt{-1}\, q^{\frac{1}{8}} x^{-\frac{1}{2}}(q,x,q/x)_\infty,
$$
$$
\theta_2(z,\tau) = q^{\frac{1}{8}} x^{-\frac{1}{2}}(q,-x,-q/x)_\infty,
$$
$$
\theta_3(z,\tau) = (q,-q^{\frac{1}{2}}x,-q^{\frac{1}{2}}/x)_\infty,
$$
$$
\theta_4(z,\tau) = (q,q^{\frac{1}{2}}x,q^{\frac{1}{2}}/x)_\infty.
$$

ただし, $x = e^{2\pi\sqrt{-1}z}$ とした.

他方, クロネッカーの公式とはヴェイユの本 [3] の第VIII章の最初の方に出

てくる次のような，やはり（無限和）＝（無限積）という型の公式である：

$$k_{u,v}(z,\tau) := \sum_{n=-\infty}^{\infty}{}^{\mathrm{e}} \sum_{m=-\infty}^{\infty}{}^{\mathrm{e}} \frac{e^{-2\pi\sqrt{-1}(mu-nv)}}{z+m+n\tau}$$

$$= -2\pi\sqrt{-1}\, e^{2\pi\sqrt{-1}uz} \sum_{n=-\infty}^{\infty} \frac{y^n}{1-xq^n} \tag{3.3}$$

$$= -2\pi\sqrt{-1}\, e^{2\pi\sqrt{-1}uz} \sum_{n=-\infty}^{\infty} \frac{x^n}{1-yq^n} \tag{3.4}$$

$$= -2\pi\sqrt{-1}\, e^{2\pi\sqrt{-1}uz} \frac{(q,q,xy,q/xy)_\infty}{(x,q/x,y,q/y)_\infty}. \tag{3.5}$$

ただし，$0 < u, v < 1$, $x := e^{2\pi\sqrt{-1}z}$, $y := e^{2\pi\sqrt{-1}(v+u\tau)}$, $|q| < |x| < 1$ であり，$\sum_{m=-\infty}^{\infty}{}^{\mathrm{e}}$ は正負をペアにして和を取るアイゼンシュタインの和である：

$$\sum_{m=-\infty}^{\infty}{}^{\mathrm{e}} f(m) := f(0) + \sum_{m=1}^{\infty} (f(m)+f(-m)).$$

一般に m と n の二重のアイゼンシュタイン和は絶対収束せず，和の順序交換するとそれらの値が異なることもある．クロネッカーの公式は同じくヴェイユの本[3]の第Ⅶ章に出てくる $0 < u < 1$ についてのベルヌーイ多項式の母函数

$$\sum_{m=-\infty}^{\infty}{}^{\mathrm{e}} \frac{e^{-2\pi\sqrt{-1}mu}}{z+m} = \frac{2\pi\sqrt{-1}\, e^{2\pi\sqrt{-1}uz}}{e^{2\pi\sqrt{-1}z}-1} \tag{3.6}$$

の公式[12]の楕円版とみなせる[13].

クロネッカーの公式の証明は，(3.3) は (3.6) から，(3.5) についてはラマヌジャンの和公式 (3.1) において $x \to y$ として $a = x$, $b = xq$ とすることで

$$\sum_{n=-\infty}^{\infty} \frac{y^n}{1-xq^n} = \frac{(q,q,xy,q/xy)_\infty}{(x,q/x,y,q/y)_\infty}, \qquad |q| < |y| < 1$$

が得られる．この右辺の積は x と y について対称であり，左辺も x と y につ

---

12) 前述の $\pi\cot(\pi t)$ の部分分数展開のパラメータ変形．これはベルヌーイ多項式のフーリエ展開と同値である．詳しくは脚注 4 の解説動画参照．

13) それゆえ，この $z=0$ におけるローラン展開の展開係数をベルヌーイ多項式の楕円類似とみなせる．

いて対称であることがわかるので(3.4)を得る．この対称性を $k_{u,v}(z,\tau)$ の定義式まで戻して考えると

$$e^{2\pi\sqrt{-1}av}k_{u,v}(b+a\tau,\tau) = e^{2\pi\sqrt{-1}bu}k_{a,b}(v+u\tau,\tau)$$

という非自明な関係式を得る．さらにクロネッカーの公式の最右辺の積とヤコビの楕円函数 $g_{i,j}(z,\tau)$ の定義を見比べると，

$$k_{\frac{i}{2},\frac{j}{2}}(z,\tau) = g_{i,j}(z,\tau)$$

となることがわかるので，$k_{u,v}(z,\tau)$ の定義と(3.4)よりヤコビの楕円函数 $g_{i,j}(z,\tau)$ の部分分数展開とフーリエ展開表示が得られる[14]：

$$g_{i,j}(z,\tau) = \sum_{n=-\infty}^{\infty}{}^{e}\sum_{m=-\infty}^{\infty}{}^{e}\frac{(-1)^{im+jn}}{z+m+n\tau}$$

$$= -2\pi\sqrt{-1}\,e^{i\pi\sqrt{-1}z}\sum_{n=-\infty}^{\infty}\frac{e^{2\pi\sqrt{-1}nz}}{1-(-1)^{j}q^{n+\frac{i}{2}}}.$$

このようにラマヌジャンの和公式の特殊化からさまざまな楕円函数の重要な公式が導出できたが，このマスター公式(3.1)の証明は難しくない．実際，$_1\psi_1$ を

$$_1\psi_1\begin{pmatrix}a\\b\end{pmatrix};q,x) = \frac{(a\,;\,q)_\infty}{(b\,;\,q)_\infty}f(b), \qquad f(b) := \sum_{n=-\infty}^{\infty}\frac{(bq^n\,;\,q)_\infty}{(aq^n\,;\,q)_\infty}x^n$$

と書き直すと，$f(b)$ は1階の q 差分方程式

$$f(b) = \frac{1-b/a}{1-b/ax}f(bq)$$

が成り立つことがわかる．$|q|<1$ に注意して，これを繰り返し適用することで

$$f(b) = \frac{(b/a\,;\,q)_n}{(b/ax\,;\,q)_n}f(bq^n) = \frac{(b/a\,;\,q)_\infty}{(b/ax\,;\,q)_\infty}f(0)$$

を得る．後は初期値 $f(0)$ がわかればよいが，これは難しいので $b=q$ を代入して得られる

---

14) ちなみに楕円函数はフーリエ展開の係数を，テータ函数のときのように，未定係数を置いて差分方程式から解いて得ることはできない．実際，q シフトすると変数が級数の収束域(帯領域)からはみ出してしまう．

$$f(q) = \frac{(q/a \, ; \, q)_\infty}{(q/ax \, ; \, q)_\infty} f(0)$$

で $f(0)$ を書き換えて

$$f(b) = \frac{(q, b/a, q/ax)_\infty}{(a, b/ax, q/a)_\infty} {}_1\psi_1\begin{pmatrix} a \\ q \end{pmatrix} ; q, q \end{pmatrix}$$

を考える. 先に注意したように $b = q$ のとき，${}_1\psi_1$ は q 二項定理より計算できるのでそれを代入することで結論を得る[15].

4. ベイリーの和公式とワイエルシュトラスの恒等式

表題にあるベイリーの和公式とは以下のようなものである：

$${}_6\psi_6\begin{pmatrix} q\sqrt{a}, -q\sqrt{a}, a_1, a_2, a_3, a_4 \\ \sqrt{a}, -\sqrt{a}, aq/a_1, aq/a_2, aq/a_3, aq/a_4 \end{pmatrix} ; q, \frac{qa^2}{a_1 a_2 a_3 a_4} \end{pmatrix}$$

$$= \frac{(q, aq, q/a)_\infty}{(qa^2/a_1 a_2 a_3 a_4)_\infty} \frac{\prod_{1 \le i < j \le 4} (aq/a_i a_j)_\infty}{\prod_{i=1}^{4} (aq/a_i, q/a_i)_\infty}. \tag{4.1}$$

ただし，収束性のために $|qa^2/a_1 a_2 a_3 a_4| < 1$ を仮定する．紙数の都合からこの証明は省略するが[16]，ラマヌジャンの和公式と同様にさまざまな場面に現れる有名人である[17]．なので，この周辺で遊ぶだけでもう一本解説記事が書けるが，ここでは禁欲して楕円函数関連の話だけをする．

今 (4.1) において

$$a = xy, \quad a_1 = a_2 = x, \quad a_3 = a_4 = y$$

---

15) つまりこの論法で ${}_1\psi_1$ の和公式を証明する前に，q 二項定理を独立に証明する必要がある．q 二項定理あるいはそれと同値の命題なしに (3.1) が証明できるかは，少なくとも私にはわからない．

16) さまざまな証明が知られているが，先の ${}_1\psi_1$ の証明のように「パラメータについての差分方程式と初期値の一致を確認する」という比較的わかりやすい証明もある．

17) たとえば，一変数直交多項式系のある種の頂点に位置するアスキー–ウィルソン多項式の内積値を与えるアスキー–ウィルソン積分と（適当なテータ函数倍を除いて）同値である．

と特殊化すると，左辺の和は

$$
{}_6\psi_6\left(\frac{q\sqrt{xy},\,-q\sqrt{xy},\,x,\,x,\,y,\,y}{\sqrt{xy},\,-\sqrt{xy},\,xq,\,xq,\,yq,\,yq}\;;\,q,\,q\right)
$$

$$
=\frac{(1-x)^2(1-y)^2}{1-xy}\sum_{n\in\mathbb{Z}}\frac{(1-xyq^{2n})q^n}{(1-xq^n)^2(1-yq^n)^2}
$$

となり，右辺の積は

$$
\frac{(xyq,\,q/xy,\,xq/y,\,yq/x,\,q,\,q,\,q,\,q,\,q)_\infty}{(xq,\,xq,\,yq,\,yq,\,q/x,\,q/x,\,q/y,\,q/y,\,q)_\infty}
$$

$$
=\frac{(1-x)^2(1-y)^2}{(1-xy)(1-y/x)}\frac{(xy,\,q/xy,\,y/x,\,qx/y,\,q,\,q,\,q,\,q)_\infty}{(x,\,x,\,y,\,y,\,q/x,\,q/x,\,q/y,\,q/y)_\infty}
$$

となる．そこで両辺に

$$
\frac{(1-xy)(x-y)}{(1-x)^2(1-y)^2}
$$

を掛けると

$$
\sum_{n\in\mathbb{Z}}\frac{(x-y)(1-xyq^{2n})q^n}{(1-xq^n)^2(1-yq^n)^2}=\sum_{n\in\mathbb{Z}}\left\{\frac{xq^n}{(1-xq^n)^2}-\frac{yq^n}{(1-yq^n)^2}\right\}
$$

$$
=x\frac{(xy,\,q/xy,\,y/x,\,qx/y,\,q,\,q,\,q,\,q)_\infty}{(x,\,x,\,y,\,y,\,q/x,\,q/x,\,q/y,\,q/y)_\infty}.
$$

ここで先に述べたペー函数のフーリエ展開公式(2.1)を思い出して，上式の両辺に $4\pi^2$ を掛けて整理すると，ワイエルシュトラスの恒等式

$$
\wp(z,\tau)-\wp(w,\tau)=4\pi^2x\frac{(xy,\,q/xy,\,y/x,\,qx/y,\,q,\,q,\,q,\,q)_\infty}{(x,\,x,\,y,\,y,\,q/x,\,q/x,\,q/y,\,q/y)_\infty}\tag{4.2}
$$

を得る．ただし，先程と同様に $x:=e^{2\pi\sqrt{-1}z},\,y:=e^{2\pi\sqrt{-1}w}$ とした．

(4.2)の右辺は $\theta_1(z,\tau)$ を変形したワイエルシュトラスのシグマ函数

$$
\sigma(z,\tau)=e^{\frac{\pi^2}{6}\left(1-24\sum_{n=1}^{\infty}\frac{nq^n}{1-q^n}\right)z^2}\frac{\theta_1(z,\tau)}{\theta_1'(0,\tau)}
$$

を用いると，

$$
\wp(z,\tau)-\wp(w,\tau)=-\frac{\sigma(z+w,\tau)\sigma(z-w,\tau)}{\sigma(z,\tau)^2\sigma(w,\tau)^2}\tag{4.3}
$$

と書き換えられる[18]．これによりまず，ヤコビの楕円函数とワイエルシュトラスのペー函数との関係

$$\wp(z,\tau)-\wp\left(\frac{j+i\tau}{2},\tau\right)=g_{i,j}(z,\tau)^2 \tag{4.4}$$

が得られる．さらにヤコビの楕円函数の微分公式[19]

$$g'_{i,j}(z,\tau)=-g_{i+1,1}(z,\tau)g_{1,j+1}(z,\tau) \tag{4.5}$$

を認めれば，

$$\wp'(z,\tau)=-2g_{0,1}(z,\tau)g_{1,1}(z,\tau)g_{1,0}(z,\tau) \tag{4.6}$$

も導出できる．また，この(4.6)を2乗して，(4.4)を用いればワイエルシュトラス標準形の因数分解

$$\wp'(z,\tau)^2=4\wp(z,\tau)^3-60G_4(\tau)\wp(z,\tau)-140G_6(\tau)$$

$$=4\prod_{\substack{i,j=0\\i^2+j^2\neq 0}}^{1}\left(\wp(z,\tau)-\wp\left(\frac{i+j\tau}{2},\tau\right)\right)$$

もできる[20]．

最後にペー函数についての自明な恒等式

$$(\wp(z,\tau)-\wp(w,\tau))(\wp(s,\tau)-\wp(r,\tau))$$

$$+(\wp(z,\tau)-\wp(s,\tau))(\wp(r,\tau)-\wp(w,\tau))$$

$$+(\wp(z,\tau)-\wp(r,\tau))(\wp(w,\tau)-\wp(s,\tau))=0$$

に，先のワイエルシュトラスの恒等式(4.2)あるいは(4.3)を代入して整理することで，シグマ函数(あるいはテータ函数)についてのリーマン関係式(加法定理)

$$\sigma(z+w,\tau)\sigma(z-w,\tau)\sigma(s+r,\tau)\sigma(s-r,\tau)$$

$$+\sigma(z+s,\tau)\sigma(z-s,\tau)\sigma(r+w,\tau)\sigma(r-w,\tau)$$

$$+\sigma(z+r,\tau)\sigma(z-r,\tau)\sigma(w+s,\tau)\sigma(w-s,\tau)=0$$

---

18) $\wp(z,\tau)$ は $\sigma(z,\tau)$ の log の二階微分(の -1 倍)であることに注意すると，これは戸田格子の双線型方程式にほかならない．つまりベイリーの和公式(4.1)が可積分系を与えているのである．

19) ただし，$g_{i,j}$ の添え数 i,j を $\mathbb{Z}/2\mathbb{Z}$ の元とみなしている．ちなみにこの微分公式自体が q から導出できると嬉しいが，少なくとも私はその方法を知らない．

20) ここで $G_k(\tau)$ はアイゼンシュタイン級数 $\displaystyle\sum_{\substack{m,n\in\mathbb{Z}\\m^2+n^2\neq 0}}\frac{1}{(m+n\tau)^k}$ である．

も得られる.

参考文献

[1] 数学セミナー別冊『数学のたのしみ』No. 2「q 解析のルネサンス」，日本評論社，1997.

[2] 高木貞治：『近世数学史談』，岩波文庫，1995.

[3] A. ヴェイユ著，金子昌信訳：『アイゼンシュタインとクロネッカーによる楕円関数論』，丸善出版，2012.

[4] G. Gasper and M. Rahman: *Basic Hypergeometric Series*, Second Edition, Cambridge University Press, 2004.

楕円関数とヤコビ形式

青木宏樹 ［東京理科大学創域理工学部］

　数学に興味をお持ちのみなさんであれば，楕円関数論においてヤコビが多大な貢献をしたという歴史的事実をご存じのかたも多いと思います．しかし，彼の名を冠した「ヤコビ形式」については，馴染みのないかたが多いのではないでしょうか．それもそのはずで，「ヤコビ形式」という用語は，ヤコビの生きていた時代[1]よりもずっと後，1980年代になってようやく使われだした，比較的新しいものなのです．とはいえ，その名称は，もちろん数学者ヤコビに由来しています．ヤコビ形式は，楕円関数論にあらわれるヤコビのテータ関数などを，より一般化した概念なのです．本稿では，ヤコビ形式の紹介を兼ねて，古典的な楕円関数論から現代数学に繋がる道筋の1つを，駆け足でたどってみることにします[2]．

1. ワイエルシュトラスの $\wp$ 関数

　大学で1変数の関数論をひととおり習ったあと，最初に学ぶまとまった応用例は，なんといっても，二重周期関数，すなわちワイエルシュトラス流の楕円関数の理論でしょう．「複素数平面 $\mathbb{C}$ 上の正則関数や有理型関数の周期にはどのような場合があるか？」というごく単純な問題意識から始まり，ワ

1）Carl Gustav Jacob Jacobi, 1804-1851.
2）タイトル的にはヤコビによる楕円関数の理論から始めるべきなのでしょうが，議論の簡明化のため，本稿では基本的にワイエルシュトラスの流儀に沿って話を進めます．

イエルシュトラスの $\wp$ 関数[3]による楕円関数体の構造の明示的な記述に至る流れは，1変数の関数論の美しさを凝縮したものとなっています．ここでは途中の議論をすべて飛ばし，重要な結果だけを見ていきましょう．以下，$\mathrm{Hol}(D)$ で D 上の正則関数全体のなす集合を，$\mathrm{Mer}(D)$ で D 上の有理型関数全体のなす集合を，それぞれあらわすことにします．

ω が関数 f の**周期**であるとは，z の関数としての等号 $f(z+\omega)=f(z)$ が成り立つことです．記号 $\mathrm{P}(f)$ で，f の周期全体のなす集合をあらわすことにします．では，$f \in \mathrm{Hol}(\mathbb{C})$ または $f \in \mathrm{Mer}(\mathbb{C})$ に対して，$\mathrm{P}(f)$ はどのような形になるのでしょうか．実は，$\mathrm{P}(f)$ は，次の4通りのいずれかになります．

（A）　$\mathrm{P}(f)=\{0\}$　　　　：f は非周期関数

（B）　$\mathrm{P}(f)=\mathbb{C}$　　　　：f は定数関数

（C）　$\mathrm{P}(f)=\omega_1\mathbb{Z}$　　　：f は単一周期関数

　　　（ただし ω_1 は 0 でない複素数）

（D）　$\mathrm{P}(f)=\omega_1\mathbb{Z}+\omega_2\mathbb{Z}$　：f は二重周期関数

　　　（ただし ω_1,ω_2 は $\mathbb{R}$ 上 1 次独立な複素数）

このうち，（A）（B）（C）の例はすぐに作れます．また，リウビルの定理から $f \in \mathrm{Hol}(\mathbb{C})$ については（D）の場合が生じないこともすぐにわかります．では，（D）の場合となる $f \in \mathrm{Mer}(\mathbb{C})$ は存在するのでしょうか．実は，それこそがまさに**楕円関数**であり，本書の志賀弘典氏の記事（254ページ）であらわれた**ワイエルシュトラスの $\wp$ 関数**が，その最も基本的な例になっています．

$\mathbb{R}$ 上 1 次独立な 2 つの複素数 ω_1,ω_2 が張る格子を $\Lambda := \omega_1\mathbb{Z}+\omega_2\mathbb{Z}$ と書くことにし，Λ を周期に持つ $\mathbb{C}$ 上の有理型関数全体のなす集合（**楕円関数体**）を

$$K(\Lambda) := \{f \in \mathrm{Mer}(\mathbb{C}) \mid \mathrm{P}(f) \supset \Lambda\}$$

であらわすことにします．このとき，次の等式（**楕円関数体の構造定理**）が成

3）「$\wp$ 関数」は「ぺーかんすう」と読みます．

303

り立つのでした.

$$K(\Lambda) = \mathbb{C}(\wp) + \wp'\mathbb{C}(\wp)$$

ここにあらわれる，Λ に関する**ワイエルシュトラスの $\wp$ 関数**の定義は，次のとおりです.

$$\wp(z) := \frac{1}{z^2} + \sum_\omega \left(\frac{1}{(z-\omega)^2} - \frac{1}{\omega^2} \right) \tag{1}$$

ただし，本稿では，総和記号下での ω は，その範囲を指定しない場合，格子 Λ の元のなかで原点を除いたもの全体を走るとします．また，この定義式 (1) は Λ に依存するのですが，この節では，Λ が 1 つ固定されている状況を考えます.

簡単な考察により，$\wp$ の原点でのローラン展開は

$$\wp(z) = \frac{1}{z^2} + \sum_{k=2}^{\infty} (2k-1)G_{2k} z^{2k-2} \qquad \left(G_{2k} := \sum_\omega \frac{1}{\omega^{2k}} \right)$$

となることがわかり，また，等式

$$\wp'(z)^2 = 4\wp(z)^3 - g_2\wp(z) - g_3 \qquad (g_2 := 60G_4, \ g_3 := 140G_6)$$

が得られます．実は，$f(X) := 4X^3 - g_2 X - g_3$ とおけば，方程式 $f(X) = 0$ は重解を持たないことが示せ，$\Delta := g_2^3 - 27g_3^2 \neq 0$ が成り立ちます[4].

さて，ここまでのことは関数論だけで示せる内容ですが，もう少し専門的な知識が増えると，楕円関数論の世界はもっと広がります．すなわち，楕円曲線をあらわす式 $Y^2 = f(X)$ について，次の 2 通りの解釈ができるようになるのです.

◆この式のあらわすリーマン面 R の 1 点コンパクト化を R^* とおくと，$R^* \cong \mathbb{C}/\Lambda$ となり，$K(\Lambda) \cong \mathrm{Mer}(\mathbb{C}/\Lambda)$ なので，楕円関数体は閉リーマン面 R^* 上の有理型関数体とみなすことができます．これは，複素幾何学の考え方です.

◆この式のあらわす代数曲線 C の射影化を C^* とおくと，$K(\Lambda) \cong$

---

4) 後に見る j 不変量の性質を用いることにより，$\Delta \neq 0$ を満たす任意の複素数の組 (g_2, g_3) に対し，それを与える格子 Λ が存在することが示せます.

$Q(\mathbb{C}[X, Y]/(Y^2 - f(X)))$ となり，楕円関数体は代数曲線 C（または C^*）の有理関数体になっています[5]．これは，代数幾何学の考え方です．

このように，代数幾何学と複素幾何学は，異なる手法であるにもかかわらず，しばしば，同じ対象について，同じ結果を導きます[6]．

2. 楕円モジュラー形式

今度は，格子 $\Lambda := \omega_1\mathbb{Z} + \omega_2\mathbb{Z}$ にあらわれる ω_1, ω_2 も変数だと考えて，前節の議論を見直してみます．ω_1, ω_2 が張る格子と，$\omega_1, -\omega_2$ が張る格子は同じになることに注意すれば，組 (ω_1, ω_2) の定義域を

$$\mathbb{T} := \{(\omega_1, \omega_2) \in \mathbb{C}^2 \mid \mathrm{Im}(\omega_1/\omega_2) > 0\}$$

にとることが妥当でしょう．とはいえ，実は，ω_1, ω_2 が違っても，それらが張る格子 $\Lambda = \omega_1\mathbb{Z} + \omega_2\mathbb{Z}$ は同じになってしまう場合があります．実際，$\mathbb{T}$ の元 (ω_1, ω_2) と (ω_1', ω_2') が同じ格子をあらわすための必要十分条件は，**楕円モジュラー群**[7]

$$\mathrm{SL}_2(\mathbb{Z}) := \{A \in \mathrm{M}_2(\mathbb{Z}) \mid \det A = 1\}$$

の元 A を用いて $\begin{pmatrix} \omega_1' \\ \omega_2' \end{pmatrix} = A\begin{pmatrix} \omega_1 \\ \omega_2 \end{pmatrix}$ と書けることです．したがって，格子 Λ を変数に持つ関数を考えるというアイデアは，$\mathbb{T}$ 上の $\mathrm{SL}_2(\mathbb{Z})$ 不変な関数を考える，あるいは多様体 $\mathrm{SL}_2(\mathbb{Z})\backslash\mathbb{T}$ 上の関数を考える，という形で，とりあえず実現できます．

5）式中の Q は商体をあらわす記号です．

6）代数幾何学と複素幾何学との対応は，一般的には，セールの論文「Géométrie Algébrique et Géométrie Analytique」にちなんで GAGA（「ガガ」と読むことが多いようです）とよばれています．特に複素 1 次元の場合には，三位一体といって，「非特異射影曲線」「閉リーマン面」「1 変数代数関数体」の 3 つが，本質的には同じものになっています．

7）$\mathrm{SL}_2(\mathbb{Z})$ の上半平面 $\mathbb{H}$ への作用 $\tau \mapsto (a\tau+b)/(c\tau+d)$ では，A と $-A$ は同じ変換をあらわすので，それらを同一視した群 $\mathrm{PSL}_2(\mathbb{Z})$ を楕円モジュラー群とよぶ流儀もあります．

しかし，もう少し突っ込んで考えると，格子 Λ が違っていても，そこから得られる $\wp$ 関数はそれほど大きく変わらない場合があることに気づきます．格子 Λ から得られる $\wp$ 関数を暫定的に $\wp(\Lambda, z)$ と書くことにすれば，その定義式(1)から，任意の $c \in \mathbb{C} - \{0\}$ に対して $\wp(\Lambda, z) = c^2 \wp(c\Lambda, cz)$ が成り立つことがわかります．したがって，$\tau := \omega_1/\omega_2$ とおけば，$\omega_1 \mathbb{Z} + \omega_2 \mathbb{Z} = \omega_2(\tau \mathbb{Z} + \mathbb{Z})$ なので，$\tau \mathbb{Z} + \mathbb{Z}$ の形をした格子だけを考えればじゅうぶんです．そこで，**ワイエルシュトラスの $\wp$ 関数**を，格子が $\Lambda = \tau \mathbb{Z} + \mathbb{Z}$ の場合に限定して τ を変数だと考え，定義式(1)の左辺を $\wp(\tau, z)$ と書くことにします．複素上半平面を

$$\mathbb{H} := \{\tau \in \mathbb{C} \mid \operatorname{Im} \tau > 0\}$$

と書くことにすれば，$\wp \in \operatorname{Mer}(\mathbb{H} \times \mathbb{C})$ であり，任意の $\begin{pmatrix} a & b \\ c & d \end{pmatrix} \in \mathrm{SL}_2(\mathbb{Z})$ に対して式

$$\wp(\tau, z) = (c\tau + d)^{-2} \wp\left(\frac{a\tau + b}{c\tau + d}, \frac{z}{c\tau + d}\right) \tag{2}$$

が，任意の $s, t \in \mathbb{Z}$ に対して式

$$\wp(\tau, z) = \wp(\tau, z + s\tau + t) \tag{3}$$

が成り立ちます．この，$\wp$ を2変数関数だとみるアイデアと，そこで成り立つ2つの式(2)(3)は，ヤコビ形式の起源ともいえるものです．しかし，ここからヤコビ形式に至るまでの道程は平易ではなく，もう少しいろいろなことを準備しておく必要があります．

$\wp(\tau, z)$ の z についての原点でのローラン展開

$$\wp(\tau, z) = \frac{1}{z^2} + \sum_{k=2}^{\infty} (2k-1) G_{2k}(\tau) z^{2k-2}$$

にあらわれる係数 $G_{2k}(\tau)$ は $\mathbb{H}$ 上の正則関数で，式(2)より，任意の $\begin{pmatrix} a & b \\ c & d \end{pmatrix} \in \mathrm{SL}_2(\mathbb{Z})$ に対して式

$$G_{2k}(\tau) = (c\tau + d)^{-2k} G_{2k}\left(\frac{a\tau + b}{c\tau + d}\right)$$

が成り立ちます．実は，この G_{2k} こそが，現代の数学においても大いに研究され続けている**保型形式**のなかで最も基本的なものである**楕円モジュラー形式**の具体例になっているのです．その正確な定義は，次のとおりです．

定義● k を整数とする. $f \in \mathrm{Hol}(\mathbb{H})$ が, 重さ k の**楕円モジュラー形式**であるとは, f が次の2条件を満たすことをいう.

① f は重さ k の**保型性**を持つ. すなわち, 任意の $\begin{pmatrix} a & b \\ c & d \end{pmatrix} \in \mathrm{SL}_2(\mathbb{Z})$ に対して, 次の式が成り立つ.

$$f(\tau) = (c\tau+d)^{-k} f\left(\frac{a\tau+b}{c\tau+d} \right)$$

② f は**カスプで正則**である. すなわち, f のフーリエ展開

$$f(\tau) = \sum_{n \in \mathbb{Z}} a(n) \mathbf{e}(n\tau)$$

において, $n < 0$ ならば $a(n) = 0$ である.

　ここでは②の条件について深入りすることは避けますが, ①から f は1を周期に持つことがわかり, $\mathbf{e}(*) := \exp(2\pi\sqrt{-1}\,*)$ と略記すれば, 上記の形でフーリエ展開が可能です. そして, 特に G_{2k} については, カスプで正則であることも確かめることができ, 重さ $2k$ の楕円モジュラー形式になっていることがわかります. 同様にして, 前節であらわれた g_2, g_3, Δ も, それぞれ重さ $4, 6, 12$ の楕円モジュラー形式です[8]. 特に, $\Delta(\tau) := g_2(\tau)^3 - 27g_3(\tau)^2$ は定義域 $\mathbb{H}$ 上に零点を持たず, 無限積表示

$$\Delta(\tau) = (2\pi)^{12} \mathbf{e}(\tau) \prod_{n=1}^{\infty} (1-\mathbf{e}(n\tau))^{24}$$

を持つことが知られています. また, 楕円モジュラー形式はすべて, g_2 と g_3 の多項式で書けることも知られています.

　では, **クラインの j 不変量**とよばれる関数

$$j(\tau) := \frac{1728 g_2(\tau)^3}{\Delta(\tau)}$$

は, 重さ0の楕円モジュラー形式でしょうか? 実は, そうではありません.

8）定数倍の違いについて考えないことにすれば, G_{2k} や g_2, g_3 は**アイゼンシュタイン級数**と, また Δ は**ラマヌジャンのデルタ関数**と, それぞれよばれているものです.

$j \in \mathrm{Hol}(\mathbb{H})$ であり，j が重さ 0 の保型性を持つことはすぐにわかるのですが，定義の②の条件が成り立たないのです．とはいえ，この j は，$\mathbb{H}$ 上の $\mathrm{SL}_2(\mathbb{Z})$ 不変な関数として，とても重要なものです．というのは，j は $\mathrm{SL}_2(\mathbb{Z})\backslash\mathbb{H}$ から $\mathbb{C}$ への正則な全単射になっているからです．その重要性について，これから少し説明をしましょう．

この節のアイデアは，$\mathbb{C}/\Lambda$ 上の有理型関数に関する議論を，格子 Λ も変数にして行うというものでした．しかし，厳密にいえば，有理型関数（正則性）についての議論であれば，Λ そのものよりも，商空間 $\mathbb{C}/\Lambda$ のほうが，より本質的な変数となりえます．そこで，その商空間がリーマン面として同型となるときに格子は同値であると定め，$\mathbb{T}$ に同値関係 $\sim$ を導入します．これまでの議論から，$\mathbb{T}$ の 2 元が $\mathrm{SL}_2(\mathbb{Z})$ の作用で移りあう場合は，Λ は不変なので同値です．また，前述の Λ が定数倍しか変化しない場合も同値です．そして，同値になるのはこれらの場合だけであることが知られています．したがって，この同値関係は，リーマン面の同型 $\mathbb{T}/\!\sim\ \cong \mathrm{SL}_2(\mathbb{Z})\backslash\mathbb{H}$ を導きます．すなわち，リーマン面（1 次元複素多様体）$\mathrm{SL}_2(\mathbb{Z})\backslash\mathbb{H}$ は，楕円関数の族の同型類を示すパラメータの空間であるとみなすことができます．一般に，ある幾何学的対象のパラメータ空間が多様体になっているとき，その多様体を**モジュライ空間**といいます．この観点からは，$\mathrm{SL}_2(\mathbb{Z})\backslash\mathbb{H}$ は楕円曲線のモジュライ空間であり，j 不変量によりそれは複素数平面 $\mathbb{C}$ と同型であることが示されるのです．

もっとも，モジュライ空間の取り扱いとしては境界部分を適宜含めてコンパクト化しておくほうが便利なことが多く，上半平面 $\mathbb{H}$ のかわりに，そこにカスプとよばれる点たちを付加した集合 $\mathbb{H}^* := \mathbb{H} \cup \mathbb{Q} \cup \{\infty\}$ を用いて議論を進めることが普通です．これにより，商空間 $\mathrm{SL}_2(\mathbb{Z})\backslash\mathbb{H}^*$ は元のモジュライ空間 $\mathrm{SL}_2(\mathbb{Z})\backslash\mathbb{H}$ の 1 点コンパクト化となり，コンパクト化されたモジュライ空間 $\mathrm{SL}_2(\mathbb{Z})\backslash\mathbb{H}^*$ は j 不変量によりリーマン球 $\mathbb{C} \cup \{\infty\}$ と同型になります．j 不変量のような，$\mathrm{SL}_2(\mathbb{Z})\backslash\mathbb{H}^*$ 上の有理型関数を**楕円モジュラー関数**といいます．実は，$\mathrm{Mer}(\mathrm{SL}_2(\mathbb{Z})\backslash\mathbb{H}^*) = \mathbb{C}(j)$，すなわち楕円モジュラー関数はすべて j 不変量の多項式の比で書けることが知られています．また，②の条件はカスプでの正則性を要請するものであり，幾何学の専門的な用語を用いれば，

楕円モジュラー形式は，コンパクト化されたモジュライ空間上のある直線束の正則な切断をあらわしています．

さて，ここまで，本稿では，古典的な楕円関数論のなかで最も道筋が整備されているワイエルシュトラスの流儀に従って $\wp$ 関数を構成し楕円モジュラー形式に至りましたが，歴史的にはより古い，ヤコビによる楕円関数の構成も，それと同じくらい重要です．そして，そこであらわれるテータ定数[9]も，楕円モジュラー形式になっています．また，楕円モジュラー形式の理論のなかで本稿が触れた部分はほんの僅かであり，楕円曲線に関する虚数乗法論や，保型形式[10]としての数論との深いかかわりなど，いくら学んでも尽きないほどの豊富な話題が存在します．

3. ジーゲル・モジュラー形式

前節で扱った楕円曲線と楕円モジュラー形式についての理論は $\mathbb{C}/\Lambda$ (Λ は $\mathbb{C}$ の格子)のリーマン面としての同型類を出発点にしていましたが，この出発点を(適切に)変えれば，別のモジュライ空間があらわれ，そこには別のモジュラー形式が定義されます．たとえば，種数とよばれる自然数 g を1つ定め，$\mathbb{C}^g/\Lambda$ (Λ は $\mathbb{C}^g$ の格子)の複素多様体としての同型類を考えると，**ジーゲル・モジュラー形式**があらわれます．種数 g の複素上半空間を

$$\mathbb{H}_g := \{Z \in \mathrm{M}_g(\mathbb{C}) \mid {}^t Z = Z, \ \mathrm{Im}\,Z \text{ は正定値}\}$$

種数 g のシンプレクティック群を

$$\mathrm{Sp}_g(\mathbb{Z}) := \left\{ M \in \mathrm{M}_{2g}(\mathbb{Z}) \ \middle| \ {}^t MJM = J := \begin{pmatrix} O_g & E_g \\ -E_g & O_g \end{pmatrix} \right\}$$

---

9) テータ定数は，名前と違って $\mathbb{H}$ 上の正則関数です．(これをテータ関数ということもあります．) また，テータ定数は楕円モジュラー形式ではありますが，本稿よりもう少し一般化された定義(群を $\mathrm{SL}_2(\mathbb{Z})$ に限定せず，その指数有限部分群にし，重さに分数を許すもの)を採用する必要があります．

10) モジュラー形式と保型形式はしばしば混同されますが，幾何的背景を持つ(考える)場合にはモジュラー形式ということが多く，保型形式はそれより広い枠組みに対して使える用語です．

と書くことにすれば，その定義は次のとおりです．

定義●k を整数とする．$F \in \mathrm{Hol}(\mathbb{H}_g)$ が，種数 g 重さ k の**ジーゲル・モジュラー形式**であるとは，F が次の 2 条件を満たすことをいう．

① F は重さ k の**保型性**を持つ．すなわち，任意の $\begin{pmatrix} A & B \\ C & D \end{pmatrix} \in \mathrm{Sp}_g(\mathbb{Z})$ に対して，次の式が成り立つ．
$$F(Z) = \det(CZ+D)^{-k}F((AZ+B)(CZ+D)^{-1})$$

② F はカスプで正則である．

なお，$\mathrm{Sp}_1(\mathbb{Z}) = \mathrm{SL}_2(\mathbb{Z})$ であることから，種数 1 のジーゲル・モジュラー形式は，楕円モジュラー形式とまったく同じものです．また，$g \geqq 2$ のときには，カスプ[11]で正則という条件は常に成り立ちます[12]．

さて，ジーゲル・モジュラー形式も，楕円モジュラー形式と同様に，数論など多くの分野との間に深いかかわりが見つかっており，現代でも盛んに研究が行われています．そのなかには，さまざな種類のモジュラー形式の間に非自明な対応関係があるというタイプの定理や予想がいくつかあり，モジュラー形式（や保型形式）をますます不思議なものにしています．その1つに，**齋藤-黒川予想**というものがあります．これは，大雑把には，重さ $4k-2$ の楕円モジュラー形式から種数 2 重さ $2k$ のジーゲル・モジュラー形式への，ある種の良い性質を持った対応（写像）があるというもので，1970 年代から 1980 年代にかけて予想され，ヤコビ形式を用いて解決されました[13]．

---

11) 正確な定義は省略しますが，ジーゲル・モジュラー形式におけるカスプは点ではないこともあります．

12) $g \geqq 2$ ではカスプの余次元が 2 以上なので，多変数関数論におけるハルトークスの接続定理から示されます．特に保型形式の分野においては，この性質を**ケヒャーの主張**といいます．

13) 齋藤裕，黒川信重によって予想され，マース，アンドリアノフ，アイヒラー，ザギエなどにより証明されました．

4. ヤコビ形式

　種数 2 の複素上半空間の座標を $Z = \begin{pmatrix} \tau & z \\ z & \omega \end{pmatrix} \in \mathbb{H}_2$ と定め，また，$Z^* := \begin{pmatrix} \omega & z \\ z & \tau \end{pmatrix}$ と書くことにします．このとき，重さ k のジーゲル・モジュラー形式 F に対して，その保型性から，$F(Z) = (-1)^k F(Z^*)$ が成り立ちます．さて，重さ k のジーゲル・モジュラー形式 F のフーリエ展開を

$$F(Z) = \sum_{m \in \mathbb{Z}} \varphi_m(\tau, z) \mathbf{e}(m\omega)$$

$$= \sum_{n,l,m \in \mathbb{Z}} a(n, l, m) \mathbf{e}(n\tau + lz + m\omega)$$

と書くことにします[14]．ここで，F はカスプで正則であることから，$m < 0$, $n < 0$, $4nm - l^2 < 0$ のいずれかが成り立てば $a(n, l, m) = 0$ であることが示せます．実は，ここであらわれる φ_m こそが，重さ k 指数 m の**ヤコビ形式**になっているのです．その正確な定義は，次のとおりです．

定義● k, m を整数とする．$\varphi \in \mathrm{Hol}(\mathbb{H} \times \mathbb{C})$ が，重さ k 指数 m の**ヤコビ形式**であるとは，φ が次の 2 条件を満たすことをいう．

① φ は重さ k 指数 m の**保型性**を持つ．すなわち，任意の $\begin{pmatrix} a & b \\ c & d \end{pmatrix} \in \mathrm{SL}_2(\mathbb{Z})$ に対して，

$$\varphi(\tau, z) = (c\tau + d)^{-k} \mathbf{e}\left(\frac{-mcz^2}{c\tau + d} \right) \varphi\left(\frac{a\tau + b}{c\tau + d}, \frac{z}{c\tau + d} \right)$$

が成り立ち，かつ，任意の $s, t \in \mathbb{Z}$ に対して，

$$\varphi(\tau, z) = \mathbf{e}(m(s^2\tau + 2sz)) \varphi(\tau, z + s\tau + t)$$

が成り立つ．

② φ のフーリエ展開

$$\varphi(\tau, z) = \sum_{n,l \in \mathbb{Z}} c(n, l) \mathbf{e}(n\tau + lz)$$

---

14) 特に前者は F の**フーリエ-ヤコビ展開**とよばれています．

において，$n < 0$ または $4nm - l^2 < 0$ ならば $c(n, l) = 0$ である．

　また，この定義における下線部分を単に $n < 0$ としたものが**弱ヤコビ形式**の定義であり，ヤコビ形式は必ず弱ヤコビ形式になります．偏角の原理から，①の条件を満たす φ は，$m < 0$ のときには 0 しかなく，$m = 0$ のときには変数 z に依存しないことがわかります．したがって，特に指数が 0 のときには，「ヤコビ形式」「弱ヤコビ形式」「楕円モジュラー形式」はいずれも同じものです．

　このヤコビ形式の定義にあらわれる保型性は唐突に思えるかもしれませんが，実際には，種数 2 のジーゲル・モジュラー形式の保型性と深く関係しています．というのは，次の命題が成り立つからです．

命題●k を整数とする．また，

$$F(Z) := \sum_{m \in \mathbb{Z}} \varphi_m(\tau, z) \mathbf{e}(m\omega)$$

は $\mathbb{H}_2$ 上で収束して正則関数となる級数であるとする．このとき，次の 2 条件は同値である．

Ⓐ　F は重さ k のジーゲル・モジュラー形式である．
Ⓑ　任意の m に対して φ_m は重さ k 指数 m のヤコビ形式であり，かつ，
　　$F(Z) = (-1)^k F(Z^*)$ である．

　また，ヤコビ形式や弱ヤコビ形式は，楕円モジュラー形式とも深く関係しています．たとえば，重さ k 指数 m の弱ヤコビ形式 $\varphi(\tau, z)$ に対し，$\varphi(\tau, 0)$ は重さ k の楕円モジュラー形式になっています．（E）楕円モジュラー形式，（W）弱ヤコビ形式，（J）ヤコビ形式，（S）種数 2 のジーゲル・モジュラー形式の間の関係をまとめると，次のようになります．

	(E)	(W)	(J)	(S)
領域	$\mathbb{H}$	$\mathbb{H} \times \mathbb{C}$		$\mathbb{H}_2$
変数	1変数	2変数		3変数
群	$SL_2(\mathbb{Z})$	$SL_2(\mathbb{Z}) \ltimes \mathbb{Z}^2$		$Sp_2(\mathbb{Z})$

この表の左方向，すなわちジーゲル・モジュラー形式から楕円モジュラー形式へ向かう方向は，変数を減らす方向なので，フーリエ展開や代入操作などで容易に写像を構成できます．

$$(E) \xleftarrow{\text{$z=0$ を代入}} (W) \supset (J) \xrightarrow{\overset{\text{フーリエ-}}{\text{ヤコビ展開}}} (S)$$

いっぽう，齋藤-黒川予想は，この表の右方向に写像が構成できるというものです．これは変数を増やす方向（保型性が複雑になる）なので，容易ならざる問題です[15]．その解決（齋藤-黒川リフトの構成）は，まさに step by step で，次のようなものでした．

$$(E) \xrightarrow{\text{志村対応}} (E') \xrightarrow{\overset{\text{コーネンの}}{\text{正空間の理論}}} (J) \xrightarrow{\text{マースリフト}} (S)$$

ごく大雑把には，まず，重さ $4k-2$ の楕円モジュラー形式に対して志村対応とコーネンの正空間の理論を用いることにより，ヤコビのテータ関数を利用して重さ $2k$ 指数 1 のヤコビ形式を構成します．次に，それに対してヘッケ作用素の理論を用いて重さ $2k$ 指数 m のヤコビ形式を構成して前述の命題を適用することにより，種数 2 重さ $2k$ のジーゲル・モジュラー形式が得られます．特に後半の部分はマースリフトとよばれ，さまざまな拡張が知られています．

さて，こうしてみると，楕円モジュラー形式と種数 2 のジーゲル・モジュラー形式を中継するものとして，変数の個数がちょうど両者の中間であるヤコビ形式を導入することは，ごく自然な発想のように思えます．しかし，ジ

---

15) 齋藤-黒川予想については，対応する両者の間で重さも変わっており，その点でも容易ではありません．これには志村対応という楕円モジュラー形式の重さを変更する操作が必要になるのですが，この部分は本稿では触れないことにします．

ーゲル・モジュラー形式の導入(1940 年頃)からヤコビ形式の導入(1980 年頃)までには，かなりの間があいています．筆者の想像ではありますが，その理由は，ヤコビ形式が都合のよいモジュライ空間と対応していない(モジュラー形式とはみなしづらい)からではないかと思われます．そのため，ほぼヤコビ形式といってよい，ワイエルシュトラスの $\wp$ 関数や，ヤコビのテータ関数[16]は，19 世紀の時点で既に数学者の研究対象になっていたにもかかわらず，それが「ヤコビ形式」という保型形式の一種として公理的に定義されるまでに，ある程度の時間を要したのではないでしょうか．

また，ヤコビ形式全体のなす集合(次数付き環)は，楕円モジュラー形式やジーゲル・モジュラー形式のときと違って，$\mathbb{C}$ 上有限生成ではありません．弱ヤコビ形式は，これに対処するために導入されたものであり，実際，弱ヤコビ形式全体のなす次数付き環は $\mathbb{C}$ 上有限生成になっています．その生成元は，楕円モジュラー形式全体のなす次数付き環の生成元と，3 つの弱ヤコビ形式 $\varphi_{0,1}, \varphi_{-2,1}, \varphi_{-1,2}$ (添字は重さと指数)です．しかしながら，ヤコビ形式の定義におけるフーリエ係数の条件②は，種数 2 のジーゲル・モジュラー形式でのカスプで正則という幾何学由来の条件に相当するものなので，モジュラー形式との関連で論ずるのであれば，弱ヤコビ形式は必要以上に広い枠組みで，よい結果を出すには条件が甘すぎる恐れがあります．このあたりの事情が，ヤコビ形式の研究を複雑なものにしていると思われます．

とはいえ，齋藤–黒川予想の解決に続き，1985 年にはヤコビ形式についての基礎的な研究をまとめた教科書[5]が出版されたことにより，保型形式に興味を持つ研究者の間では，ヤコビ形式の有用性が徐々に認識されはじめました．なかでも特筆すべき成果は，1992 年のボーチャーズによるムーンシャイン予想の解決[17]です．巨大な有限単純群と，j 不変量のフーリエ展開の係数という，まったく異なる 2 つの数学的対象の間に関連性があるらしいというこの予想は，無限次元リー代数などをもちいて鮮やかに説明されるのです

---

16) テータ関数は，本稿よりもう少し一般化された定義(群を小さくし重さや指数に分数を許すもの)を採用すればヤコビ形式になります．

17) 1998 年フィールズ賞．

が，その理論の一部でヤコビ形式がたいへん巧妙に利用されており，**ボーチャーズ無限積**という保型形式の構成法が新たに見つかりました．そして現在では，「モジュラー形式など他の何かを研究するときに便利な道具」という意味合いが大きいようには思いますが，多方面からヤコビ形式の研究が進んでいます．たとえば，ボーチャーズ無限積の理論は，その後，さまざまな保型形式の構成や，K3曲面のモジュライの理論などに応用され，最近では数理物理学でも使われているようです．

5. ヤコビとヤコビ形式

さて，これで，本稿冒頭で述べた「ヤコビ形式の紹介を兼ねて，古典的な楕円関数論から現代数学に繋がる道筋の1つを，駆け足でたどってみる」という作業がひととおり完了しました．しかしながら，これで終わったのでは，ヤコビ形式という割には大数学者ヤコビの影が薄すぎる，イチゴがのっていないショートケーキのような論説になってしまいます．最後に，ヤコビに代表される19世紀の数学者達による楕円関数論が，ヤコビ形式の理論にあと一歩のところまで迫っていた様子を見ておきましょう．

以下では，$q^n := \mathbf{e}(n\tau)$ および $\zeta^n := \mathbf{e}(nz)$ と略記することにします．ヤコビが1829年に示した，**ヤコビの三重積公式**とよばれる等式

$$\prod_{n=1}^{\infty} (1-q^n)(1+q^{n-\frac{1}{2}}\zeta)(1+q^{n-\frac{1}{2}}\zeta^{-1}) = \sum_{n\in\mathbb{Z}} q^{\frac{1}{2}n^2}\zeta^n$$

は，数論への応用も知られているたいへん重要なもので，その両辺は，楕円関数論にあらわれる**ヤコビのテータ関数** $\theta(\tau, z)$ です．これより得られる式[18]

$$q^{\frac{1}{24}}\prod_{n=1}^{\infty}(1-q^n) = \sum_{n\in\mathbb{Z}}(-1)^n q^{\frac{1}{24}(6n-1)^2}$$

---

18) この式は，オイラーが1741年に発見し10年近くかけて証明した**オイラーの五角数定理**と同値な式（五角数定理は $q^{\frac{1}{24}}$ がない形）であり，三重積公式からは，$q \leftarrow q^3$，$\zeta \leftarrow -q^{\frac{1}{2}}$ とおけば得られます．

の両辺は，**デデキントのエータ関数** $\eta(\tau)$ とよばれるものであり，$\varDelta(\tau) = (2\pi)^{12}\eta(\tau)^{24}$ が成り立ちます．実は，これらの関数やワイエルシュトラスの $\wp$ 関数と，弱ヤコビ形式の生成元たちとの間には，

$$\theta_{11}(\tau, z) := \sqrt{-1}\,q^{\frac{1}{8}}\zeta^{\frac{1}{2}}\theta\left(\tau, z + \frac{\tau+1}{2}\right)$$

とおけば，（定数倍の違いを除いて）

$$\varphi_{-1,2}(\tau, z) = \theta_{11}(\tau, 2z) \times \eta(\tau)^{-3},$$

$$\varphi_{-2,1}(\tau, z) = \theta_{11}(\tau, z)^2 \times \eta(\tau)^{-6},$$

$$\varphi_{0,1}(\tau, z) = \wp(\tau, z) \times \varphi_{-2,1}(\tau, z)$$

という関係があったのです．

　本稿の執筆にあたり，下記文献を参考にさせていただくとともに，同僚の教員のみなさまから有用なコメントをいただきました．ここに深く感謝申し上げます．

参考文献

［1］梅村浩，『楕円関数論 —— 楕円曲線の解析学［増補新装版］』，東京大学出版会，2020.

［2］伊吹山知義，『保型形式特論』，共立出版，2018.

［3］志賀弘典，『保型関数 —— 古典理論とその現代的応用』，共立出版，2017.

［4］三宅克哉，『楕円関数概観 —— 楕円積分から虚数乗法まで』，共立出版，2015.

［5］M. Eichler, D. Zagier, *The theory of Jacobi forms*, Birkhäuser, 1985.

アーベル函数論の紹介

大西良博 [名城大学理工学部]

●代数函数 vs. 代数曲線（変数の座標について）

三角函数から楕円函数に向ふ一般化の方向の延長線上にある理論がアーベル（Abel）函数論である．三角函数が円 $x^2+y^2=1$ 上の函数である（$x=\cos u$, $y=\sin u$ がこの式を満たす）やうに楕円函数は楕円曲線上の函数である．つまり $x=\wp(u)$, $y=\dfrac{1}{2}\wp'(u)$ が次式を満たす：

$$y^2 = x^3 - \frac{1}{4}g_2 x - \frac{1}{4}g_3, \qquad \wp'(u)^2 = 4\wp(u)^3 - g_2\wp(u) - g_3. \tag{1}$$

ここで g_2, g_3 は定数で古典的な記法であり，右辺の判別式は 0 でない．このことを一般にするには，代数曲線上の函数を考へるべきであるが，その際，変数 u の座標空間をどう設定するのか，が重要である．そこに"函数"と"曲線"の理論の立ち位置の違ひが現れる．この問題に関する良い筋は，楕円函数が生まれたときのやうに，積分の逆函数を考へること（後述）である．

●指数函数の役割をするのが一般 σ 函数

そのために，与へられた代数曲線 C（厳密には，楕円曲線に単位元 O が指定されてゐるやうに，基点つきの代数曲線）上の函数を扱ふよりも C のヤコビ（Jacobi）多様体と呼ばれるもの（後述）の上の函数を考へるのがよい．さらに，三角函数を考へるときに，指数函数 $u \mapsto \exp u$ を基軸に考へるのが便利であるのと同様に，楕円函数を考へるときはワイエルストラス（Weierstrass）の σ 函数 $\sigma(u)$ を基礎に据えると都合がよい．ここでは，

	三角函数	楕円函数	アーベル函数
"親函数"	e^u	$\sigma(u)$	$\sigma(u)$（多変数）
"子函数"	$\sin(u),$ $\cos(u),$ $\vdots$	$\wp(u),$ $\wp'(u),$ $\vdots$	$\wp_{ij}(u),$ $\wp_{ijk}(u),$ $\vdots$

$$\wp(u) = -\frac{d^2}{du^2} \log \sigma(u) \tag{2}$$

なる式を通して，$\sigma(u)$ を基軸に理論展開するのが便利であるとだけ述べておく．同様に，一般の代数曲線にも一般 σ 函数と呼ばれる多変数整型函数（$\sigma(u)$ と記される）が存在し，それを基本に理論を組み立てる方がすつきりする．アーベル函数とは，ヤコビ多様体 J 上の函数のことである．以下で述べる記法を先取りすると上の表のやうになる．

右下の欄に並べた函数の添字はあとで説明するが，変数の番号を示す．

ヤコビ多様体 J は，射影空間内の多様体であつて，演算が座標の有理式で書けるやうな群の構造を有し，さらにもとの曲線 C を部分多様体として含む．（C が楕円曲線の場合は自身と同一視される．） 譬へるなら，J は，代数曲線 C に完璧に誂へられた着心地のよい衣服のやうなものである．アーベル函数の定義域を J の部分 C に制限することで，目的の楕円函数の拡張が成功する（と筆者は理解してゐる）．

●以下の流れ

以下，次の5部分に分けて述べる．

1. 三角函数と楕円函数を少しだけ復習．
2. 特別な代数曲線（種数2の超楕円曲線）についての詳しい定義．
3. 楕円函数の加法公式の（2種類の）一般化．
4. ベルヌーイ（Bernoulli）数，ベルヌーイ–フルヴィッツ（Hurwitz）数のアーベル函数版．
5. σ 函数を特徴づける微分方程式系．

1. 三角函数，楕円函数

2 次曲線 $y^2 = x^2+ax+b$ 上の積分

$$u = \int_\infty^{(x,y)} \frac{dx}{2y}$$

の逆函数 $x = x(u),\ y = y(u)$ は本質的に $\cos(u), \sin(u)$ を使つた簡単な式で表される．同様に楕円曲線 $C: y^2 = x^3+ax^2+bx+c$ 上の積分

$$u = \int_\infty^{(x,y)} \frac{dx}{2y}$$

の逆函数 $x = x(u),\ y = y(u)$ は本質的にはワイエルストラスの楕円函数 $\wp(u), \frac{1}{2}\wp'(u)$ に他ならない． $y^2 = \text{``$x$ の 4 次式''}$ の場合は（精密なことを無視すると）本質的には上の場合に帰着される．

2. 特別な場合に限つての詳しい定義など

以下は代数曲線上の積分（対応するリーマン（Riemann）面上の線積分）を理解してゐることを仮定する．細かな式も書くが，過度に気にしないで読んでいただきたい．まづ，代数曲線 C（種数 2）を

$$C: y^2 = x^5+a_2x^4+a_4x^3+a_6x^2+a_8x+a_{10} \tag{3}$$

で定義する．番号のつけ方はある種の「重さ」に配慮してゐる．右辺の x の多項式 $(= 0)$ は重解を持たないとし，C には無限遠の 1 点（∞ と記す）が添加されてゐるものとする．このとき，任意の $\mathrm{P} \in C$ について，任意の経路での線積分

$$\int_\infty^{\mathrm{P}} \frac{dx}{2y}, \qquad \int_\infty^{\mathrm{P}} \frac{x\,dx}{2y} \tag{4}$$

は有限値を持つ．逆にそのやうな積分はこの二つの（定数係数の）1 次結合になつてゐる．コーシー（Cauchy）の定理により，C 上の閉曲線に関する積分の全体は $\mathbb{C}^2$ の格子をなす．それを

$$\Lambda = \left\{ \oint \left(\frac{dx}{2y}, \frac{x\,dx}{2y} \right) \right\} \qquad \text{（閉曲線に沿ふ積分の全体）}$$

と記す．$\mathbb{C}^2$ の 2 点の差が Λ に属するときそれらを同値とみなしてできる多様体 $\mathbb{C}^2/\Lambda$ は代数多様体となるが，これが C のヤコビ多様体 J である．いま，$\mathrm{Sym}^2 C = \{((x_1, y_1), (x_2, y_2)) \mid (x_i, y_i) \in C\}$（ただし，2 点の順序は無視する）とおくとき，写像

$$\iota: \mathrm{Sym}^2 C \longrightarrow \mathbb{C}^2/\Lambda\ (= J), \qquad (\mathrm{P}, \mathrm{Q}) \longmapsto \left(\int_\infty^\mathrm{P} + \int_\infty^\mathrm{Q}\right)\left(\frac{dx}{2y}, \frac{x\,dx}{2y}\right) \bmod \Lambda$$

は集合 $\{((x, y), (x, -y)) \mid (x, y) \in C\}$ が右辺 J の原点に写り，それ以外では全単射である．このうち単射性の部分はアーベルの定理と呼ばれる．ゆゑに，多様体 $\mathbb{C}^2/\Lambda$ は，$\mathrm{Sym}^2 C$ の中の閉集合 $\{((x, y), (x, -y)) \mid (x, y) \in C\}$ の部分をブローダウン(blow down)したものになつてゐる（ブローダウンした点自体は非特異点である）．このことから $\mathbb{C}^2/\Lambda$ が代数多様体であることがわかる．さて，上に登場した空間 $\mathbb{C}^2$ の第 1，第 2 座標を (u_3, u_1) と書く．この添字は，積分(4)のそれぞれの「重さ」にちなんでゐるとだけ述べておく．任意の $(u_3, u_1) \in \mathbb{C}^2$ に対し，$((x_1, y_1), (x_2, y_2)) \in \mathrm{Sym}^2 C$ と C 上の二つの積分経路 $\infty \to (x_1, y_1)$，$\infty \to (x_2, y_2)$ が存在して

$$u_3 = \int_\infty^{(x_1, y_1)} \frac{dx}{2y} + \int_\infty^{(x_2, y_2)} \frac{dx}{2y}, \qquad u_1 = \int_\infty^{(x_1, y_1)} \frac{x\,dx}{2y} + \int_\infty^{(x_2, y_2)} \frac{x\,dx}{2y} \tag{5}$$

となる．この事実（ある種の全射性）はヤコビの定理と呼ばれる．いま C を組 $\{(\mathrm{P}, \infty) \mid \mathrm{P} \in C\} \subset \mathrm{Sym}^2 C$ と同一視して，同じ記号 ι により，C の J への埋め込みを表す：

$$\iota: C \ni \mathrm{P} \longmapsto \int_\infty^\mathrm{P} \left(\frac{dx}{2y}, \frac{x\,dx}{2y}\right) \bmod \Lambda.$$

また，Λ を法とした自然な写像 $\kappa: \mathbb{C}^2 \longrightarrow \mathbb{C}^2/\Lambda$ も用意しておく．以下では Λ を含む 1 次元多様体 $\kappa^{-1}\iota(C)\ (\subset \mathbb{C}^2)$ が重要になる．

さて，この段階で σ 函数を構成したいのであるが，それには非常に手間が掛かるため本稿では一切を省略する．ここでは，楕円函数論の $\sigma(u)$ が

$$\sigma(u) = u - \frac{g_2}{2}\frac{u^5}{5!} - \frac{g_3}{6}\frac{u^7}{7!} + \cdots \in \mathbb{Q}[g_2, g_3][[u]]$$

のやうに冪級数に展開され，ちやうど周期格子点のみに 1 位の零点を持つやうな整函数であるのと同様に，種数 2 の曲線 C には（(5)の記号を使つた）2

変数の函数 $\sigma(u) = \sigma(u_3, u_1)$ で，原点の周りで

$$\sigma(u_3, u_1) = u_3 - 2\frac{{u_1}^3}{3!} - (8a_2 + 2{a_1}^2)\frac{{u_1}^5}{5!} + \cdots \in \mathbb{Q}[\{a_j\}][[u_3, u_1]]$$

のやうに展開され，$\kappa^{-1}\iota(C)$ でちやうど 1 位の零点を持つ $\mathbb{C}^2$ 上の整型函数で，$\ell \in \Lambda$ に対して

$$\sigma(u+\ell) = \chi(\ell)\sigma(u)\exp L\left(u + \frac{1}{2}\ell, \ell\right) \tag{6}$$

なる概周期性を持つものがただ一つ存在し，それを C に付随する σ 函数と呼ぶ，と心得ていただきたい．ここで，もちろん，係数の a_j は C の定義方程式 (3) のそれであり，楕円函数の場合 (1) の g_2, g_3 に相当する．また，$\chi(\ell)$ は $\{1, -1\}$ に値をとる Λ 上のある函数であり，$L\left(u + \frac{1}{2}\ell, \ell\right)$ については，定義を省くが，u_3 と u_1 の 1 次式であることが重要である．ともかくも $\sigma(u)$ が得られれば，

$$\wp_{ij}(u) = -\frac{\partial^2}{\partial u_i \partial u_j}\log\sigma(u_3, u_1), \qquad \wp_{ijk}(u) = \frac{\partial}{\partial u_k}\wp_{ij}(u)$$

等で定義される函数は，(6) から，Λ を周期加群に持つ周期函数であることがわかる（$\log\chi(\ell)$ や $L\left(u + \frac{1}{2}\ell, \ell\right)$ の 2 次偏導函数は消えるから）．これらは特に重要なアーベル函数であり，(5) の関係式の下では

$$\wp_{11}(u) = x_1 x_2, \qquad \wp_{31}(u) = -(x_1 + x_2),$$

$$\wp_{33}(u) = (\text{やや複雑なので省略}),$$

$$\wp_{111}(u) = -\frac{y_2 - y_1}{x_2 - x_1}, \qquad \wp_{113}(u) = \frac{2x_2 y_1 - x_1 y_2}{x_2 - x_1}, \qquad \cdots$$

などの簡単な式で表示される．いま，与へられた u からこれらの函数値が計算できることを前提とするとき，その値から，もとの x_1, y_1, x_2, y_2 がわかるから，いはゆるヤコビの逆問題の美麗な解が得られたことになる．

●超楕円函数 $x(u), y(u)$ の定義

各 $(u_3, u_1) \in \kappa^{-1}\iota(C) - \Lambda$（差集合）に対して

$$u_3 = \int_\infty^{\mathrm{P}} \frac{dx}{2y}, \qquad u_1 = \int_\infty^{\mathrm{P}} \frac{x\,dx}{2y}$$

なる $P \in C$ が一意的に定まる．このやうな P の座標を $(x(u), y(u))$ と書く．これらは $u = \ell = (\ell_3, \ell_1) \in \Lambda$ の近傍では u_1 の函数と見ることができて，$u_1 = \ell_1$ で $x(u)$ は 2 位の極，$y(u)$ は 5 位の極を持つ．以上から

$$(\mathbb{C}^2 \supset) \ \kappa^{-1}\iota(C) \longrightarrow \mathbb{C} \cup \{\infty\}, \qquad u = (u_3, u_1) \longmapsto x(u), y(u)$$

なる函数が得られた．これら（とこれらの有理式）に C の <u>超楕円函数</u> なる呼称を与へることを著者は提言したい．この立場から見るとき，

☆　楕円函数 $\wp(u)$ や $\wp'(u)$ は
　(a) $x(u)$ や $y(u)$ の楕円函数版とも考へられるし，
　(b) $\wp_{ij}(u), \wp_{ijk}(u)$ の楕円函数版とも考へられる．

ちなみに，自然な極限操作 $(x_2, y_2) \to \infty$ を取り入れることで，

$$x(u) = -\frac{\wp_{31}(u)}{\wp_{11}(u)} \qquad (u \in \kappa^{-1}\iota(C))$$

となつてゐる．

3. 加法定理

フロベニウス–スティッケルベルガー（Frobenius–Stickelberger）の公式と呼ばれる，楕円函数についての等式

$$1! 2! \cdots (n-1)! \cdot (-1)^{(n-1)(n-2)/2} \cdot \frac{\sigma(u^{(1)} + \cdots + u^{(n)}) \prod_{i<j} \sigma(u^{(i)} - u^{(j)})}{\sigma_1(u^{(1)})^n \cdots \sigma_1(u^{(n)})^n}$$

$$= \begin{vmatrix} 1 & \wp(u^{(1)}) & \wp'(u^{(1)}) & \wp''(u^{(1)}) & \cdots & \wp^{(n-2)}(u^{(1)}) \\ 1 & \wp(u^{(2)}) & \wp'(u^{(2)}) & \wp''(u^{(2)}) & \cdots & \wp^{(n-2)}(u^{(2)}) \\ \vdots & \vdots & \vdots & \vdots & \ddots & \vdots \\ 1 & \wp(u^{(n)}) & \wp'(u^{(n)}) & \wp''(u^{(n)}) & \cdots & \wp^{(n-2)}(u^{(n)}) \end{vmatrix}$$

は，上記の☆に基いて，少なくとも 2 種類の拡張が考へられる．（a）の立場だと，C のアーベル函数論における $n = 2$ の場合の一般化は次のやうになる：

$$-\frac{\sigma(u+v)\sigma(u-v)}{\sigma(u)^2 \sigma(v)^2} = \wp_{33}(u) - \wp_{33}(v) + \wp_{13}(u)\wp_{11}(v) - \wp_{13}(v)\wp_{11}(u) \quad (7)$$

が $u, v \in \mathbb{C}^2$ に対して成り立つ．これに対し，(b)の立場だと $n\,(\geqq 2)$ 個の変数 $u^{(1)} = (u_3{}^{(1)}, u_1{}^{(1)}), \cdots, u^{(n)} = (u_3{}^{(n)}, u_1{}^{(n)}) \in \kappa^{-1}\iota(C)$ について次の等式が成り立つ：

$$
\pm \frac{\sigma(u^{(1)} + \cdots + u^{(n)}) \prod_{i<j} \sigma(u^{(i)} - u^{(j)})}{\sigma_1(u^{(1)})^n \cdots \sigma_1(u^{(n)})^n}
$$

$$
= \begin{vmatrix}
1 & x(u^{(1)}) & x^2(u^{(1)}) & y(u^{(1)}) & x^3(u^{(1)}) & xy(u^{(1)}) & x^4(u^{(1)}) & \cdots \\
1 & x(u^{(2)}) & x^2(u^{(2)}) & y(u^{(2)}) & x^3(u^{(2)}) & xy(u^{(2)}) & x^4(u^{(2)}) & \cdots \\
\vdots & \vdots & \vdots & \vdots & \vdots & \vdots & \vdots & \ddots \\
1 & x(u^{(n)}) & x^2(u^{(n)}) & y(u^{(n)}) & x^3(u^{(n)}) & xy(u^{(n)}) & x^4(u^{(n)}) & \cdots
\end{vmatrix}.
$$

(8)

ここで，右辺は，左から n 列までで打ち切つた行列の行列式を意味し，その成分には $x(u)$ と $y(u)$ の単項式が $(u_3, u_1) = (0, 0)$ における極の位数が小さい順に並んでゐる．また

$$
\sigma_1(u) = \sigma_1(u_3, u_1) = \frac{\partial}{\partial u_1} \sigma(u_3, u_1)
$$

である．符号 $\pm$ は煩雑なので説明を省く．また(7)の変数を三つ以上にした式も知られてゐる．

さらに(8)において n 個の変数を同一の値 u に近付けた極限として，

$$
\phi_n(u) = \frac{\sigma(nu)}{\sigma_1(u)^{n^2}}
$$

なる函数の $x(u)$ と $y(u)$ による多項式表示が得られる．これは，楕円函数における $\wp(nu)$ を $\wp(u)$ と $\wp'(u)$ の有理式で表示したときの分母(多項式の平方になる)の平方根の一般化であり，楕円函数の場合はこれの根がちやうど n 等分点を与へる．今の場合は，幾何的には J の n 倍に関する $\iota(C)$ の引き戻しと $\iota(C)$ の交叉サイクル(intersection cycle)上の点を解として与へる．この多項式の係数が $a_0, \cdots, a_{10}$ の整数係数多項式であることは重要である．C の定義方程式が $y^2 = x^5 - 1$ のときの例を挙げると

$$
\phi_2(u) = 2y(u), \quad \phi_3(u) = 8y^3(u), \quad \phi_4(u) = 240 x^2 y (x^5 + 4)^2 (u),
$$

$$
\phi_5(u) = 11520 xy (x^5 - 1)(x^5 + 4)(x^{10} + 108 x^5 + 16)(u), \quad \cdots.
$$

$\phi_n(u)$ は，曲線上にある J の等分点(ねじれ点)を計算するのに役に立つ．

4. ベルヌーイ–フルヴィッツ数の一般化

与へられた非負整数 g に対し，代数曲線

$$C \colon y^2 = x^{2g+1} - 1$$

を考へる．これを C と呼ぶことにする．以下では $g = 0, 1, 2$ についてのみ考察する．これは自然に，無限遠に 1 点 ∞ を持つ非特異代数曲線であると考へられる．いま C 上の至るところで有限値を取る次の積分を考へる：

$$u = \int_\infty^{(x,y)} \frac{x^{g-1} dx}{2y}. \tag{9}$$

u は ∞ での局所径数(local parameter)を与へるので，$u = 0$ の近傍で，これの逆函数 $u \mapsto (x, y)$ が存在する．

C が楕円曲線 $(g = 1)$ のときは，この函数 $u \mapsto (x, y)$ を大域に自然に解析接続でき，その x 座標が楕円函数 $\wp(u)$ になる．これは先に述べた $x(u)$ に他ならない：$x(u) = \wp(u)$．しかるに $g = 2$ ではこれの解析接続は先の $\kappa^{-1}\iota(C)$ を形成する．しかし，古典的には(ヤコビ流に) $g = 2$ 個の積分の組

$$u_3 = \int_\infty^{(x,y)} \frac{dx}{2y}, \qquad u_1 = \int_\infty^{(x,y)} \frac{x\,dx}{2y}$$

を考へ，さらに右辺も $2(=g)$ 個の点 $(x_1, y_1), (x_2, y_2)$ までの積分の和に置きかへて，2 変数函数として扱ふべきものである．

一方，曲線 C に関する上記積分(9)で $g = 0$ の場合の $u \mapsto x$ は函数 $u \mapsto 1/\sin^2(u)$ であり，数論において，その重要性からして最高のもののひとつであるベルヌーイ数 B_{2n} は，これの $u = 0$ におけるローラン(Laurent)展開の係数に他ならない：

$$\frac{1}{\sin^2(u)} = \frac{1}{u^2} + \sum_{n=1}^\infty \frac{(-1)^{n-1} 2^{2n} B_{2n}}{2n} \frac{u^{2n-2}}{(2n-2)!}.$$

このベルヌーイ数 B_{2n} の分母の構造を決定するのが，次のクラウゼン–フォン・シュタウト(Clausen-von Staudt)の(強)定理である：

$$\frac{(-1)^{n-1} 2^{2n} B_{2n}}{2n} \equiv - \sum_{\substack{p \colon 奇素数 \\ 2n = a(p-1)}} \frac{a|_p^{-1} \bmod p^{1+\mathrm{ord}_p a}}{p^{1+\mathrm{ord}_p a}} \quad \bmod \mathbb{Z}.$$

ここで，$\mathrm{ord}_p a$ は a を割る p の冪指数，$a|_p$ は p と素な a の最大の約数で，

$a|_p^{-1} \bmod p^{1+\mathrm{ord}_p a}$ は法 $p^{1+\mathrm{ord}_p a}$ でその逆数を与へる整数のことである．また，左辺を B_{2n} にしないで，上の展開の係数にとつてあるのは，以降で述べる超楕円函数へのベルヌーイ数の一般化(10)との比較をしやすくするためである．ちなみに(10)の A_p に相等するものがここでは 1 になつてゐる．一つだけ，計算例を挙げる．

$$\frac{(-1)^{19} 2^{40} B_{40}}{40} = \frac{2^{36} \cdot 137616929 \cdot 1897170067619}{3 \cdot 5^2 \cdot 11 \cdot 41}.$$

$(p-1) \mid 40$ なる奇素数 p は $3, 5, 11, 41$ の四つで，

$$\frac{(-1)^{19} 2^{40} B_{40}}{40} = -\frac{2}{3} - \frac{13}{5^2} - \frac{3}{11} - \frac{1}{41} + 5304203340691314808984 86893.$$

$g = 1$ の場合も同様に，フルヴィッツ数と呼ばれるやはり重要な数 $E_{6n} \in \mathbb{Q}$ が

$$x(u) = \wp(u) = \frac{1}{u^2} + \sum_{n=1}^{\infty} \frac{E_{6n}}{6n} \frac{u^{6n-2}}{(6n-2)!}$$

で与へられる．この数列 $\{E_{6n}\}$ についてもベルヌーイ数に関する最重要の定理群，つまりクラウゼン–フォン・シュタウト型の定理，クンマー型の合同式が完全な形で得られるが省略する．

　さて，上記ヤコビ流の多変数函数論的な考へに拘泥する限りにおいては，どうやつてベルヌーイ数，ベルヌーイ–フルヴィッツ数を $g = 2$ の場合に拡張したらよいかは皆目見当がつかない．しかし素直に(9)に即して考へれば，すべてがうまくいく．そのことに永く誰も気付いてゐなかつたことは不思議である．ともかく，

$$u_1 = \int_{\infty}^{(x,y)} \frac{x\,dx}{2y} = \int_{\infty}^{(x,y)} \frac{x\,dx}{2\sqrt{x^5-1}}$$

の逆函数の u_1（簡単のため u_1 を u と書く）による冪級数展開

$$x(u) = \frac{1}{u^2} + \sum_{n=1}^{\infty} \frac{C_{10n}}{10n} \frac{u^{10n-2}}{(10n-2)!}$$

によつて $C_{10n} \in \mathbb{Q}$ を定義すると，数列 $\{C_{10n}\}$ についても $\{B_{2n}\}$ と同様に，最重要の定理群が以下に述べるやうに，まつたく自然な形で成立する．

●クラウゼン–フォン・シュタウト型の定理

新しい数 C_{10n} についてのクラウゼン–フォン・シュタウト型の定理（強定理）は以下の通り：

$$\frac{C_{10n}}{10n} \equiv - \sum_{\substack{p \equiv 1 \bmod 10 \\ 10n = a(p-1)}} \frac{a|_p^{-1} \bmod p^{1+\mathrm{ord}_p a}}{p^{1+\mathrm{ord}_p a}} A_p{}^a \quad \bmod \mathbb{Z}. \tag{10}$$

ただし，p は総和記号の下に記したやうな素数を走り，

$$A_p = (-1)^{(p-1)/10} \cdot \binom{\dfrac{p-1}{2}}{\dfrac{p-1}{10}} \quad (2\,\text{項係数}).$$

●クンマー（Kummer）型の合同式

一方，ベルヌーイ数の類ひの分子の構造は難しいが，クンマー型の合同式と称される重要な性質が知られてゐる．$\{B_{2n}\}$ に関するクンマーの合同式については書かないで，$\{C_{10n}\}$ についてのみ書いておく．p を $p \equiv 1 \bmod 10$ なる素数，自然数 a と n は $10n-2 \geq a$，$(p-1) \nmid 10n$ を満たすとすると，

$$\sum_{j=0}^{a} \binom{a}{j} (-A_p)^{a-j} \frac{C_{10n+(p-1)j}}{10n+(p-1)j} \equiv 0 \quad \bmod p^a$$

が成り立つ．これは B_{2n} に対するクンマーの合同式の完全な一般化になつてゐる．しかるに，$2m \equiv 2n \bmod p^{a-1}(p-1)$，$(p-1) \nmid 2m$ のとき（a が $2m$ や $2n$ より大きくても）成り立つ合同式

$$(1-p^{m-1})\frac{B_{2m}}{2m} \equiv (1-p^{n-1})\frac{B_{2n}}{2n} \quad \bmod p^a$$

や，$p \equiv 1 \bmod 3$ なる素数 p について，$6m \equiv 6n \bmod p^{a-1}(p-1)$，$(p-1) \nmid 6m$ のときに成り立つ合同式

$$A_p^{\frac{6(m-n)}{p-1}} (1 - \overline{P}^{-1} P^{m-1}) \frac{E_{6m}}{6m} \equiv (1 - \overline{P}^{-1} P^{n-1}) \frac{E_{6n}}{6n} \quad \bmod P^a$$

$$\left(A_p = (-1)^{\frac{p-1}{6}} \binom{\dfrac{p-1}{2}}{\dfrac{p-1}{6}} \right)$$

（ここに P は，素数 $p \equiv 1 \mod 3$ の $\mathbb{Z}\left[\dfrac{-1+\sqrt{3}}{2}\right]$ における素因子）は，p 進 L 函数の存在を保証する重要なものである．残念ながら，これらの合同式が $\{C_{10n}\}$ に対してどうなるのかはまつたく知られてゐない．

アーベル函数に関連した結果をいくつか述べてきたが，ここで思ひ浮ぶのは，ヘッケ（Hecke）がアーベル函数を使つて行つた $\mathbb{Q}$ 上の非ガロワ（Galois）な 4 次拡大体に関する虚数乗法論についての仕事である．これについて，志村五郎・谷山豊の著作『近代的整数論』の 5 頁に「この Hecke の研究は "重要な美しい理論" として敬遠され，…」と触れられてゐる．上で述べた，アーベル函数に関する諸定理はどれも美しいと思ふが，現時点では，数論的に顕著な応用がない．

5. σ 函数を特徴づける微分方程式系

先に述べた σ 函数（$\sigma(u)$ や $\sigma(u_3, u_1)$ など）の特徴づけについて，極めて表面的になるが，ワイエルストラスの仕事[3]を紹介し，それのアーベル函数への拡張について述べる．ワイエルストラスは解析学の基礎付けで有名であるが，実は，何よりもアーベル函数の専門家であることに留意して欲しい．冒頭に述べたやうに，函数 $\sigma(u)$ と $\wp$ 函数は(2)によつて結びついてゐて，$\wp$ 函数は微分方程式(1)を満たす．ワイエルストラスは(1)を $\sigma(u)$ の満たす微分方程式と見做して，初等的な求積法の技術を駆使して(1)を $\sigma(u)$ の線形偏微分方程式に変形するといふ離れ業を成し遂げ，論文[3]を出版してゐる．この論文で使はれた手筋は偏微分の基本的なことさへ理解してゐれば追跡できる[1]．重要な点は y_2, y_3 を動かして考察することである．ワイエルストラスの得た最終の方程式を引用する：

---

1 ）筆者の web page に[3]の解説がある．

$$\left(4g_2\frac{\partial}{\partial g_2}+6g_3\frac{\partial}{\partial g_3}-u\frac{\partial}{\partial u}+1\right)\sigma(u)=0,$$

$$\left(6g_3\frac{\partial}{\partial g_2}-\frac{1}{3}g_2^2\frac{\partial}{\partial g_3}-\frac{1}{2}\frac{\partial^2}{\partial u^2}+\frac{1}{24}g_2u^2\right)\sigma(u)=0. \tag{11}$$

今, $\sigma(u)$ が u の $\mathbb{Q}[g_2,g_3]$ 係数の整級数に展開できることを既知とすると，この二つの式から，その展開係数の漸化式が得られて，それを解いて $\sigma(u)$ の展開がわかる．特に，この二つの微分方程式は $\sigma(u)$ を絶対定数倍を除いて特徴づけることがわかる．微分方程式(11)は θ 函数の満たす熱(伝導)方程式の焼き直しとも見做せるので，(11)も "熱方程式" と呼ばれることがある．さて，種数が2以上の場合にも多変数 σ 函数の同様な特徴づけが可能であらうか．これに関してブックスタバー(Buchstaber)とレイキン(Leykin)の先駆的な論文[1]がある．これは，[3]を別の観点から分析し，同年に出版された論文[2]を深く理解したが故に得られたものであらうと，筆者は推測してゐる．ちなみにレイキンはウクライナ・キーウ(Kiev)在住の数学者で，天才的な才能が感じられる．最近，筆者も含めた研究者達によつて，この非常に読み辛い論文[1]の提示する理論を理解しやうとする試みがなされ，かなり整理されてきた．これを種数2の場合を中心にして，簡単に述べてみる．

先に $\wp$ 函数に応じて(1)を用意したのと同様に，(3)の曲線を用意するのであるが，(1)で x^2 の項を省くのと同じ理由で x^4 の項を省いてよく，

$$y^2=x^5+\mu_4x^3+\mu_6x^2+\mu_8x+\mu_{10}$$

で定義される射影曲線を考察する．係数 μ_j が(1)の係数 g_2, g_3 に対応する．ただし，以下では μ_j を動かして，この形の式で定義された代数曲線の族 $\mathscr{C}$ を考察する．また $\mathbb{Q}[\mu_4,\mu_6,\mu_8,\mu_{10}]$ を $\mathbb{Q}[\mu]$ と略記する．この状況の下で，$\mathscr{C}$ の，環 $\mathbb{Q}[\mu]$ 上の1次元ド・ラーム コホモロジー(de Rham cohomology)と呼ぶべきものが存在する．これを $H^1_{\mathrm{dR}}(\mathscr{C}/\mathbb{Q}[\mu])$ と記す．これは $\mathbb{Q}[\mu]$ 加群であるだけでなく，シンプレクティック(symplectic)内積を有し，さらに(大雑把に言つて) μ に関する微分加群の構造も有する．これらの構造からガウス-マニン(Gauss-Manin)接続の理論といふものを利用して，上記の微分方程式(11)に相当する，$\mathscr{C}$ の σ 函数が満たす微分方程式系(四つの方程式からなる)が得られる．これらも $\sigma(u_3,u_1)$ の変数 u_1, u_3 に関して全次数2次で，μ_j に関

して全次数1次の線形偏微分方程式系である.

　以上の理論の細部はさておき, ここで理解していただきたいのは, ワイエルストラスの極めて技巧的な計算が[1]を通して初めて, 本格的な風格のある美しい体系的枠組みで理解された, といふことである. [1]には, 種数の高い場合にも, この微分方程式系が多変数 σ 函数を特徴づけることが示唆されてゐるのであるが, 筆者には, それは一般には非自明であるやうに思はれる.

　実際に σ 函数が, 得られた方程式系の解の一つであることは, 計算は長いがともかくやり抜けば確かめられる. しかし, それ($\sigma(u_1, u_3)$ の絶対定数倍)以外に解がないこと(解空間の1次元性)を示すことは, 一般にはできてゐない. とはいふものの, 筆者の周辺で研究は進展中である. ガウス–マニン接続の理論の応用は多々なされてゐると思ふが, この理論は, それが非常に美しくうまく機能した好例だと感じる.

参考文献

[1] BUCHSTABER, V. M. AND LEYKIN, D. V.: Solution of the problem of differentiation of Abelian functions over parameters for families of (n, s)-curves. *Functional Analysis and Its Applications*, 42 (2008), 268–278.

[2] FROBENIUS, G. F. AND STICKELBERGER, L. Ueber die Differentiation der elliptischen Functionen nach den Perioden und Invarianten. *J. reine angew. Math.* 92 (1882), 311–327.

[3] WEIERSTRASS, K.: Zur Theorie der elliptischen Functionen. *Königl. Akademie der Wissenschaften* 27 (1882), (Werke II, pp. 245–255).

付録

高校数学からはじめる
特殊函数

渋川元樹 ［神戸大学大学院理学研究科］

I. はじめに

　高校数学の特殊函数と聞いたとき，一体何を連想するだろうか．パッと思いつくのは，2次函数，3次函数といった多項式函数，あるいは三角函数，指数函数，対数函数等のいわゆる初等函数であろう [4]．実際，大学よりも高校の方がこれらの初等函数に触れる機会が多いと思う．

　しかし，こうした初等函数を扱うには，高校数学はいささか力不足である．たとえば，初等函数を定義する上で必要不可欠な実数や連続性といった基礎事項は暗黙に認めざるを得ない．またこれらの函数を扱う上で重要な視点，ツールである微分方程式についてはそもそも使うことができない．このように考えると，初等函数も存外「むずかしい」と感じる．少なくとも高校生に特殊函数を布教する最初の題材としてはやや扱いに難がある．

　他方，あまり言及されることがないが，上記の諸々の初等函数とは別に，高校数学の中で非常に特殊函数的な単元がある．それが漸化式，つまり差分方程式である．差分方程式では上述のような初等函数を扱うことはできないが，代わりに等比級数（とその和公式）といった別の特殊函数が自然に現れる．この辺りは高校数学で十分に扱えるにもかかわらず，高校で注意されることはない．さらに上述の初等函数と異なり，微積分学や微分方程式論といった大学の解析学関連の講義でも扱われることはない．

　そこで本稿では高校数学からはじめる特殊函数の一例として，高校数学の範疇で扱える差分方程式と，その解として自然に現れる等比級数とその和公

式について論じ，それらの応用として初等函数の微分や（フェルマー）ジャクソン積分を紹介したいと思う[1].

2. 高校数学における差分方程式

　紙数の都合上，定数係数線型常差分方程式の一般論を述べることはしない．代わりに高校数学に現れる2つの典型的な差分方程式を考える：

$$x_{n+1} - \alpha x_n - c = 0, \tag{2.1}$$

$$x_{n+2} - (\alpha + \beta) x_{n+1} + \alpha \beta x_n = 0. \tag{2.2}$$

ただし，α, β, c は定数（適当な実数ないし複素数）とする．ここで(2.1)は非斉次の一階線型差分方程式，(2.2)は斉次の二階線型差分方程式である．

　高校数学では(2.2)は

$$a = \alpha + \beta, \qquad b = \alpha \beta$$

として

$$x_{n+2} - a x_{n+1} + b x_n = 0$$

の形で考えることが標準的だが，たとえば複素数まで含めて考えることで，2次多項式（特性多項式）

$$x^2 - ax + b = (x - \alpha)(x - \beta)$$

とその根 α, β を介して互いに読み替えられるので，ここでは(2.2)の形で扱う．

　まず初期値 x_0 が与えられたとして(2.1)を解こう．解き方はいろいろあるが，ここでは素直に漸化式として再帰的に書き下して解く：

$$\begin{aligned} x_{n+1} &= \alpha x_n + c \\ &= \alpha^2 x_{n-1} + c(1 + \alpha) \\ &= \cdots \end{aligned}$$

1）解説動画も参照．
　https://www.youtube.com/watch?v=j8j8DldsvHM
　また，微分方程式による特殊函数，初等函数の扱いに関しては本書収録の一松信氏の解説も参照（5ページ）．

$$= \alpha^{n+1}x_0 + c\sum_{j=0}^{n}\alpha^j. \tag{2.3}$$

ここで既に等比級数が自然に現れていることに注意せよ.

またこの解法は, (2.1)の定数 c を一般化した

$$x_{n+1} - \alpha x_n - c_n = 0 \tag{2.4}$$

という形の差分方程式にも有効で, その解を

$$x_{n+1} = \alpha^{n+1}x_0 + \sum_{j=0}^{n}c_{n-j}\alpha^j$$

のように書くことができる[2]. 特に $c_n = c\beta^n$ であれば,

$$x_{n+1} = \alpha^{n+1}x_0 + c\sum_{j=0}^{n}\beta^{n-j}\alpha^j \tag{2.5}$$

となって, 斉次型の等比級数が現れる.

次いで初期値 x_0, x_1 が与えられたとして(2.2)を解こう. これも解き方はさまざまだが, ここでは高校流に(2.2)を

$$(x_{n+2} - \alpha x_{n+1}) = \beta(x_{n+1} - \alpha x_n) \tag{2.6}$$

もしくは

$$(x_{n+2} - \beta x_{n+1}) = \alpha(x_{n+1} - \beta x_n) \tag{2.7}$$

と読み替えて解く. すなわち

$$y_n := x_{n+1} - \alpha x_n, \qquad z_n := x_{n+1} - \beta x_n$$

とおくと, (2.6)と(2.7)はそれぞれ

$$y_{n+1} = \beta y_n, \qquad z_{n+1} = \alpha z_n$$

となり, 先に解いた(2.1)で $c = 0$ とした形なので, その解は等比数列であり,

$$x_{n+2} - \alpha x_{n+1} = \beta^{n+1}(x_1 - \alpha x_0), \tag{2.8}$$
$$x_{n+2} - \beta x_{n+1} = \alpha^{n+1}(x_1 - \beta x_0).$$

これを整理して

$$x_{n+1} = \frac{\alpha^{n+1} - \beta^{n+1}}{\alpha - \beta}x_1 - \alpha\beta\frac{\alpha^n - \beta^n}{\alpha - \beta}x_0 \tag{2.9}$$

を得る.

---

2) より一般に定数 α も α_n にしても同様である.

334

3. 等比級数とその和公式

特殊函数を少しでも知っていれば，ガウスの超幾何級数

$$
{}_2F_1\!\left(\begin{matrix} a,\,b \\ c \end{matrix};x\right) = 1 + \frac{ab}{1!\,c}x + \frac{a(a+1)b(b+1)}{2!\,c(c+1)}x^2 + \cdots \qquad (|x| < 1)
$$

がその典型であることに異論はないだろう．もう少しゆずって，二項級数

$$
{}_2F_1\!\left(\begin{matrix} a,\,b \\ b \end{matrix};x\right) = {}_1F_0\!\left(\begin{matrix} a \\ - \end{matrix};x\right) = 1 + \frac{a}{1!}x + \frac{a(a+1)}{2!}x^2 + \cdots \qquad (|x| < 1)
$$

を特殊函数（初等函数）と言っても許されると思う．

では，等比級数

$$
{}_1F_0\!\left(\begin{matrix} 1 \\ - \end{matrix};x\right) = 1 + x + x^2 + \cdots \qquad (|x| < 1)
$$

まで落ちてくるとどうか？ これには少なからぬ反論もあるかもしれないが，無論それは誤りであり，等比級数もまた立派な特殊函数である．まず第一に，等比級数は別名「幾何級数」なので，ガウスの超幾何級数が特殊函数ならばトーゼン（？）特殊函数である．第二に，特に有限等比級数を考えると，これは $a = -n,\ b = 1$ として有限項で打ち切ったガウスの超幾何級数

$$
{}_2F_1\!\left(\begin{matrix} -n,\,1 \\ c \end{matrix};x\right) = 1 + \frac{-n}{c}x + \cdots + \frac{-n(-n+1)\cdots(-n+n-1)}{c(c+1)\cdots(c+n-1)}x^n
$$

の極限

$$
\lim_{c \to -n} {}_2F_1\!\left(\begin{matrix} -n,\,1 \\ c \end{matrix};x\right) = 1 + x + \cdots + x^n
$$

とみなせるので特殊函数である．

そして第三に，これが今回強調したいことだが，一階線型斉次差分方程式（この解は等比数列）の次に易しい一階線型非斉次差分方程式 (2.1) もしくは (2.4) の解 (2.3), (2.5) として，非斉次型の等比級数

$$
1 + \alpha + \cdots + \alpha^{n-1} + \alpha^n
$$

と斉次型の等比級数

$$
\alpha^n + \alpha^{n-1}\beta + \cdots + \alpha\beta^{n-1} + \beta^n
$$

が自然に現れる．

実はより強く，等比級数の和公式

$$1+\alpha+\cdots+\alpha^{n-1}+\alpha^n = \frac{\alpha^{n+1}-1}{\alpha-1}, \tag{3.1}$$

$$\alpha^n+\alpha^{n-1}\beta+\cdots+\alpha\beta^{n-1}+\beta^n = \frac{\alpha^{n+1}-\beta^{n+1}}{\alpha-\beta} \tag{3.2}$$

も差分方程式的に得られる．和公式(3.1)，(3.2)は簡単に証明できてしまい，差分方程式的説明がされることは皆無であるが，これはこれでなかなかに味わい深く，示唆にも富むので，ここでは敢えてそのルートから和公式へ踏破してみよう．

その「こころ」は「一階非斉次と二階斉次の差分方程式を互いに読み替えることができ，一階非斉次の解として和の表示が，二階斉次の解として積(因子)の表示が，それぞれ出てくる」ということである[3]．実際，非斉次型(3.1)については

$$x_n = 1+\alpha+\cdots+\alpha^{n-1}+\alpha^n$$

とおくと，x_n は差分方程式

$$x_{n+1}-\alpha x_n = 1 \tag{3.3}$$

を満たすことがわかる[4]．ここで(3.3)で $n \to n+1$ とした

$$x_{n+2}-\alpha x_{n+1} = 1$$

と差を取って整理すると，

$$x_{n+2}-(\alpha+1)x_{n+1}+\alpha x_n = 0$$

となる．これは(2.2)で $\beta=1$ とした差分方程式なので，初期値が $x_0=1$, $x_1=1+\alpha$ となる解は(2.9)より

$$x_n = \frac{\alpha^n-1}{\alpha-1}(1+\alpha)-\alpha\frac{\alpha^{n-1}-1}{\alpha-1} = \frac{\alpha^{n+1}-1}{\alpha-1}.$$

これは(3.1)にほかならない[5]．

斉次型(2.8)も，先程と同様に改めて

3）以下，初期値が一致して，同じ差分方程式を満たす解が一意であることは適宜用いる．
4）これは(2.1)で $c=1$ としたものである．
5）これとは別の論法は解説動画を参照．

$$x_n = \alpha^n + \alpha^{n-1}\beta + \cdots + \alpha\beta^{n-1} + \beta^n$$

とおくと，x_n が満たす差分方程式は

$$x_{n+1} - \alpha x_n = \beta^{n+1} \qquad (3.4)$$

となる[6]．ここで

$$0 = \beta^{n+2} - \beta\beta^{n+1}$$
$$= (x_{n+2} - \alpha x_{n+1}) - \beta(x_{n+1} - \alpha x_n)$$
$$= x_{n+2} - (\alpha + \beta)x_{n+1} + \alpha\beta x_n$$

ゆえ，$x_0 = 1$，$x_1 = \alpha + \beta$ に注意すると(2.9)より

$$x_n = \frac{\alpha^n - \beta^n}{\alpha - \beta}(\alpha + \beta) - \alpha\beta\frac{\alpha^{n-1} - \beta^{n-1}}{\alpha - \beta} = \frac{\alpha^{n+1} - \beta^{n+1}}{\alpha - \beta}$$

となり，(3.2)を得る．

4. 等比級数の和公式の応用

　以上の議論から，等比級数とその和公式も立派な特殊函数であることがある程度納得していただけたと思う．ただこれだけだと，等比級数とその和公式を差分方程式論からペダンティックに論じただけで，「苦労した割には儲けが少ない」と感じられたかもしれない．そこで等比級数とその和公式の特殊函数的効能をより実感していただくために，いくつかの応用について述べよう．

　まず何よりベキ函数の微分である．これは

$$\lim_{x \to a}\frac{x^{n+1} - a^{n+1}}{x - a} = \lim_{x \to a}(x^n + x^{n-1}a + \cdots + xa^{n-1} + a^n)$$
$$= (n+1)a^n$$

より明らかなのだが，特筆すべきは自然数ベキ以外に分数ベキの微分も同様に計算できてしまう点である．

　たとえば正整数 n について

6）これは(2.4)で $c_n = \beta^{n+1}$ としたものである．

$$\lim_{x \to a} \frac{x^{\frac{1}{n}} - a^{\frac{1}{n}}}{x - a} = \lim_{x \to a} \frac{x^{\frac{1}{n}} - a^{\frac{1}{n}}}{x^{\frac{n}{n}} - a^{\frac{n}{n}}}$$

$$= \lim_{x \to a} \frac{1}{x^{\frac{n-1}{n}} + x^{\frac{n-2}{n}} a^{\frac{1}{n}} + \cdots + x^{\frac{1}{n}} a^{\frac{n-2}{n}} + a^{\frac{n-1}{n}}}$$

$$= \frac{1}{n} a^{\frac{1}{n} - 1}$$

となる．こうした分数ベキの微分の計算は高校数学では対数微分を用いるのが普通だが，このように等比級数の和公式だけで綺麗に片づけることができる．

また指数函数 e^x がベキ函数（正確には二項級数）の退化極限

$$e^x := \lim_{n \to \infty} \left(1 + \frac{1}{n}\right)^{nx} = \lim_{n \to \infty} \left(1 + \frac{x}{n}\right)^n = \lim_{n \to \infty} {}_1F_0\left(\begin{matrix} -n \\ - \end{matrix} \; ; \; -\frac{x}{n} \right) = {}_0F_0\left(\begin{matrix} - \\ - \end{matrix} \; ; \; x \right)$$

であることから「指数函数の微分も等比級数の和公式から得られないか？」と期待するが，これも正しい．たとえば，少しテクニカルだが

$$\frac{e^x - e^a}{x - a} = \lim_{n \to \infty} \frac{1}{n} \frac{\left(1 + \frac{x}{n}\right)^n - \left(1 + \frac{a}{n}\right)^n}{\left(1 + \frac{x}{n}\right) - \left(1 + \frac{a}{n}\right)}$$

と変形して，

$$\frac{1}{n} \frac{\left(1 + \frac{x}{n}\right)^n - \left(1 + \frac{a}{n}\right)^n}{\left(1 + \frac{x}{n}\right) - \left(1 + \frac{a}{n}\right)} = \frac{1}{n} \sum_{k=0}^{n-1} \left(1 + \frac{x}{n}\right)^{n-1-k} \left(1 + \frac{a}{n}\right)^k$$

のように等比級数の和公式を用いる．ここで $a \leqq x$ を仮定すると，十分大きな n に対して

$$\left(1 + \frac{a}{n}\right)^{n-1} \leqq \frac{1}{n} \sum_{k=0}^{n-1} \left(1 + \frac{x}{n}\right)^{n-1-k} \left(1 + \frac{a}{n}\right)^k \leqq \left(1 + \frac{x}{n}\right)^{n-1}$$

となるので，この不等式で極限 $n \to \infty$ を取ることで不等式

$$e^a = \lim_{n \to \infty} \left(1 + \frac{a}{n}\right)^{n-1} \leqq \frac{e^x - e^a}{x - a} \leqq \lim_{n \to \infty} \left(1 + \frac{x}{n}\right)^{n-1} \leqq e^x \qquad (a \leqq x)$$

が平均値の定理(微分!)なしにわかる[7]. この不等式において, さらに極限 $x \to a$ を取ることで指数関数の微分

$$\lim_{x \to a} \frac{e^x - e^a}{x - a} = e^a$$

を得る. つまり等比級数の和公式から, 指数関数の単純な微分だけでなく, より精密な不等式を得ることができる.

以上は初等関数の微分計算だが, 実は積分計算(求積)でも等比級数の和公式は有用である. 典型例は t^α の 0 から x までの面積

$$S_{[0,x]}(\alpha)\left(= \int_0^x t^\alpha dt \right) = \frac{1}{\alpha+1} x^{\alpha+1} \qquad (\alpha > -1) \tag{4.1}$$

の計算である. 無論, 微分積分学の基本定理と x^α の原始函数を知っていれば, これはたちどころにわかるわけだが, 等比級数の和公式を用いることでそれらなしに直接求積することができる.

紙数の都合で詳細は省くが, まず $S_{[0,x]}(\alpha)$ を等比的な区分求積法で下と上から評価して

$$\sum_{k=0}^{\infty} (q^{k+1}x)^\alpha (q^k x - q^{k+1}x) \leqq S_{[0,x]}(\alpha) \leqq \sum_{k=0}^{\infty} (q^k x)^\alpha (q^k x - q^{k+1}x) \tag{4.2}$$

を示す. ただし, $0 < q < 1$ とする. ここで最右辺の和は等比級数の和公式を用いて

$$\sum_{k=0}^{\infty} (q^k x)^\alpha (q^k x - q^{k+1}x) = (1-q)x^{\alpha+1} \sum_{k=0}^{\infty} q^{k(\alpha+1)}$$

$$= \frac{1-q}{1-q^{\alpha+1}} x^{\alpha+1}$$

と計算できる. 同様にして最左辺の和は

$$\sum_{k=0}^{\infty} (q^{k+1}x)^\alpha (q^k x - q^{k+1}x) = q^\alpha \frac{1-q}{1-q^{\alpha+1}} x^{\alpha+1}$$

となる.

---

[7] 同様にして $0 \leqq a \leqq x$ のとき, ベキ函数について $na^{n-1} \leqq \dfrac{x^n - a^n}{x-a} \leqq nx^{n-1}$ であることが示せる(解説動画も参照).

これらを不等式(4.2)に代入して，$S_{[0,x]}(\alpha)$ についての不等式

$$q^{\alpha}\frac{1-q}{1-q^{\alpha+1}}x^{\alpha+1} \le S_{[0,x]}(\alpha) \le \frac{1-q}{1-q^{\alpha+1}}x^{\alpha+1}$$

を得る．ここで α が有理数ならば，先程の分数ベキの微分の計算と同様にして $q\uparrow 1$ を計算することができ，(4.1)が証明できる[8]．

負ベキ $\alpha < -1$ のときには，$q > 1$, $S_{[x,\infty]}(\alpha)$ で同様の計算をすることで不等式

$$q^{\alpha}\frac{q-1}{1-q^{\alpha+1}}x^{\alpha+1} \le S_{[x,\infty]}(\alpha) \le \frac{q-1}{1-q^{\alpha+1}}x^{\alpha+1}.$$

が得られ，$q\downarrow 1$ として

$$S_{[x,\infty]}(\alpha) = -\frac{1}{\alpha+1}x^{\alpha+1}$$

を得る[9]．

これらは「q（類似，解析）の世界」でおなじみの，いわゆる（フェルマー or トマエ）ジャクソン積分と呼ばれるもので，ここで紹介した計算は本質的にフェルマーによる[10]．また2次函数（放物線）の場合の計算はアルキメデスにさかのぼる[11]．

5. おわりに

等比級数とその和公式についての，差分方程式を用いた特殊函数的な扱いと，それらの特殊函数的応用について紹介してきた．これらのトピックスはあまりメジャーではないが，高校数学の範囲で十分に取り扱いできて，いろいろと興味深いものだと思う．

---

8) 実数ベキ $x^{\alpha+1}$ の微分を認めるならば，α が実数のときにも計算ができることになる．

9) いずれも $\alpha = -1$ のときは例外であり，$S_{[1,x]}(-1) = \log x$ を得るにはもう少し精密な計算が必要になる．詳細は[1]4章，あるいは解説動画参照．

10) たとえば[2]7章7節．

11) たとえば[3]第3章「28. 古代の求積法」参照．これは[1]でも取り上げられており，こちらの方が元ネタかもしれない．

実は斉次型の等比級数の和公式(3.2)は二変数の対称函数，特に

完全斉次対称多項式 ＝ 一行型のシューア多項式

であり，差分方程式(2.2)は完全斉次対称多項式と基本対称式のロンスキー関係式と理解すべきものである．このような見方をすると，差分方程式の階数を2から一般のrに変えることで，r変数の(完全斉次)対称多項式がその解として自然に捉えられる．

こうして差分方程式から対称函数が現れる．対称函数も高校数学に現れる特殊函数の重要な例であり，「高校数学からはじめる特殊函数」の格好の題材なのだが，残念ながら既に紙数は尽きた．これらのテーマに関しては，また他日を期することにしたい．

参考文献

［1］ É. Goursat, *Cours d'Analyse Mathématique*, Gauthier-Villars, Paris, 1902.

［2］ スチュアート・ホリングデール著，岡部恒治監訳，『数学を築いた天才たち（上）──ギリシア数学からニュートンへ』，講談社，1993.

［3］ 高木貞治，『定本 解析概論』，岩波書店，2010.

［4］ 一松信，『初等関数概説──いろいろな関数』，森北出版，1998.

ヘンテコな動きをする特殊関数

フレネル積分と，平滑化効果

佐々木浩宣 ［千葉大学大学院理学研究院］

1. 奇妙な螺旋

余弦関数 $\cos x$ から話を始めよう．これの原始関数

$$\int_0^x \cos(t)dt$$

は $\sin x$ であり，$x \to +\infty$ のとき振動する．では，

$$C(x) := \int_0^x \cos(t^2)dt$$

も振動するだろうか？　これは少しだけ難しい問となるが，部分積分

$$\int \cos(t^2)dt = \frac{\sin(t^2)}{2t} + \int \frac{\sin(t^2)}{2t^2}dt$$

から不等式

$$|C(x) - C(y)| = \left| \int_y^x \cos(t^2)dt \right|$$

$$\leqq \frac{1}{2x} + \frac{1}{2y} + \frac{1}{2}\int_y^x \frac{dt}{t^2} = \frac{1}{x} + \frac{1}{y} \qquad (x > y > 0)$$

が得られるので，完備性より極限

$$C(\infty) := \lim_{x \to +\infty} C(x)$$

が存在する．ではこの $C(\infty)$ の値はいくらか？　これはもう少し難しい問題だが，複素解析の初歩を勉強していれば

$$C(\infty) = \frac{\sqrt{2\pi}}{4}$$

となることがわかる．

以上の性質は，正弦関数 $\sin x$ に対してもまったく同様に成り立つ．つまり，関数

$$S(x) := \int_0^x \sin(t^2) dt$$

も極限値

$$S(\infty) := \lim_{x \to +\infty} S(x) = \frac{\sqrt{2\pi}}{4}$$

を持つ．これら $S(x)$ と $C(x)$ は $\mathbb{R}$ で定義される特殊関数であり，**フレネル積分**と呼ばれている．

パラメータ $t \in \mathbb{R}$ をもつ曲線 $(\cos t, \sin t)$ は単位円を描く．では曲線 $\mathcal{C}$：$(C(t), S(t))$ はどうなるか？ コンピュータに描いてもらおう：

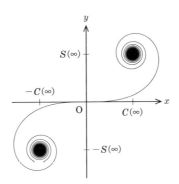

原点 $\mathrm{O}:(0,0)$ を通る曲線が，一度も交差することなく，渦を描きながら，2点 $\mathrm{P}:(C(\infty), S(\infty))$ と $\mathrm{Q}:(-C(\infty), -S(\infty))$ へ向かって収束していく様子が確認できる．$\mathcal{C}$ の形状は複雑だが，長さの計算はあまりにも単純である．実際，$t_1 \leqq t \leqq t_2$ $(t_1 < t_2)$ に制限した $\mathcal{C}$ の長さは

$$\int_{t_1}^{t_2} \sqrt{\left(\frac{d}{dt}C(t)\right)^2 + \left(\frac{d}{dt}S(t)\right)^2}\, dt = \int_{t_1}^{t_2} \sqrt{(\cos(t^2))^2 + (\sin(t^2))^2}\, dt$$

$$= \int_{t_1}^{t_2} dt = t_2 - t_1$$

となる．特に，

- O から $\mathcal{C}$ の点 $(C(t), S(t))$ までの，曲線の長さはちょうど $|t|$ であり，
- （有界領域に収まっているのにもかかわらず）$\mathcal{C}$ そのものの長さは無限大となる．
- それどころか，P や Q のどのような開近傍を選んでも，そこに含まれる $\mathcal{C}$ の長さは無限大である．

　あなたはいま，A という名の自動車に乗りドライブをしている．初期時刻 $(t = 0)$ で原点 O におり，初速度ベクトルは $(1, 0)$ である．そして以後 $(t > 0)$ は，$(C(t), S(t))$ という規則で A を走らせる．A はもちろん $\mathcal{C}$ の右半分を描く．時刻 $t\ (> 0)$ での速度ベクトルは $(C''(t), S'(\mathrm{t}))$ すなわち $(\cos(t^2), \sin(t^2))$ であるから，速さは常に 1 となる．このとき，$\mathcal{C}$ の点 $(C(t), S(t))$ における曲率 κ の公式は，

$$\kappa = C'(t)S''(t) - S'(t)C''(t)$$

で与えられる．これを計算すると，$\kappa = 2t$ を得る．なんと，

　　時刻 t における $\mathcal{C}$ の曲がり具合は，A の走行距離の定数倍である

ことが分かった．結局のところ，初期時刻で原点におり，初速度が $(c, 0)$（c は定数）である自動車においては，

- 速さが $|c|$ であり続けるようにアクセルを踏みながら，ハンドルを一定の角速度を保つように回すとき，その自動車が描く軌跡は，$\mathcal{C}$ をスケール変換した

　　$\mathcal{C}_{a,b} : (aC(bt), aS(bt))$

　の片方となる．ただし，a, b は適当な実数である．

344

上記の $\mathcal{C}_{a,b}$ たち ―― 名を**クロソイド**という ―― は，幾何的にあまりにも美しい性質を持っているのみならず，工学的な実用性も兼ね備えた稀有な存在である．例えば，「直線状の道路（曲率ゼロ）」と「円弧状の道路（曲率が正定数）」を，運転者の負担が少なくなるように接続したい場合，前述の考察によりクロソイドを使うことが理論的にはベストとなることがわかる．実際に，高速道路のジャンクションを眺めると，クロソイドが散見される．以下は，半直線と円弧（細線）と，それらに適切に接続するクロソイド（太線）を描いたものである：

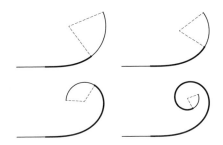

2. クロソイドと複素平面

xy 平面に描かれたクロソイド $\mathcal{C}$ を，複素平面に写したものは，フレネル積分によって $C(x)+iS(x)$ $(x\in\mathbb{R})$ と書けるわけだが，オイラーの公式を用いることで

$$C(x)+iS(x) = \int_0^x e^{it^2}dt \tag{1}$$

となる．右辺の積分は，確率論や統計学で最も重要な特殊関数の一つである
誤差関数

$$\mathrm{erf}(x) = \frac{2}{\sqrt{\pi}} \int_0^x e^{-t^2}dt$$

にとても関係がありそうだ．$\mathrm{erf}(x)$ をマクローリン展開すると

$$\mathrm{erf}(x) = \frac{2}{\sqrt{\pi}} \sum_{n=0}^{\infty} \frac{(-1)^n x^{2n+1}}{n!(2n+1)} \quad (x\in\mathbb{R})$$

が得られるが，この級数の収束半径は無限大であるから，誤差関数は

$$\mathrm{erf}(z) = \frac{2}{\sqrt{\pi}} \sum_{n=0}^{\infty} \frac{(-1)^n z^{2n+1}}{n!(2n+1)} \qquad (z \in \mathbb{C})$$

によって整関数として一意拡張される．

ここで $x \in \mathbb{R}$ を固定すると，$\alpha > 0$ に対して，

$$\int_0^x e^{-\alpha t^2} dt = \frac{1}{\sqrt{\alpha}} \int_0^{\sqrt{\alpha} x} e^{-t^2} dt = \frac{\sqrt{\pi}}{2\sqrt{\alpha}} \mathrm{erf}(\sqrt{\alpha} x)$$

となる．複素関数

$$\mathbb{C} \ni z \mapsto \int_0^x e^{-z t^2} dt \in \mathbb{C}$$

と

$$\mathbb{C} \backslash (-\infty, 0] \ni z \mapsto \sqrt{z} \in \mathbb{C}$$

（ただし $\sqrt{r e^{i\theta}} = \sqrt{r} e^{i\theta/2}$, $r > 0$, $-\pi < \theta < \pi$）は正則となるので，一致の定理から

$$\int_0^x e^{-z t^2} dt = \frac{\sqrt{\pi}}{2\sqrt{z}} \mathrm{erf}(\sqrt{z} x) \qquad (z \in \mathbb{C} \backslash (-\infty, 0]) \tag{2}$$

が成り立つ．したがって特に，$z = -i$ とおくことで

$$\int_0^x e^{i t^2} dt = \frac{\sqrt{\pi}}{2\sqrt{-i}} \mathrm{erf}(\sqrt{-i} x)$$

となり，(1)から

$$C(x) + iS(x) = \frac{\sqrt{\pi}}{2\sqrt{-i}} \mathrm{erf}(\sqrt{-i} x) \qquad (x \in \mathbb{R}) \tag{3}$$

が成立する．こうしてクロソイド $\mathscr{C}$ は誤差関数によっても表現されることがわかった．

さて，erf のときとまったく同様にして C と S も整関数に一意拡張される．ゆえに(3)と一致の定理から

$$C(z) + iS(z) = \frac{\sqrt{\pi}}{2\sqrt{-i}} \mathrm{erf}(\sqrt{-i} z) \qquad (z \in \mathbb{C})$$

を得る．こうしてクロソイドのフレネル積分による表現 $t \mapsto C(t) + iS(t)$ も

整関数に一意拡張され，依然として erf で書かれるのだ．さらに級数展開から $C(iz) = iC(z)$ かつ $S(iz) = -iS(z)$ $(z \in \mathbb{C})$ となるので，

$$C(z) = \frac{\sqrt{\pi}}{4}\left(\sqrt{-i}\,\mathrm{erf}(\sqrt{i}\,z) + \sqrt{i}\,\mathrm{erf}(\sqrt{-i}\,z)\right) \qquad (z \in \mathbb{C})$$

と

$$S(z) = \frac{\sqrt{\pi}}{4}\left(\sqrt{i}\,\mathrm{erf}(\sqrt{i}\,z) + \sqrt{-i}\,\mathrm{erf}(\sqrt{-i}\,z)\right) \qquad (z \in \mathbb{C})$$

が成立する．すなわち，フレネル積分は二つの誤差関数による線形結合で表現されている．

3. 平滑化効果

フレネル積分の意外な活躍を見てみよう．1次元自由粒子のシュレーディンガー方程式の初期値問題

$$\begin{cases} i\dfrac{\partial}{\partial t}u(t,x) + \dfrac{\partial^2}{\partial x^2}u(t,x) = 0 & ((t,x) \in \mathbb{R} \times \mathbb{R}), \\ u(0,x) = \phi(x) & (x \in \mathbb{R}) \end{cases}$$

を考える．ここで，$u(t,x)$ は複素数値未知関数であり，$\phi(x)$ は複素数値既知関数（初期値と呼ばれる）とする．この方程式を考察する際は，古典解ではなく L^2 解と呼ばれるものを利用することが多い．L^2 解の説明を始めると長くなってしまうので，結論を急ぐ．以下，常に $\phi \in L^1(\mathbb{R}) \cap L^2(\mathbb{R})$ と仮定する．これは「$\phi(x)$ と $\phi(x)^2$ が $\mathbb{R}$ 上ルベーグ可積分である」と同値である．このとき，L^2 解

$$u(t,x) = \frac{1}{\sqrt{4\pi i t}} \int_{\mathbb{R}} \exp\left(\frac{i(x-y)^2}{4t}\right)\phi(y)\,dy \qquad (x \in \mathbb{R}) \tag{4}$$

は，<u>$t \neq 0$ であれば上記方程式を解き[1]</u>，さらに初期条件を

1）x 方向の偏微分は「緩増加超関数の意味」であり，t 方向の偏微分は「L^2 の意味」となる．詳しくは[1,3]等を参照されたい．

$$\lim_{t \to 0} \int_{\mathbb{R}} |u(t,x) - \phi(x)|^2 dx = 0 \tag{5}$$

という意味で満たす．ここで L^2 解 $u(t,x)$ に関するいくつかの注意を与えておこう：

(A)（L^2 保存則）$u(t,x)$ の L^2 ノルム

$$\|u(t)\|_2 := \sqrt{\int_{\mathbb{R}} |u(t,x)|^2 dx}$$

は t によらず一定である．したがって特に，<u>任意の t で $\|u(t)\|_2 = \|\phi\|_2$ となる</u>[2]．

(B)（解の意味）量子力学において，$\dfrac{|u(t,x)|^2}{\|\phi\|_2^2}$ は，「時刻 t における自由粒子の存在確率密度分布」と解釈される．

(C)（平滑化効果）$\phi(x)$ が $|x| \to \infty$ のとき指数関数的に減少する[3]ならば，<u>$t \neq 0$ において，関数 $x \mapsto u(t,x)$ は実解析的</u>[4]となる．

さて初期値 $\phi(x)$ を，閉区間 $[-1,1]$ の定義関数

$$\chi(x) = \begin{cases} 1 & (x \in [-1,1]), \\ 0 & (x \notin [-1,1]) \end{cases}$$

としてみよう．$\chi(x)$ は明らかに $x = \pm 1$ で不連続である．一方で，$\chi(x)$ は指数関数的に減少しているのだから，(C)により $t \neq 0$ であれば——たとえ $t = 10^{-10000}$ であっても！—— $x \mapsto u(t,x)$ は実解析的(特に C^∞ 級)となるはずである．ということは，$t \to 0$ のときに $u(t,x)$ は「劇的に・不連続的に」$\phi(x)$ へ変化するということなのか？　しかし，私たちは(5)という「ある種の連続的な変化」を持っているとも言える．いったい何が起きているのか？そこで，$t > 0$ のときの $u(t,x)$ を書き下してみよう．いま(4)から，

---

2) $\|\phi\|_2 := \sqrt{\int_{\mathbb{R}} |\phi(x)|^2 dx}$.

3) $\exists A, B > 0$ s.t. $\forall x \in \mathbb{R}$ $|\phi(x)| \leq A e^{-B|x|}$ が成り立つこと．この場合，自動的に L^2 に属することになる．

4) $x \mapsto u(t,x)$ は C^∞ 級であり，さらに各 x のある近傍でテイラー級数展開できること．

$$u(t,x) = \frac{1}{\sqrt{4\pi it}} \int_{\mathbb{R}} \exp\left(\frac{i(x-y)^2}{4t}\right) \chi(y) dy$$

$$= \frac{1}{\sqrt{4\pi it}} \int_{-1}^{1} \exp\left(\frac{i(x-y)^2}{4t}\right) dy$$

を計算しなければいけないが，(2) から

$$\int_{-1}^{1} \exp\left(\frac{i(x-y)^2}{4t}\right) dy = \int_{x-1}^{x+1} \exp\left(-\frac{-i}{4t} y^2\right) dy$$

$$= \frac{\sqrt{\pi}}{2\sqrt{\frac{-i}{4t}}} \mathrm{erf}\left(\sqrt{\frac{-i}{4t}}(x+1)\right) - \frac{\sqrt{\pi}}{2\sqrt{\frac{-i}{4t}}} \mathrm{erf}\left(\sqrt{\frac{-i}{4t}}(x-1)\right)$$

が得られるので，

$$u(t,x) = \frac{1}{\sqrt{4\pi it}} \times \frac{\sqrt{\pi}}{2\sqrt{\frac{-i}{4t}}} \left\{ \mathrm{erf}\left(\sqrt{\frac{-i}{4t}}(x+1)\right) - \mathrm{erf}\left(\sqrt{\frac{-i}{4t}}(x-1)\right) \right\}$$

$$= \frac{1}{2} \left\{ \mathrm{erf}\left(\sqrt{-i}\,\frac{x+1}{\sqrt{4t}}\right) - \mathrm{erf}\left(\sqrt{-i}\,\frac{x-1}{\sqrt{4t}}\right) \right\}$$

が成り立つ．つまり，χ を初期値とした L^2 解は，誤差関数を用いて表現できることがわかる．ということは，(3) を通してフレネル積分に直すことができる：

$$u(t,x) = \frac{\sqrt{-i}}{\sqrt{\pi}} \left[\left\{ C\left(\frac{x+1}{\sqrt{4t}}\right) + iS\left(\frac{x+1}{\sqrt{4t}}\right) \right\} - \left\{ C\left(\frac{x-1}{\sqrt{4t}}\right) + iS\left(\frac{x-1}{\sqrt{4t}}\right) \right\} \right].$$

早速 $u(t,x)$ を眺めよう：

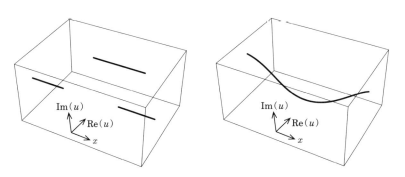

まず，左にあるのは初期値 $\chi(x)$ のグラフである．ただし，x 軸方向の描画範囲は $[-2.2, 2.2]$ であり，2 倍に圧縮している．$x = \pm 1$ で不連続であることが確認できる．そして右にあるのは $u(1, x)$ のグラフである．やはり，とても滑らかな曲線だ．それにしても両者はまったく似ていない．どうやら t を進ませすぎたようだ．そこで，t を 0 に向かって戻していこう：

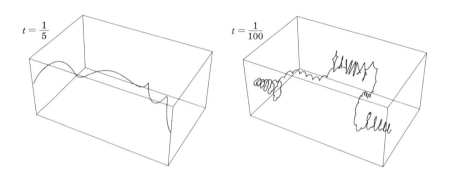

ごにょごにょと複雑になってきた．$t = 1/100$ のグラフはところどころ折れ曲がっているように見えるが，眺めている角度のせいであって，実際は滑らかである．さらに戻していく：

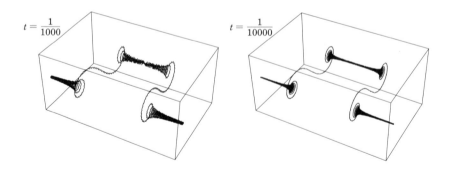

$t = 1/1000$ のグラフでは「大きいぐるぐるに小さいぐるぐるがまとわりつく」ように複雑化しているが，$t = 1/10000$ に至ると「小さいぐるぐる」が消失しスッキリしている．（なぜそうなるか考えてみよう．）そして何よりも，

本来の初期値 $\chi(x)$ に絡みつく螺旋と化している．ただこの螺旋は，$x = \pm 1$ 付近で「ほつれ」が発生している．実はこの「ほつれ」は，t をどれだけ 0 に近づけても解消しない．それでは，$t = 10^{-10000}$ におけるグラフをご覧に入れよう：

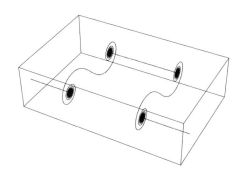

初期値 $\chi(x)$ の不連続な箇所 (ギャップ) を埋め合わせるように，クロソイドが並立しているのがわかる．さて，私が実際に $t = 10^{-10000}$ のときの描画を行ったかというと，そうではない．わざわざせずとも，このように描かれることが判明するのだ[5]．

以上から，解の列 $\{u(t,x)\}_{t>0}$ に対して $t \to +0$ を行うことは，

　　　　初期値 $\chi(x)$ を，滑らかな解で精度を上げて近似していく作業

と見做すことができる．とはいえ，ギャップ ($x = \pm 1$) の修正についてはクロソイドという「だぶつき」が発生してしまっている．このような状況は，フーリエ級数を用いて不連続関数を近似する際に避けられないギブズ現象と同様である．

最後に，せっかくなので L^2 保存則を使ってみよう．すなわち，等式 $\|u(t)\|_2^2 = \|\chi\|_2^2$ を書き下してみると，

---

[5] $\varepsilon = 10^{-100}$ とでもおいて，$\mathbb{R}$ を $I_1 = (-\infty, -\varepsilon-1)$, $I_2 = [-\varepsilon-1, \varepsilon-1]$, $I_3 = (\varepsilon-1, -\varepsilon+1)$, $I_4 = [-\varepsilon+1, \varepsilon+1]$, $I_5 = (\varepsilon+1, \infty)$ と分割すると，$t \in I_1 \cup I_5$ では $u(t,x) \sim 0$, $t \in I_3$ では $u(t,x) \sim 1$ となることがわかる．そして I_2 または I_4 だけで，$u(t,x)$ はクロソイド全体をほぼ描ききっている．

$$\frac{1}{\pi}\int_{\mathbb{R}}\left[\left\{C\left(\frac{x+1}{\sqrt{4t}}\right)-C\left(\frac{x-1}{\sqrt{4t}}\right)\right\}^2+\left\{S\left(\frac{x+1}{\sqrt{4t}}\right)-S\left(\frac{x-1}{\sqrt{4t}}\right)\right\}^2\right]dx=2$$

が任意の $t>0$ で成り立つ. したがって, $\lambda=1/\sqrt{4t}$ とおくことで

$$\int_{\mathbb{R}}[\{C(\lambda(x+1))-C(\lambda(x-1))\}^2+\{S(\lambda(x+1))-S(\lambda(x-1))\}^2]dx=2\pi$$

(6)

が成立する(これは任意の $\lambda<0$ でも正しい). 積分公式(6)をノーヒントで証明できるツワモノは少ないだろう. なにしろ, 数式処理ソフトウェア「Mathematica」でさえも答えてくれない[6]. また, $\lambda\neq0$ によらないで常に 2π であることも不思議に見える. さらに, 極限 $\lim_{\lambda\to0}$ とインテグラルは非可換である. すなわち, これはルベーグ積分論における「優収束定理」が適用できない(かなりマニアックな)例となる.

参考文献

［1］ T. Cazenave, *Semilinear Schrödinger Equations*, Courant Lecture Notes in Mathematics, 10, New York University, AMS, 2003.

［2］ F. Olver, D. Lozier, R. Boisvert and C. Clark, *NIST Handbook of Mathematical Functions*, Cambridge University Press, 2010.

［3］ 堤 誉志雄, 『偏微分方程式論――基礎から展開へ』, 培風館, 2004.

---

6)［Mathematica をご存知の方向けの補足］(少なくとも古い版の場合)関数 Integrate では答えてくれない. そこでやむなく関数 NIntegrate で数値積分してみると, 2π にとても近いことがわかる.

初出・執筆者一覧

序論

特殊函数の情景 ·· 書き下ろし
渋川元樹（しぶかわ・げんき） 神戸大学大学院理学研究科特命助教

特殊関数とは何か ··· 書き下ろし
一松 信（ひとつまつ・しん） 京都大学名誉教授

第1部 三角関数

三角関数の成り立ち ························『数学セミナー』2014年12月号
砂田利一（すなだ・としかず） 明治大学・東北大学名誉教授

三角関数とは何か ····························『数学セミナー』2014年12月号
斎藤 毅（さいとう・たけし） 東京大学大学院数理科学研究科教授

複素数の世界での三角関数 ··················『数学セミナー』2014年12月号（タイトル改題）
濱野佐知子（はまの・さちこ） 京都産業大学理学部教授

チェビシェフ多項式 ························『数学セミナー』2014年12月号
平松豊一（ひらまつ・とよかず）

アイゼンシュタインの三角関数 ···············『数学セミナー』2014年12月号
金子昌信（かねこ・まさのぶ） 九州大学大学院数理学研究院教授

三角函数鑑賞会 ····························『数学セミナー』2014年12月号
渋川元樹

第2部 二項定理

ニュートンによる「一般二項定理」の発見
·················『数学セミナー』2013年3月号（タイトル改題）
中村 滋（なかむら・しげる） 東京海洋大学名誉教授

二項定理と組合せの数 ······················『数学セミナー』2013年3月号
水川裕司（みずかわ・ひろし） 防衛大学校教授

二項定理をみたす多項式列 ··················『数学セミナー』2013年3月号
伊藤 稔（いとう・みのる） 鹿児島大学大学院理工学研究科教授

二項定理小噺 ······························『数学セミナー』2013年3月号
渋川元樹

二項定理と p 進数 ································『数学セミナー』2013 年 3 月号
加藤文元(かとう・ふみはる)　東京工業大学名誉教授

二項定理のこころ ·································· 書き下ろし
梅田　亨(うめだ・とおる)　大阪公立大学数学研究所特別研究員

第3部　ガンマ関数

階乗からガンマ関数へ ······················『数学セミナー』2015 年 10 月号
原岡喜重(はらおか・よししげ)　城西大学数理・データサイエンスセンター特任教授／熊本
大学名誉教授

関数としての超越性 ························『数学セミナー』2015 年 10 月号
西岡啓二(にしおか・けいじ)　慶應義塾大学名誉教授

ガンマ関数と統計 ························『数学セミナー』2015 年 10 月号
橋口博樹(はしぐち・ひろき)　東京理科大学理学部教授

対数ガンマ関数にまつわる数論の話題 ················ 書き下ろし
松坂俊輝(まつさか・としき)　九州大学大学院数理学研究院助教

多重ガンマとフレンドしたい ···············『数学セミナー』2015 年 10 月号
渋川元樹

第4部　超幾何関数

オイラーとガウスの超幾何 ················『数学セミナー』2014 年 3 月号
原岡喜重

確率・統計に登場する超幾何 ··············『数学セミナー』2014 年 3 月号
井上潔司(いのうえ・きよし)　成蹊大学経済学部教授
竹村彰通(たけむら・あきみち)　滋賀大学学長

代数方程式と超幾何関数 ··················『数学セミナー』2014 年 3 月号
加藤満生(かとう・みつお)　琉球大学名誉教授

リーマンの論文に登場する超幾何関数 ········『数学セミナー』2014 年 3 月号(タイトル改題)
寺田俊明(てらだ・としあき)

準超幾何関数について ····················『数学セミナー』2014 年 3 月号
青本和彦(あおもと・かずひこ)　名古屋大学名誉教授

第5部　楕円関数

楕円積分と楕円函数 ……………………………………『数学セミナー』2021 年 10 月号
志賀弘典（しが・ひろのり）　千葉大学名誉教授

楕円函数と微分方程式 ……………………………………『数学セミナー』2021 年 10 月号
坂井秀隆（さかい・ひでたか）　東京大学大学院数理科学研究科准教授

弾性曲線と楕円函数 ………………………………………『数学セミナー』2021 年 10 月号
松谷茂樹（まつたに・しげき）　金沢大学大学院自然科学研究科教授

q と楕円函数 ……………………………………………『数学セミナー』2021 年 10 月号
渋川元樹

楕円函数とヤコビ形式 ……………………………………『数学セミナー』2021 年 10 月号
青木宏樹（あおき・ひろき）　東京理科大学創域理工学部教授

アーベル函数論の紹介 ……………………………………『数学セミナー』2021 年 10 月号
大西良博（おおにし・よしひろ）　名城大学理工学部教授

付録

高校数学からはじめる特殊函数 ……………………………………………… 書き下ろし
渋川元樹

ヘンテコな動きをする特殊関数／フレネル積分と，平滑化効果 ……………………… 書き下ろし
佐々木浩宣（ささき・ひろのぶ）　千葉大学大学院理学研究院准教授

特殊関数探訪

三角関数からはじめる不思議な世界

2024 年 9 月 30 日　第 1 版第 1 刷発行

編者 ———— 数学セミナー編集部

発行所 ———— 株式会社　日本評論社
〒170-8474　東京都豊島区南大塚 3-12-4
電話　(03)3987-8621［販売］
　　　(03)3987-8599［編集］

印刷所 ———— 精興社

製本所 ———— 難波製本

装丁 ———— 山田信也（ヤマダデザイン室）

Copyright © 2024. Nippon Hyoron sha Co., Ltd.
Printed in Japan
ISBN 978-4-535-79019-3

JCOPY 〈(社)出版者著作権管理機構　委託出版物〉
本書の無断複写は著作権法上での例外を除き禁じられています．複写される場合は，そのつど事前に，(社)出版者著作権管理機構(電話 03-5244-5088，FAX 03-5244-5089，e-mail：info@jcopy.or.jp)の許諾を得てください．また，本書を代行業者等の第三者に依頼してスキャニング等の行為によりデジタル化することは，個人の家庭内の利用であっても，一切認められておりません．